有趣的心理学

INTERESTING PSYCHOLOGY

心理学这样解读世界

覃壁清◎著

时 事 出 版 社

图书在版编目(CIP)数据

有趣的心理学:心理学这样解读世界/覃壁清著.—北京:
时事出版社,2016.1

ISBN 978-7-80232-900-3

Ⅰ.①有…　Ⅱ.①覃…　Ⅲ.①心理学-通俗读物
Ⅳ.①B84-49

中国版本图书馆CIP数据核字(2015)第254684号

出版发行:时事出版社
地　　址:北京市海淀区万寿寺甲2号
邮　　编:100081
发行热线:(010)88547590　88547591
读者服务部:(010)88547595
传　　真:(010)88547592
电子邮箱:shishichubanshe@sina.com
网　　址:www.shishishe.com
印　　刷:北京建泰印刷有限公司

开本:787×1092　1/16　印张:20　字数:280千字
2016年1月第1版　2016年1月第1次印刷
定价:32.00元
(如有印装质量问题,请与本社发行部联系调换)

前言 心理学可以很好玩

一提到心理学，很多人脑海里就会浮现出这样的词——阴暗、扭曲、复杂、深奥……我们还常常看到这样一些心理学名词，比如“蝴蝶效应”、“狮羊效应”、“热手效应”、“热炉效应”、“食盐效应”等等，往往看得人眼花缭乱。心理学，似乎真的很难懂。

专业的心理学知识确实艰涩难懂，即使是专业人士长期坚持学习，也未必能够完全参透其中蕴含的众多玄妙之处。

但是，心理学又是一门与生活紧密联系的学科，我们的生活中处处显露出心理学的“马脚”。比如，大家坐电梯时都会不约而同地仰着头盯着不断变化的楼层数字，这是“心理距离效应”；排队的时候往往右边的人比较多，显示出典型的“排队心理学”；演唱会上平日里羞于在人前讲话的人也会疯狂地跟着唱，这是心理学上“没个性化”的举动……

生活中处处有哲学，也常会透露出心理学的魅力。我们把心理学放在最日常的生活里，放在最揪心的工作上，放在飘忽不定的梦里，放在色彩斑斓的颜色中……就会惊奇地发现，心理学似乎很“平易近人”，也可以很好玩。

当你独自漫步在一个古城区，看到一家号称“老字号”的麻花店外排了一条大长队，心里可能会想，“这么多人排队，这麻花肯定正宗”。于是，你也加入到队列中。后来，当地的朋友却告诉你，这些排得长长的队伍里面有很多所谓的“托儿”。你看，精明的店家不一定研究过专业的心理学，可他们却能够自然而然地运用心理学的“羊群效应”——群众们很容易产生从众心理，缺乏独立的思考和辨别能力，以至于“三人成虎”，人云亦云。

2012 年，《中国好声音》以重量级音乐导师背对着选手，仅凭盲听打动人心的声音而转身的新颖方式，让人们眼前一亮，在全国掀起了观看《中国好声音》的热潮。这个节目的亮点在于，即使你长得不美，甚至有身体缺陷，也完全可以凭借独特的嗓音获得导师的肯定，比如双目失明的张玉霞。《中国好声音》规避了“看脸时代”的外貌效应，单纯以“寻找好声音”赢得了观众的尊重和喜爱。

可见，心理学就蕴藏在生活的这些小事中，见山显山，见水显水。在这本书中，心理学与现实生活中的琐碎小事紧密地联系在一起。书中浅显的语言和丰富的哲理小故事，将触动你那根心理学之弦，带你进入心理学的趣味世界，发现心理学极有意思的地方，将心理学玩转起来。

目录

CONTENTS

第一章 心理学这样解读自己

001

第二章 心理学这样解读性格

002

第三章
心理学这样解读色彩

第四章 心理学这样解读梦境

004

第五章
心理学这样解读职场

005

第六章 心理学这样解读经济

006

第七章 心理学这样解读爱情

007

第八章
心理学这样解读生活

008

第九章
心理学这样解读困惑

第十章
心理学这样解读恐惧

010

第十一章
心理学这样解读思维

011

第十二章 心理学这样解读心病

012

第一章
心理学这样解读自己

两千多年前，人们就关注到心灵与身体的神奇联系。柏拉图说：“思想便是灵魂在对自己说话。”虽然“人类一思考，上帝就发笑”，可是人类从未停止过思考的脚步，“未经思考的生活是不值得过的”。智者苏格拉底告诉我们，唯有认识自己，方能成为左右天下的人。然而，在现实生活中，很多人对于心理的神奇现象呈现出一种避讳或者夸大虚化的态度。当然，我们不可否认心灵的存在，也在不断揣摩自己和他人的心理，却似乎总也不知道自己是怎么想的。那么，让我们来科学地看看我们的“心理”长得什么样，以及是怎样“成长”的。

人类一思考，上帝就发笑

“人类一思考，上帝就发笑”，这是一句著名的犹太谚语。1985 年 5 月，米兰·昆德拉在为获得耶路撒冷文学奖致辞时，引用了这句谚语。当然，这句话也出现在他最负盛名的著作《生命不可承受之轻》。

西方宗教普遍认为世界万物是上帝创造的，人类也是上帝创造的，因而人类的一举一动都为上帝所知。而人类却不断思索，通过《圣经》来揣摩神的指示，向世人警示和预言。对于上帝而言，这些企图通过孜孜不断的思考来努力接近上帝、理解上帝的人类，确实有些可笑。已经成年的我们，看到未经世事的孩子大谈人生也会觉得好笑。这与上帝发笑的心理，如出一辙。

然而，上帝毕竟是人类自己创造的空虚的存在，这句犹太谚语实则是在讽刺人类智慧的局限性，人越思考，越容易陷入思考的困境。有的人狂妄自大，自以为发现了真理，甚至广而告之强加于人，事实上他只看到了事物的一面或表面，根本没有看透事物。佛教有云“佛法无边”，这类同于思考，思考也是无边无界的。在我们平常的生活中总会存在许多分歧：你认为是对的，他却认为是错的；而你认为是错的，他却认为是对的。假若站在他人的角度来思考问题，或许我们的想法都是有道理的。

那么，我们到底是思考还是不思考呢？几千年前，苏格拉底说出了“我唯一知道的就是我其实一无所知”的相对悖论，可见他依旧没有停止思考。语言学家索绪尔曾说过：“在语言之前，思想一片浑沌。”自人类诞生以来，思想一直存在。即使那些最严谨、最严肃的思考，最终可能只是一个更巨大的未知，但也值得敬畏。

有时，思考也是个美丽的陷阱。过度思考，很容易造成心理学上所说的思虑，误入思维障碍，导致精神紊乱。1989 年先验性诗人海子卧轨自杀，人们在他的身上发现了《圣经》。当你意识到不管怎么想都走不出思绪怪圈，或者怎么跟别人说都不可能做到完全正确时，与其费尽心思地寻找答案，或者喋喋不休地证明自己的绝对正确，倒不如量力而行，停止思考、理论。

现代生理心理学认为，人类的右脑负责管理直觉，这部分直觉储存了人类诞生以来的 400 万年的遗传信息，是长期的智慧宝库。过多的自我思考容易产生烦恼，使人在面对本来一目了然的事情时反而会畏畏缩缩，不知道如何下手。有个故事：蚂蚁问蜈蚣走路先迈哪条腿，蜈蚣却陷入了沉思，始终迈不出腿，竟然都不知道怎么走路了。生活中我们会遇到许许多多意想不到的问题和难题，切不要过于为难自己，而忘记了简单生活的本真。

据说，人类有四种体液

我猜，在诸多心理活动和测试中，你一定做过关于“你属于哪种气质?”的心理测试。你知道吗，据说人类体内有四种体液，哪种体液占的比例大，你就属于哪种类型的气质。

在恩培多克勒“宇宙论”的影响下，希波克拉底创造性地提出“四种体液说”，这位古希腊“医学之父”认为人类体内的体液可以分为血液、粘液、黄胆汁、黑胆汁四种。在不同的人体内，这四种体液的占比也各不相同，因此希波克拉底根据不同人体中占优势的体液类型，将人类气质分为多血质、粘液质、胆汁质、抑郁质四种。一般在健康的身体里，这四种体液互相平衡；当这四种体液不平衡时，身体是不健康的。虽然后来的医学和解剖学都驳斥了希波克拉底的体液决定论，但是并不影响这一理论在心理学性格、气质分析上的延续和应用。

我们身边生活着各色各样的人，有脾气暴躁的易上火体质、办事慢条斯理的温吞性子，也有待不住的户外分子、“大门不出二门不迈”的死宅家伙，还有勇敢自信的乐天派、悲天悯人的忧郁派……希波克拉底认为不同的体液来自不同的器官：血液出于心脏，心主火，是火根，有干燥、多动的性质；黑胆汁生于胃，胃生津，是土根，有渐温、迟钝的性质；黄胆汁生于肝，肝动气，是气根，有热、易怒的性质；粘液生于脑，是水根，有冷、沉静的性质。不同的体液有不同的性质，因此根据你的体液，可以区分出你的独特气质。

血液多的人是多血质，这种体质的人喜好导游、主持、演讲、接待和调查等灵活多变的职业。他们往往富有精力，兴趣广泛，同时也善变，喜欢多样化的生活，不要妄想他们能够安安静静地宅在家里。

黑胆汁多的人是抑郁质，这种体质的人多从事哲学、艺术、校对排版等工作。他们细致敏感且深刻，但又性格怯弱、优柔寡断、杞人忧天，所以往往能成为“眼神里总是略带忧郁”的诗人。

黄胆汁多的人是胆汁质，这种体质的人具有领袖能力和冒险精神，喜欢从事冒险、媒体、外交、公安等强烈爆发性的工作。他们是天生的格斗家，有强烈而迅速的情感，坚忍不拔，同时又患上激动、易怒的毛病，十分缺乏耐心。

粘液多的人是粘液质，这种体质的人多从事管理、医生、教师、会计等理性具体且规矩的职业。他们一般多理性少感性，考虑问题周全，沉默克制，但过于固守成规，缺乏灵活性。他们戒备心十足，如果你有这样的朋友，那么恭喜你，你赢得了他们足够的信任。

有些人属于某类体液的典型气质类型，而大部分人是两种气质的混合型，甚至是三种气质的综合型。当受到后天环境和条件的影响时，人们的气质类型就会发生更为丰富的变化，比如多血质和胆汁质类型的结合容易形成外向性格，而黏液质和抑郁质类型结合的人文静和内向。

你看，虽然性格和气质的养成还与后天条件和环境有关，但其实从一开始，你的体液就已经为你悄悄印下标签，那么你的体液气质是哪种呢？

大脑的“神话”是骗你的

2014 年江苏卫视推出的大型科学类真人秀电视节目——《最强大脑》，又掀起了人们对大脑神奇的记忆分辨风暴的向往和追求。“你的大脑只用了 10%”的“神话”又重新引起人们的重视和关注，但是你的大脑真的只用了这么一小部分，其余 90%的大脑则“无所事事”吗？

大脑的“神话”从何而来，究其根源并不太清晰，可能是源于早期的科学研究者承认不知道人类 90%的大脑用来做什么。1908 年，美国心理学家威廉·詹姆斯（William James）提到“我们可能只用到了我们心智资源的一小部分”，而一些专家却将其演变为“我们只用了我们大脑的 10%”，甚至伟大的爱因斯坦在谈论自己非凡的聪明才智时，也认可了大脑的神话，因此有人认为爱因斯坦大脑灰质的开发远远超过常人。

敏锐的商人们抓住了这一诱人的大脑的“神话”言论，为销售自己的产品添加助力，使“大脑只用了 10%”的神话逐渐广为人知。我们可以看到大量培训机构强调大脑的开发和挖掘，记忆专家企图通过训练帮助你充分开发 10%以外的大脑。甚至，有一家航空公司利用“据说我们只用了大脑能量的 10%，如果你选乘我们公司的航班，你的大脑能量将会用得更多”的广告，大力招揽顾客。

然而，大脑研究人员却质疑一般大脑只用了 10%的神话。我们的大脑是自然选择的产物，虽然它只占我们体重的2%–3%，却消耗了我们吸入氧气的20%，说明整个大脑耗费着身体巨大的能量。自然选择的基线和法则，使人类的进化不会允许这样一个高耗费的器官大部分处于闲置的状态。试想想，你会让一大堆无用的木板长时期占据十分狭小的出租房吗？如果90%的大脑没有使用，那么大多数的神经传输路径将退化。所以说，大脑只用了10%的神话是错误的。实际上，我们使用了整整100%的大脑，只不过对于大脑如何运作的不解之谜，我们仅仅解开了10%而已。

“大脑只用了10%”的神话激励着许多人在不断地挖掘自身的能力和创造力的道路上前进，有其值得肯定的一面。然而，这个神话得以流传多年，并为人们所坚信不疑，从心理学上看，这是因为人们往往不承认自己的弱点或能力不足，而满足于自己的大脑未完全充分开发的幻想。许多人暗忖，我不能像爱因斯坦那么聪明，也不能像牛顿那样从一个苹果的跌落想到万有引力，是因为我的大脑没有得到完全开发，如果我的大脑通过锻炼得到开发，说不定我能成为第二个爱因斯坦呢！但事实上，我们要想获得事业和生活的成功，除了勤勤恳恳地工作，慢慢积累经验，不断提升自己之外，并没有其他快速到达梦想的捷径可走。每时每刻，我们都用了100%的大脑，只是我们没有意识到而已。

你，被大脑的“神话”骗了吗？

意识不到才是错觉

网络上流传着几乎人人中枪的人生三大错觉：“手机震动、有人敲门、他/她喜欢我。”平常生活中，绝大多数人都有过前两种的错觉，尤其是第一种。人们总以为自己的手机震动了或者铃声响了，拿出手机一看，才发现根本没有任何信息或电话，原来只是错觉。

错觉又叫错误知觉，是在特定条件下产生的对客观事物的一种歪曲知觉。错觉有很多种，如几何图形错觉、时间错觉、运动错觉、空间错觉、声音方位错觉、触觉错觉、心理错觉等等。我们看水中的筷子似乎断了，这是视觉上的错觉；看到远处走来的人像是一个朋友，这是心理错觉；掂量同为一公斤的棉花和铁块，却觉得铁块重，这是形重错觉；在运动的车辆上认为车窗外的树木在移动，这是运动错觉。

俗话说“眼见为实”，但英国生物学家克里克却指出：我们很容易被视觉系统所欺骗，我们看到的某件东西不一定存在，但是我们的大脑却意识不到它不存在。这种盲目的“相信”通常就导致了错觉，在这个过程中我们往往主动地根据经验和眼睛来形成错误的信息，从意识上看源于我们意识不到自己获得的信息的错误，也意识不到真实的存在。我们平时会看到开着的日光灯是一直亮着的，其实这也是我们的错觉。实际上日光灯的光线是以每秒钟100次在闪动着的，当每100次日光灯闪亮连续出现时，我们就看到了一个连续被点亮的日光灯，因此当日光灯出现故障时，总是在异常地闪烁。

心理学上还有一种错觉叫作“控制错觉”，对于一些非常偶然的事情上，人们往往会认为凭借自身的能力就可以控制和支配，意识不到自己并不是无所不能的。事实上，偶然性的事件受概率支配，不受人的能力所支配。心理学家曾做过这样的实验：给试验者一些钱，让他们来做掷骰子的赌博，以测试人们是在掷骰子之前下的赌注大，还是在掷骰子后没开宝时下的赌注大。结果表明，大多数人都是在掷骸子之前下的赌注大。因为试验者觉得下赌注后，他们可以让骰子按照自己的意愿转动。然而，赌博掷骰子的胜负完全取决于偶然因素，但人们往往会不由自主地去那样做。沉迷于赌博的人往往很容易产生“控制错觉”，总认为自己可以去控制每一次下注，他们忘记了赌博其实是个概率事件，是不能仅凭自己的能力去控制和掌握的。

心理学不讨厌衰老

“你害怕衰老吗?”这世上大概没有不害怕衰老的人。秦始皇奢望能够长久统治，为求长生不老，派人四处寻药、炼药，最终还是抵不过岁月的侵蚀。对于女性而言，衰老更加可怕，衰老意味着皮肤松弛长皱纹，最初美好的容貌慢慢只能在以前的照片上寻找。衰老的可怕不仅表现在容貌上，还表现在能力上。人一旦衰老，就会记忆力减退，忘性很大，还很容易得老年痴呆症；再加上身体上的病痛，老人们往往行动迟缓，办事不便，需要人照顾。

所以，你瞧，衰老是一件多么可怕的事情!

闭眼一遥想，等到年老的时候，牙口不好吃不了想吃的大鱼大肉，爬不了想爬的大山，这老年的生活该是多么的沉闷单调。但令人意外的是，大多数老年人却没有那么多遗憾和悲伤，他们甚至十分坦然地接受了衰老的现实。美国多项民意调查发现，老年人是最幸福的人群。近日，中国人口宣教中心进行的一项针对6000余人的入户调查也同样显示，老年人的家庭幸福感较高。这么看来，也许大多数人都想错了，老年并没有我们想象的那么苦不堪言，甚至缺少了丰富的社交活动的老年生活也可以温馨幸福。

布兰迪斯大学的德里克教授通过实验发现，与浮躁的年轻人相比，老年人更容易去留心那些积极的事物，同时他们很容易知足，不会对那些不快的事耿耿于怀。他们往往会发现和关注生活中的美好小细节，一件小小的事就能让他们幸福好久。

社会情绪选择理论认为，当人们意识到人的生命历程缩短时，注意力往往更专注于当下发生的事而非未来所要去追求的目标。对于老年人而言，由于知道自己生命时间有限，他们常常想到的是自己现在所拥有的东西——孩子、亲人、朋友，不会再像年轻人那般被渴望得到更多东西的欲望情绪所困扰，因此老年人也更加关心目前还在自己身边的人，关注身边的小事物。生命的短暂和有限往往让人们格外容易注意到美好的事物，而忘记那些曾经或眼前不好的事情。

老年人也没有我们想象中的那么脆弱和消极，起伏的人生经历让他们在面临年老的失败时，往往善于调节自身情绪，看淡并接受自己。“毕生控制”理论认为，当老年人面临失败时，他们往往会坦然承认和接受自己无法达到目标的现实，转而选择改变自己的策略，采取补偿性的控制措施。因此他们很容易放过自己，看淡荣辱得失。当他们越来越接近死亡时，就不会把死亡放在心上。平时，我们一听到家里的老人说 “再过几年就到地下了”、“不知道还能过几次生日呢”时总要怨老人胡思乱想，其实是因为我们比他们更加担心死亡的到来罢了。老年人比中年人更能坦然接受人终究要归于尘土的客观现实，因此他们保持着一种乐观向上的生活状态，珍惜每一天，享受着现有的生活。

衰老并没有我们想象中的那么可怕，我们不可能改变人类要变老并死亡的现实，因此我们应该学习老年人的坦然心态和幸福秘诀，且行且珍惜，用尽全力过好余下的每一天，便不负此生。

然而不可否认的是，随着社会节奏的加快，如今年轻人的工作压力越来越大，尤其是中年人家庭，上有老下有小。许多人对老人的照顾往往不周全，容易忽视老人，因此我们也应该给予老年人更多关爱，防止他们患上“空巢综合征”、忧郁症。

耳听为虚，眼见更不“靠谱”

如今有一种新奇的艺术展——3D 画展——进入人们的视野，参观者站在画前似乎与绘画融为一体，让人分不清哪部分是真实的哪部分是虚幻的，令人啧啧称奇。3D 展览就是利用我们通常认为的“眼见为实”的误区来营造的。3D 艺术展览是通过线条的远近，以及光线的反射、折射、阴影手法等，把原本 2D 的图画创造出 3D 的立体效果，造成视觉上的迷惑和错觉。俗话说：“耳听为虚，眼见为实”，3D 艺术展览却告诉我们眼见不一定为实，眼见可能更不靠谱！

不可否认，在人类的感觉器官中，眼睛是最能反映事物原貌的。可就因如此，我们过于相信第一感觉的眼睛，在观察事物的时候，会不自觉地相信自己用眼睛所看到的一切，并自信地认为眼睛能够“明察秋毫之末”，注意到事物或事情所发生过的任何变化。然而，仅仅凭眼睛所看到的来评判事物往往是不可靠的，这就是为什么法官在进行审判时一定要求有证据，而非仅凭一人“这是我亲眼看到的”之谈。因为有时候我们根本无法捕捉到事物或事情的具体变化。

一方面，人类的眼睛是有视觉“缺陷”的，比如我们无法看到紫外线。人类的眼睛只能看到 400—700 纳米的电磁波长范围内的有限光线，很多时候我们很容易被自己有限的视觉所限制而产生视觉错觉。比如我们看到房间里面的桌子、椅子、墙体都是静止不动的，而事实上它们内部的电子正在进行光速的旋转，只是我们看不到、感觉不到而已。因此，不要简单相信我们的耳朵听到的东西，更不要盲目地仅仅依赖我们的眼睛看到的一切。

另一方面，我们常常因自己的认知或生活习惯而产生心理错觉，导致视觉上受到影响，从而忽视实物的真实面貌。亚里士多德曾经理所当然地认为，从同一高度落下，重的物品肯定要比轻的物品落地快，伽利略斜塔上的实验却证明了这种看法是错误的，物体不论重量都是同时落地的。孔子周游列国时被困数日，他路过厨房看到学生颜回用手捞锅里的粥吃，以为颜回在偷吃，就过去教育他。没想到是颜回在煮粥时，发现有灰土掉进粥里，赶紧捞起来，又怕浪费，所以就把脏的粥给吃了。这时孔子也不禁感慨："信也者，目也。而目犹不可信。"原本以为最可靠的眼睛却让他误会了颜回。

总以为亲眼所见就是真实的，但是事实上我们常常被眼睛所蒙蔽，别让眼睛欺骗了你！虽然我们无法改变视觉本身的客观缺陷，但是对于视觉造成的误差或错觉，我们在关注事物时应该多想多思考，全面理性地看问题，跳出思维的圈子，不要将自己禁锢于固定模式中，避免让自身的狭隘影响对事物的判断。

你真的是"说话不过脑子"吗

在满月酒席，其他宾客朋友纷纷夸赞孩子可爱、漂亮，有的人偏要说孩子丑；在酒宴上，理应对新人说百年好合，有的人偏要提现在离婚率很高，很容易一拍两散；大家都在高高兴兴地吃烧烤，有的人偏捏着鼻子嫌弃吃烧烤不卫生，容易拉肚子；主人好不容易做了一桌菜，有的人却苦着脸挑三拣四直念叨难吃死了……这样的人说话不经大脑，往往容易惹别人生气，弄得大家难堪，且经常得罪人。

想说什么就张嘴说什么，口无遮拦，说话不经大脑，往往会大煞风景。

但是，这些人真的是“说话不过大脑吗”？事实上并不是这样的，他们不是不过脑子，只是说话不经思考，感觉到不了脑子。大脑掌管着我们所有的行为，比如我们碰到针刺，就会迅速地弹开手。不经大脑，话怎么说出来呢。因此，说话这一行为的产生，肯定是由大脑部分控制并给出相应的指示才形成的，只不过这个行为指令的形成时间十分短。弗洛伊德认为人脑可以分为有意识和无意识两个部分，说话不经大脑指的是有些话没有经过有意识的部分，不经过思考，无意识地就说出来了。

从心理学上分析，说话不经脑子，属于条件反射般的自然反映，即在很短的时间内，只是经过大脑简单的加工，无意识地、很直白地、不假思索地就说出来了。你的反应和感觉还没有达到脑子的有意识部分，还没有进行较为深思熟虑的考虑就条件反射地说出来了。我们说某人不经大脑思考，从好的方面说，这是一种毫不掩饰自己的情感、随心所欲的自然行为。但在我们的实际生活中，不经大脑就说话的人会经常让身边的人难堪、不开心，是不利于人际交往的。

很多人与别人处于某种关系一段时间以后，往往会变得懒惰，不再考虑别人或同伴、朋友的感受，口无遮拦，对朋友造成了一定的伤害。虽然这样不过脑子的话并无恶意，但还是应该站在别人的角度来看问题，懂得尊重别人的感受，这样才会赢得他人的尊重。会说话的高手从来不去说那种“哪壶不开提哪壶”的蠢话，让别人开心，自己也开心的事情，何乐而不为呢。

对于心直口快的人来说，也许很难改变说话的直爽方式，但是遇到事情时，不要急于表态，降低说话的频率，“三思而后行”也未必是件坏事。记住，你的言语是具有影响力的。所以，在与他人说话的时候要有分寸，懂得站在对方的角度想问题，不要说话伤了人，再来收拾这“说话不过脑子”的烂摊子。

从小到大，心理怎么“成长”

美国著名精神病医生埃里克森认为，人的自我意识是具有持续发展性的。伴随着时间的流逝，人类从婴儿、少年，到青年、中年甚至老年，一步步经历着成长、强大和衰弱，而我们的心理也伴随着身体的变化在不断地“成长”、成熟并趋于稳定。埃里克森把人的心理形成和发展的社会经历划分为八个阶段。

第一个阶段是婴儿期，即从出生到一岁半，这一阶段的婴儿已经开始接受外界的刺激，接触社会，这是建立信任的阶段。具有信任感的婴儿往往不会轻易哭闹，因为婴儿的内心对母亲建立了非常强烈的信任感，知道母亲会在他需要的时候来到身边。反之，不具有信任感的婴儿会因母亲暂时的离开而焦虑、哭闹。

第二个阶段是幼儿期，即一岁半到三岁。这时候他们已经开始有一定的心理特征和自主感知，如会说“不”、“不要”，会反抗，因此父母应该适度地运用社会的要求来控制儿童的行为，引导他们形成良好的生活习惯。

第三个阶段是儿童期，集中在3–6岁。俗语有云：“三岁看老”，儿童开始注意到一些独立的事物或现象，但往往注意力不稳定、不持久，不能专注于某一事物，同时好奇心强，容易被一些新奇刺激的新事物所吸引。低年级的学生的集中注意时间一般在20分钟左右，而三到五年级的学生则在30–40分钟。我们都知道，一般来说，低年级的小学生往往比高年级的学生好动。

第四个阶段是学龄期，即6–12岁。儿童开始进入学校进行系统的学习和接受教育，顺利完成学习的孩子能够获得勤奋感，反之则会产生自卑心理。此外，老师对儿童的心理成长影响很大，埃里克森认为一个未被发现的天才的内心火焰大多数是被教师燃起的。

第五个阶段是青春期，即 12–18 岁。人们在青春期往往会遇到许多问题和危机，如叛逆，这是心理上的自我认同的同一性和角色混乱带来的冲突。简单地来说，一方面是因为青少年基于身体的成长和发育，本能地带来挣脱束缚的冲动，另一方面是因为青少年开始思考和怀疑存在的意义和社会地位，产生了角色混乱。

第六个阶段是成年早期，即 18–25 岁。埃里克森认为，只有具有良好同一性的青年，才敢于与异性伴侣建立起亲密关系，才能与别人真正共享双方的同一性，也就是说，敢于分享和接纳亲密的双方的共同点和差异点，建立起和谐的两性关系。然而这必然存在一部分自我牺牲，因此很多人要尝试很多次才能获得真正长久的亲密感。

第七个阶段是成年后期，即 25–65 岁。这个阶段大多数人都建立了家庭，因此在心理上生育感比较强烈，侧重于关心和创造下一代，埃里克森称之为繁殖对停滞或精力充沛对颓废迟滞的阶段。

第八个阶段是老年期，即 65 岁直至死亡。身心衰老时期，老年人为自身生命的延续而努力抗争。埃里克森认为这个阶段的老人其实并不惧怕死亡，其自我是统一、充实的，在“以超然的态度对待生活和死亡”。同时，老年人对死亡的态度影响这一阶段下一代婴儿期的信任感，与第一阶段首尾相连，环环相扣，形成一个循环的心理周期。

天人合一，这才是心理学之最高境界

天人合一是我国古典哲学的根本观念，也是道教传统的人生观和世界观。《庄子·齐物论》：“天地与我并生，而万物与我为一。”庄子认为万物的本源都是一样的，都是“道”演化出来的，人类也是一样，道法自然。150亿年前，宇宙在大爆炸中诞生了。地球随着漫长的演变和进化，在几十万年前开始出现了人类。因此我们人类与万事万物一样，都是自然演变和自然选择的结果，“万物与我为一”。

“天人合一”的境界也是心理学中追求的一个最高境界。“人是永远不能满足的动物”，从未停止过对需求的追求。美国著名人本心理学家马斯洛提出著名的人生五大需求理论——生理需求、安全需求、社交需求、尊重和认可的需求、自我实现的需求。马斯洛去世后，他的学生根据他的最新观点和理论，进一步补充求知、求美、天人合一境界三种需求，使人生需求理论变为八大不同的层次。其中，天人合一境界可谓人生需求的最高层次。

人类作为一种高级动物，第一需求是生理需求。想要活下去，必须要有空气、食物、水……就拿填饱肚子来说，“民以食为天”，人为了吃可是不择手段的，天上飞的、地上跑的无一例外都进入人类的肚囊，各种烹饪手段层出不穷，煎、炒、蒸、煮、炖、烤……“酒足饭饱”后，人们开始有了对安全的需求，害怕身体受到伤害，同时也担心生活没有保障，害怕吃了这顿没下顿。生理需求和安全需求都是比较低层次的需求，因为这仅仅涉及自我个人的满足。

当最低层次的需求都得到满足时，群居动物性质的人们开始了对友爱和归属的需求，都想追求爱情公寓式的“最好的朋友都在身边，想爱的人就住在对面”的热闹和归属感。同时人们希望能赢得他人的尊重和认可，这是更上一层次的需求。

如果没有得到认可，人们会产生更上两层的求知、求美的需求。要想把事情做好做得漂亮，首先要了解事情的具体情况，明确该如何做；其次要不断完善，力求完美。如舞者希望听到别人赞叹：“这个舞蹈如此灵动曼妙，跳得太棒了！”教师希望别人称赞：“这位老师上课生动易懂，学生都爱听。”我们都希望得到别人的认可，实现自我价值，从这一层次上看是对自我实现的需求，即把自己的理想融于自己的工作和生活中，充分发挥自己的潜能，实现自己的理想目标。

当满足了自我实现的需求时，人们开始追求“天人合一”的最高境界。从心理学上讲，“天人合一”指的是认识、遵循、利用客观规律去看待事物和做事，只有这样才能真正做到随心所欲和自由。老子说：“人法地，地法天，天法道，道法自然。”当达到“天人合一”的精神境界时，心里必定是丰盈的。这时方能放下心中的一切，顺应自然规律和自然需求，来追求自我价值的升华。“天人合一”是一种与天齐高的顶峰体验，一种人与宇宙合而为一的感受。复归自然，与自然合一，将是人们毕生的追求。“天人合一”又怎么会不是心理学的最高境界呢？

我思故我在的至理名言

“我思故我在”的至理名言，是由法国著名的哲学家、科学家和数学家笛卡尔提出来的。笛卡尔是西方现代哲学思想的奠基人，也是现代唯物论的开拓者，黑格尔称他为“现代哲学之父”。“我思故我在”成为笛卡尔认识论哲学体系的起点，也是他“普遍怀疑”的终点。

随着社会的发展，人类开始思考独立，开始怀疑上帝的存在，怀疑“地球中心说”，但是14–15世纪的欧洲社会仍在教会和教皇魔爪的掌控之下。意大利哲学家布鲁诺反对地心说，宣传日心说和宇宙观，勇敢捍卫真理，却被教会判为异端，烧死在罗马鲜花广场。伽利略制造了望远镜观测天体，支持哥白尼的“太阳中心说”，并在威尼斯进行科普演讲，向听众宣传哥白尼学说，也被罗马教廷残害致死。

笛卡尔所在的荷兰信奉新教，是当时对新思想最宽容的国家。虽然笛卡尔在著作中清楚地向宗教判决会表明自己是上帝虔诚的教徒，但他还是与天主教发生了矛盾，其著作被禁止出版发行。因为笛卡尔为了追求真理，提出对一切事物尽可能怀疑的“系统怀疑的方法”，甚至怀疑上帝的存在，以至提出了“我思故我在”。

“我怀疑，一切真理的源泉不是仁慈的上帝，而是一个狡猾、有法力的恶魔，施尽全身的解数，要将我引上歧途。我怀疑，天空、空气、土地、形状、色彩、声音和一切外在事物都不过是那欺人的梦境的呈现，而那个恶魔就是要利用这些来换取我的信任。我观察自己：好像我没有双手，没有双眼，没有肉体，没有血液，也没有一切的器官，而仅仅是糊涂地相信这些的存在。”笛卡尔的怀疑不是对某些具体事物的怀疑，而是对人类、对世界、对上帝绝对的怀疑。这是对经院哲学和神学的怀疑、反对和“挑衅”。

执着的笛卡尔发现，我们所看到或感觉到的东西常常在欺骗我们，那么什么是真实的呢？从这个绝对的怀疑，笛卡尔引导出“我思故我在”的哲学原则。笛卡尔认为，当怀疑一切事物的存在时，无须怀疑自己的思想，因为此时唯一可以确定的事情就是自己思想的存在，只有自己的思想存在，才会有思想的主体，也就是思维者的“我”。在笛卡尔的哲学世界里，“我”是一个思维的东西，也就是一个在怀疑、领会、肯定、否定、想象、感觉的东西，一个在思考的东西，比如一个精神、一个理智或者一个理性。我在怀疑，我在思考，因此必定有一个怀疑思想的“我”存在。

从唯物主义来看，笛卡尔的“我思故我在”存在主观的唯心主义，但是不可否认笛卡尔的思想对人类文明思想进步的启蒙意义。笛卡尔用“我思故我在”的至理名言启迪正在教堂盲目相信上帝和神的人们，引导人们认识客观的真实世界和自我，从世界的本源出发，去思考、去探索。

第一等人物为哲学家

两千多年前，古希腊重要的思想家、哲学家柏拉图用心血绘制了一本《理想国》，后来这本书被称为欧洲心理学史上最早的分类雏形。在《理想国》中，柏拉图就提出了知、情、意的心理学三分法。最让人眼前一亮的是，柏拉图通过他的老师苏格拉底与他人的对话，虚构起一座完美理想的城邦。在对这个理想国的构建设想中，柏拉图将国家分为三个阶层，分别为受过严格哲学教育的统治阶层、保卫国家的武士阶层、平民阶层。

因此，他认为在最理想的国度中，第一等人物应为哲学家和国家的统治者，第二等人物则为武士、保卫国家的军人，而第三等人物就是那些底层的农业劳动者和手工劳动者。《理想国》强调的是国家的正义，因此柏拉图认为一个美好的国家需要具备智慧、勇敢、自制、正义这四种德性。而这四种品德和品质兼具的正是哲学家，因此可以作为理想国的第一等人物。

从整个理想国的构思中，柏拉图按照一定的标准来划分不同人的等级，一方面根据人的本性，另一方面则根据人们的社会分工，即不同的社会阶级。在柏拉图的理论中，人类世界可以分为现实世界和理念世界，理念世界又称为内在的概念世界，物质的本质只有理念世界的灵魂才能认识。在世界中，人类灵魂由理性和非理性两部分构成。不同的灵魂通过理性、意志和情欲来构成不同的品德。例如理性具有智慧，意志发展为勇敢，情欲应受节制，在三者中理性最高，意志其次，情欲最低。

因为人性有了这三种不同的活动和追求，所以人类社会产生了相应的三个阶级：追求感官的满足和身体的享受者，他们往往成为社会中普通生产者；

追求荣誉和成就的人，他们大多数是勇敢节制的军人；理性的追求真理者，如统治者和哲学家。

柏拉图认为，只有理性、激情和欲望三者和谐统一，才能使人处于最佳的心理状态。所以一个国家必然会存在这三种人，不同等级的人被安排在他们力所能及的岗位上，各安其位，各得其所，互帮互助，从而使社会井然有序。一个国家只有做到了这一点，才真正具备了“正义”。马克思说：“在柏拉图的理想国中，分工被说成是国家的构成原则，就这一点来说，他的理想国只是埃及种姓制度在雅典的理想化。”虽然柏拉图唯心主义式的“第一等人物是哲学家”的“理想国”被世人所批判，但是作为当时的一种美好的幻想，深深寄托了人们对国家和社会和谐稳定发展和进步的渴望。

为什么痛苦的感觉会被放大

生活中经常会发生这样的事情：一个人失恋了，因为接受不了爱人的离开而陷入困境，茶不思、饭不想，日渐消瘦，精神颓废。这种失恋的痛苦短则两到三周，长则好几年，甚至有一些人还因失恋而轻生。“当局者迷，旁观者清”，其实失恋只不过是人生路上的一件小事，而失恋者却当作天大的事，要死要活的。

当我们为某事感到痛苦时，似乎会觉得痛苦越来越严重。从心理学上看，痛苦不可能变大，变大的只是痛苦的感觉。这是因为当痛苦产生时，人们往往会把痛苦的感觉放大，比如在不断的倾诉回忆中，会越来越觉得痛苦。心理学家森田正马提出的精神交互作用认为，有时候，人们会因为感知到某种感觉，引起对它的注意集中和指向。就拿痛苦来说，当我们意识到我们内心中存有痛苦时，就会特别在意这种痛苦的感受。当这种感觉不断地在脑海中反复时，人就会变得敏感，而感觉上的过度敏感又会使注意力进一步集中在这种感觉上。因此，这种感觉在注意力的彼此促进、交互作用中，变得更加敏感、显著。

那些越是刻意的心理暗示，反倒会更加引起内心的痛苦和悲伤。有时候我们觉得痛苦，事实上并不是所痛苦的这件事情很让人难受，而是这种痛苦的暗示加深了我们对痛苦的感知。就像我们觉得很痛苦时，总是会迫切地想知道为什么会这么痛苦，所以当我们把注意力过分集中于内心的痛苦时，痛苦就会被无限地放大。

鲁迅说："真正的勇士敢于直面惨淡的人生，敢于正视淋漓的鲜血。"然而大多数人并不是鲁迅笔下坚强的勇者，面对痛苦悲惨的往事，我们无法像局外人一样冷静地回想、分析，无法客观理性地洞察自己的内心，反而会被这种痛苦不断吞噬，越是刻意，就越无法摆脱痛苦的折磨。

就像失眠，越是想睡就越是睡不着，这是因为失眠者过于关注失眠的痛苦，失眠的恐惧被加剧了。其实对于经常失眠的人而言，即使只有 2–3 小时的睡眠，第二天的工作也能做好。凡事都不要刻意，问题并没有我们想象的那么严重。如果我们能把注意力转向工作学习，不太关注自己的身心，其实烦恼也能少很多。

所以不能把注意力过多地投向痛苦和痛苦的原因，那样就等于自残。忘却痛苦也是痛苦的解脱之道，不需要过多思考痛苦会带来多大后果。既然事情已经发生，我们可以做的就是把握好未来的日子。"时间是最好的解药"，随着时间的推移，痛苦也会慢慢地消退，最终自己也能坦然接受。所以，切莫放大痛苦，而让自己陷入痛苦的牢笼。

第六感，无需感觉器官的预感

几千年前，古希腊科学家、哲学家亚里士多德认为人有五种感觉——视觉、听觉、嗅觉、味觉和触觉。随着科学技术的迅猛发展和生理学研究的不断深入，人们对自身的认识也越来越清楚。科学实验表明，人体除了有视觉、听觉、嗅觉、味觉和触觉等五个基本感觉外，有可能还存在第六种感觉。“第六感”常常出现在我们的生活中，尤其是在敏感的女性身上，比如我们常常会听到以下对话：

——“你是怎么发觉他说谎/做错事/出轨/的呢？”

——“我的第六感在告诉我。”

有些人对“第六感”的存在深信不疑，有些人却认为“第六感”简直就是无稽之谈。然而，科学家至今仍不能给我们确切的回答。

生物学家认为存在第六感，其就是身体对机体未来的预感，生理学家把这种感觉称为“机体觉”、“机体模糊知觉”，也叫作人体的“第六感觉”。它指的是人们对内脏器官的感觉，是机体内部进行的各种代谢活动使内感受器受到刺激而产生的感觉。例如，人们对饥饿、口渴等的感觉，都不是通过五个基本感觉器官所感知的，而是通过“第六感觉”而感知的。有人把人的意念力或精神感应称为人的第六感觉，也就是所谓的超感觉力，我们这里所说的“第六感觉”是与之不同的。

“第六感觉”的感知，并没有什么专门的感觉器官，是由机体各内脏器官的活动，通过附着于器官壁上的神经元（神经末梢）发出神经电冲动，把信号及时传递给各级神经中枢而产生的。然而，内脏器官的感受一般都不像机体表面的感觉那样清晰，而是带有模糊的性质，而且缺乏准确的定位。比如，当腹部出现疼痛的时候，患者往往分不清楚到底是胃痛还是肚子痛，所以生理学家把人体的“第六感觉”称之为“机体模糊知觉”。

在正常情况下，人们一般无法清楚地感觉到胃肠的蠕动、消化液的分泌、心脏的跳动等等。生理学家的实验表明，当内部感受器受到特别强烈的刺激或是持续不断的刺激时，人体的“第六感觉”的发现对人类了解自身的活动规律和防治疾病都是有益的。

加拿大心理学家罗纳德·任辛科发表在《心理学》杂志上的报告说，他通过实验发现，某些人可能会意识到他们正在看的景象已经发生了变化，但又不能确定到底这变化是什么。他认为，这可能是一种新发现的、有意识的视觉模式。他把这种现象命名为“心智直观”。任辛科说：“它可能是一种预警系统。”

北京大学心理系主任韩世辉教授认为，第六感可以从意识的角度来解释，人接收来自外部的信息后，大脑即对信息进行加工，有些信息可以到达意识层次，有些则不能到达，但有时往往是后者改变了人的行为方式。对心理学研究来说，“第六感”有点像 UFO、外星人一样，没有直接的证据表明它存在，却又有相当一部分人相信它的存在。

让我们瞧瞧你的潜意识

首先来看看什么是潜意识?

从心理学上看，潜意识是一个典型的心理学术语，指的是在人类心理活动中，人们一直没有意识到、认知到的部分，弗洛伊德又将潜意识分为潜意识和无意识两个部分。一般而言，我们是无法察觉潜意识的，但它却在有形无形地影响我们的行为和意识。比如，当我们看到有人随地吐痰时会认为这个人很不文明，当我们踩空的时候会不自觉地挥手试图抓住什么东西，当我们吃饭的时候会自觉地下咽……这些都是潜意识在我们人类的生存和进化中潜移默化的结果。其实，“一朝被蛇咬，十年怕井绳”也是潜意识在作怪。

弗洛伊德将意识系统的结构比作一个有着大厅和接待室的房厅，其中无意识系统是大厅，潜意识系统是接待室。因此，当我们在进行心理活动时，所有的心理活动都会先进入无意识的大厅，而通过心理意识的守卫检查的心理活动便来到了与大厅相连的接待室，这时候心理活动都开始进入潜意识系统。这部分心理活动一旦引起意识的注意，就能够成为人们的意识；而如果不能够引起意识的注意，就会时时刻刻潜伏在接待室，这时它们就成了潜意识中的无意识。所以，我们可以看出潜意识其实也是意识的一部分，而且一直都存在，只不过是被压抑或者隐藏了起来。我们做的每一件事情，都会有潜意识在默默地发生作用。想要成功或者做得更好，就需要不断地学习新的东西，给潜意识输进更多的基本知识、专业知识和最新信息，使我们的大脑更充盈、更聪明、更有智慧、更富于创造性。想要成为一名优秀的建筑师，不仅要具有丰富的建筑技能，还应不断加强专业知识的储备，使自己的判断和设计更加准确合理。

我们应该减少甚至永远不要使用以下用语：“我负担不起这个”或“我没有能力做到那个”。因为你的潜意识会把你说的话当真，认为你真的没有能力做到。所以请对自己自信地说：“我能做到，我一定能完成！”如果想要早起去晨练，那么从今天起，你在睡觉之前，请向你的潜意识“下命令”——“我要在早上 6 点起床”，那么它将会准时叫醒你。

现在的我与原本的我

心理学认为，“我”可以分为“现在的我”与“原本的我”。早在1923年，弗洛伊德就从精神分析方面建立起了本我、自我、超我的结构模式，这三个不同的概念代表着人类心理功能的不同侧面。

“本我”代表的是所有驱力能量的来源，如生与死的本能。同时，“本我”原始地寻求解除兴奋和紧张，希望完全释放能量来追求快乐和回避痛苦。“本我”活在幻想的世界中，不顾任何现实来获得满足。从这个层面来看，“本我”是过分、冲动、盲目、非理性、非社会化、自私的，是具有动物属性的原始欲望的自然表现，是纵情享乐的。如孩童就处于本我时期，小孩子看到想要的东西很容易就动手抢，这就是“本我”。

“超我”是在社会行为准则下的“我”，是人类心理功能的道德分支，追求完美。人类在逐渐成长的过程中，需要学会根据社会的标准和道德准则来区别对错、黑白，正确看待事情。“超我”中的人，能够恪守各种行为规范，是超于现实世界的严格表现。过于完美的“超我”不容易忘记自己或别人的过错，限制本我，并努力地追求自我理想。但是“超我”容易因为过度思考“对还是错”、“做得还是做不得”而产生冲突，使自己痛苦不堪，进而容易产生精神分裂。比如，当你穷困到全身上下只剩下十块钱时，看到一个乞丐，却把十块钱都给了乞丐，这就是“超我”。

“自我”是弗洛伊德理论中的第二个概念，也就是现实中的我，根据现实原则运作，追求愉悦和现实，当然这个愉悦中包含着少量的现实中的痛苦和难受。“自我”是“本我”和“超我”的中和，既妥协于现实，也能够从幻想中脱离出来变得成熟。现实的“我”是三个“我”的集合，既有想追求愉悦不顾一切的欲望，又接受道德规范的约束和束缚。“自我”既要处理“本我”带来的无意识原始追求，又要处理现实和理想的典范约束，二者不可兼得，永远处于矛盾当中。如有一个好的职位升迁，你和你的好朋友都在竞争，你尽量表现自己的优点，却不给你的竞争对手设置障碍，这个就是“自我”。

弗洛伊德将本我比作马，将自我比作马夫。马夫骑在马上，给马指引方向，而马则是马夫前进的驱动力。因此，自我驾驭着本我出发、成长。然而，马具有原始的烈性，有时候是不听话的，那么马夫就需要和马协调关系，互相屈服。“本我在哪里，自我也应在哪里”，弗洛伊德如是说也。

终其一生，人的本我、自我和超我都在不断对立统一，互相影响，构成了丰富的精神世界和精神活动，指导着人不断前进。

是什么影响着你的自我认识

从古到今，多少哲学家和学者都在孜孜不倦地自我认识、自我认知。古希腊哲学家一遍又一遍地自问，我是谁，我从哪里来，又要到哪里去。几千年以来，人们从未停止过对自我的认识和思考。

那么什么是自我认识呢？从心理学角度讲，自我认识是自我意识的一部分，是自我意识的认知成分，也是对自己身心状态及对自己同客观世界的关系的意识，是人类特有的反映形式。自我认识是自我调节控制的心理基础，包括自我感觉、自我概念、自我观察、自我分析和自我评价。其中自我评价最能代

表一个人的自我认识水平，指的是个体对思想、能力、品德、行为及个性等方面进行的判断和评估。因此，当一个人能够正确看待自己的对错、得失，能够客观合理地评价自己的时候，我们就可以说他的自我认识水平比较高。

自我认识能够帮助我们认识外界客观事物，培养自身的自觉性和自控力，充分认识到自身的优缺点，在自我认识水平的不断提高下，我们会不断地自我完善。然而，并不是所有人的自我认识水平都是一样的，不良的自我认识将会导致自身与周围人们之间关系的失衡和矛盾。比如，有些人狂妄自大，自负到以为可以操控一切人和事，习惯对人指手画脚，人们对此会很反感；有些人却消极悲观，认为自己能力弱小，做不成什么事情，害怕与人交流，这样不利于自身的健康成长，容易自闭。

那么，在我们进行自我认识的过程中，究竟是什么在影响着我们的自我认识呢？自我认识在自我意识系统中具有基础地位，属于自我意识中“知”的范畴，涉及到自身的方方面面，包括自己及自己与周围环境关系的认识，也包括对个体身体、心理以及社会特征等方面的认识。因此，只看到自己和他人的缺点，都不能做到正确认识自己。狭隘的认识观会影响到我们认识自我。

因此，我们要正确认识自己，就必须用全面的、发展的眼光看待自己。我们每个人都有自己的缺点，但同时又都有自己的闪光点。如果只看到自己的缺点、不足，只看到痛苦和烦恼，将会悲观失望；只看到自己的优点，用自己的长处比别人的短处，就会骄傲自大，止步不前，甚至会倒退。因此，我们应该全面认识自己，既要看到自己的优点和长处，又要看到自己的缺点和不足，如此才能正确认识自我，了解自我，完善自我。

你的肉体能装下几个灵魂

一个肉体里面可以装下好几个灵魂吗？确实有这样的事情，国外有一个名叫南希的女性患者，她的身上就有三个灵魂。最常出现的灵魂人格是南希，南希是一个依赖性特别强的女性，她胆小怕事，不善于与人交流，常常觉得焦虑和压抑。凯蒂和丽莲是她的另外两个人格。凯蒂对南希和丽莲一无所知，似乎生活在一个黑暗恐惧的地方。而丽莲是一个比较狡猾、迷人和世故的女人，她对南希的一切了如指掌，对凯蒂的活动有一定的了解。通过催眠治疗发现，凯蒂是从南希 14 岁的人格中分裂出来的，因为那一年她看到了母亲的不轨行为，于是拿起刀杀死了母亲。但事实上，当时她只有杀母的冲动，并没有现实的杀害行为，但凯蒂一直以为她杀了自己的母亲。丽莲是南希生第二个孩子时分裂出来的人格，那一年南希的父母告诉她，他们看见南希的丈夫在路上吻了一个女人。这个消息令南希大为震怒，使她再度达到几欲杀人的程度——于是便又分裂出丽莲人格。这样，她的身上就承担了三个灵魂。也就是说，她分裂出三种性格。

在一个人身上存在两种或两种以上的人格是一种十分罕见的心理现象，据文献记载，迄今为止只有 100 来个例子。这些具有两个或多个人格的人都有两个或多个不同的名字，他们在表现自己不同的人格时，连写字的笔迹甚至脑电波也是不同的。也就是说，在一个人身上出现的两种或多种人格就等于两个或多个具有各自思想和行为方式的独立的人。

多重人格又被称为分离性身份识别障碍，即一个肉体中装了多个灵魂，轮流使用和驱使你的肉体。每个人格的行为、性格、习惯甚至语音语调都是不一样的。多重人格障碍多见于女性，以致患者男女比例达到 1:9。这种灵魂的分裂大多是由于患者经历了巨大刺激或虐待，其为了摆脱主体人格特征的弱点和缺陷，分裂出一个虚拟的人格特征，来完成主体人格想完成的事情。

然而，多重人格分裂并不全部是坏事，通过治疗和合理运用，也可以让痛苦变成美好。48 岁的英国单身母亲 Kim Noble 因小时候受到虐待而患上了一种极罕见的“多重人格分裂症”，她身上最多时候曾经拥有 20 个不同的“人格”，后来渐渐减少并稳定在 12 个左右。2005 年，Noble 听取一位艺术治疗师的建议，开始学习绘画。然而令人意想不到的是，Noble 体内的 12 个“人格”竟然个个都是天才画家，而且每个“人格”的绘画风格毫不相同，有的画风忧郁，有的画风明朗，有的擅长抽象画，甚至还有一个喜欢雕刻。Noble 任由不同的人格按照自己的意图和风格创作艺术作品。10 个月以后，Noble 举办了个人画展，让专业人士深感惊讶和赞叹，其作品也被越来越多的艺术鉴赏家高价购买和收藏。

其实多重人格分裂对我们来讲也不算陌生，有时候我们好像自己在跟自己说话，有时候不受自己控制，甚至分不清现实和梦境，这些都是一些轻微的多重人格分裂的表现。对于正常人而言，一个肉体只有一个灵魂和人格，然而鉴于自身心理承受能力的差别，在强烈的外界环境和重大事件的刺激下，有些人会分裂出好几个人格，所以说“你的肉体能装下几个灵魂”是未知数。

第二章
心理学这样解读性格

人是一种群居动物，不可避免地要与别人打交道。在与他人交往的过程中，言语、面部表情、肢体动作等等都是交际语言。首先，我们会给别人留下深刻的“首因印象”，也会对他人产生认识。在日常生活中，我们会遇到各色各样的人：有沉默的老实人，也有滔滔不绝的话唠；有爱挑战自我的冒险家，也有循规蹈矩的完美主义者……每个人都有自己的性格特征，了解他人，尊重他人，是认识每一个人的前提和基础，也是我们顺利进行交际的有力保障。让我们一起来看看，别人的行为举止里有哪些独特的性格品质，一起来认识你身边那个真实的他吧。

第一印象与神奇的“首因效应”

“第一次见面我就觉得你是一个靠谱的人”、“第一眼就觉得你很诚实善良”，我们俗话所说的“第一眼”、“第一印象”就是心理学上的“首因效应”，是指人们第一次与某物或某人接触时留下的最初印象。这个第一印象作用最强，持续的时间也很长，会在对方的头脑中形成强烈的印象并占据主导地位，还不容易发生变化。

例如，我们会对经典电视的翻拍版产生抵触情绪。这是因为第一次拍摄出来的经典形象已经深入人心，让人难以接受后面的翻拍及演员，除非翻拍版剧情及表演上有所创新和亮点，而翻拍版往往很难做到这一点，很容易遭到网友的吐槽，比如总是觉得《鹿鼎记》中的韦小宝还是陈小春演得最活灵活现。

所以，我们常常说“要给人留下一个好印象”，因为“先入为主”的首因效应在人际交往中会助你一臂之力，也会绊你一跤。但是，第一印象并不正确，也不太可靠，“第一次看你看不顺眼，没想到后来关系那么密切”，这样的误解就是最初印象所导致的。虽然第一印象得到的认识比较肤浅，甚至是不正确的，但是有时候也决定着很多事情。《三国演义》中，与诸葛亮比肩齐名的奇才庞统想要效力东吴，首次面见孙权时，他却穿着破破烂烂的衣服，而且态度傲慢不羁，见了孙权也不过是点点头。这令广招人才的孙权对他的第一印象非常不好，竟然不顾旁人的极力推荐而将其拒之门外。看，第一印象何其重要！“新官上任三把火”，为官者也深谙首因效应的“下马威”效果。

心理学家认为性别、年龄、衣着、姿势、面部表情、体态、言谈举止等

“外部特征”给人带来的第一印象和第一感觉，能够体现出一个人的内在素养和个性特征。而且，这个第一印象是难以改变的，造成的首因效应影响较大，会在未来很长一段时间左右对方对你的判断和评价。因此，在交友、招聘、求职、相亲等社交活动中，我们可以充分运用首因效应，给不同的人展示不同的美好形象，为以后的交流打下良好的基础。

比如在进行工作面试时，应该衣着正式整洁，大方得体，面带微笑，给面试官留下认真负责、严谨专业的第一印象；而在参加聚会、约会时应该穿戴休闲轻松的服饰，主动与人打招呼交谈，给人留下友好、真诚的印象。“好的开头是成功的一半”，通过塑造一个美好的初次形象，让他人在七秒之内对你形成一个极好的印象，让自己事半功倍，我们又何乐而不为呢？

谁说多数派就是乌合之众

“归发突骑以辚乌合之众，如摧枯折腐耳。”“乌合之众”出自《后汉书·耿弇传》，原意指的是一群暂时聚合在一起的乌鸦，比喻一群临时起意杂凑在一起的人，毫无组织纪律，十分散漫，因此很容易被击散。

法国著名社会心理学家古斯塔夫·勒庞在他1985年出版的著作《乌合之众》中谈及了心理学上的“乌合之众”。他认为在现实社会中会经常短暂性地出现这样的群体，当一群人聚合在一起构成所谓的“心理群体”时，他们不再是原来独立的自我，也不是个体的简单累加，而是会表现出迥异于个体的群体特征，如智商低下、易传染、情绪易爆发、无意识等。这样的群体被勒庞称为“乌合之众”。

有时在某种感情的影响下，成千上万孤立的个体也会获得一个心理群体的特征。如2001年的中美黑客大战中，中美南海撞机事件点燃了中国网友的爱国热情，在“维护祖国统一、捍卫国家主权、一致抵抗外辱、打击反华气焰”、“美国必须对撞机事件负完全责任”的口号的激励下，他们通过各种方式对美国网站进行攻击。随着网络的日益发达，网上也经常出现“乌合之众”。比如许多人很容易在微博上无意识地跟着群体一起走，如转发呼吁“×××滚出娱乐圈”的帖子。一起偶然事件，就足以使这群“乌合之众”闻风而动，迅速聚集在一起，从而立刻获得群体行为特有的属性。

乌合之众是具有群体性质的、有一定规模的人数。然而，多数派就是乌合之众吗？想必不是。在一定范围内的群体中，占比例较多的派别被称为多数派。多数派一般都持有较为统一的观点，有共同的利益基础和追求，往往决定着事情或争执的发展走向。在讨论或做某个决定时，若因不同个体的利益而争执不下时，我们往往会通过“举手表决”或投票的方式来解决矛盾。如“我是歌手”的媒体大众点评，就是通过投票的方式形成多数派来淘汰末位歌手的。

这就是多数派和乌合之众的不同之处。从心理学上看，多数派是具有个人独立思考和意识的，而乌合之众中的个体的有意识人格已经消失，受到多数人的影响转向同一个共同的方向和行动倾向，变成不再受自己意识支配的“玩偶”。多数派是长期存在的，而乌合之众是临时的、短暂的存在。我们可以看到每次的美国总统大选都是通过选民的多数投票得出的，这就是多数派的力量；而乌合之众在事情高潮过去之后就会消失，如网络攻击、人肉搜索。

从这个角度来说，你是多数派的支持者，还是混迹于乌合之众中？

完美主义者到底怎么了

什么是完美主义者？就是你身边做事一丝不苟，凡事亲力亲为，追求完美，生怕做错事甚至害怕写错一个字、用错一个标点符号的那个人；也是对你处处挑剔，挑三拣四，要求很高很严格，总是对你吹毛求疵，对任何事情都不满意的那个上司或领导。

心理学上认为，在完美主义者的性格中，追求理想主义式完美的倾向非常强，他们不仅对自己要求高，连对他人的要求也很高。出色的人存在一定的完美倾向，然而由于完美主义者很容易看到问题，所以他们在不断地解决问题，改善自己，使自己更加完美。但是人的能力不是无限高的，给自己或他人制定过高的目标，必然难以完成，也就很容易产生挫败心理，陷入极度的沮丧，甚至会导致抑郁。有些家长要求自己的孩子在每次考试中都要考满分，有时候孩子即使考了99分也会被狠狠教训。同时，习惯于安排好各种计划的完美主义者，在遇到"计划赶不上变化"的特殊情况时，会变得焦灼不安。完美主义者到底是怎么了，非要与自己和他人过不去？

从心理学角度分析，完美主义的根源是幼儿式的二分法思维模式——"非好即坏"。可以说，完美主义者的成人世界相对比较单纯，摒弃了那些复杂的辨证，更多地以幼年方式面对现实世界，追求最好、最完美的。完美主义者这种简单地追求完美的思维反应模式，其实就是一根筋的评价标准，他们不仅对自己相当挑剔，对他人也十分苛刻。

对于运动员而言，完美主义是一种重要的特质。法国著名足球运动员齐达内就曾说过："在枯燥的训练生活中，正是那种不断完善自己的欲望让我坚持下来了。”完美主义能够激发运动员的潜能，使得运动员不断地与自己战斗，使他们越来越接近完美的巅峰，一次又一次挑战人类的极限，创造各个项目新的世界纪录。

不断审视自己，发现自身的不足与缺点，从而不断努力，提高自己，使自己得到进步，走向完美，这样完善自身的积极心态，值得肯定和鼓励。然而完美主义过于谨慎和小心翼翼，不仅给自己带来巨大压力，也处处与他人为难，最后可能与自己的意愿背道而驰，丧失了生活的本质。比如有些运动员一参加大的赛事就发挥不出自身的水平，过于追求完美的成功带来了强烈的心理压力，有时候反而使他们在赛场上的表现大失水准。

“罗马不是一天建成的”，积极心理学告诉我们失败在所难免，应该允许自己失败，这样才能正确面对失败，尽快走出自责苦恼的情绪。完美主义者们，追求完美不是错，但是不必对自己的暂时失误过分看重。记住，风雨过后便是彩虹。

双胞胎的“心电感应”

双胞胎大家都不陌生，想必都见过或者接触过。据有关数据统计，全世界双胞胎的人数达到了 9600 万，每 90 个人当中便有一对是双胞胎，而且随着科学的进步，生双胞胎的可能也越来越大。2015 年初，台湾女歌手范玮琪就诞生了一对可爱的双胞胎“大小熊猫”——飞飞和翔翔，想一睹这对孪生兄弟如何从出生的“互不相识”到随着长大模样变得越来越像，可以翻看模范丈夫、“晒子狂人”黑人的微博。孪生兄弟和孪生姐妹之间的身高、长相、声音甚至性格、习惯、爱好都有着令人惊奇的相似，而且存在着一些十分复杂而又神秘的“未解之谜”，比如说双胞胎之间的“心电感应”。

40年前，美国俄亥俄州有一对孪生兄弟，一出生就被不同的家庭收养，在不同的地方生活，在这期间他们互相不知道对方的存在。直到40多年后他们偶然重逢，才发现他们不仅在音容笑貌上有着惊人的相似之处，而且生活轨迹也有着不可思议的相同点。比如他们兄弟俩的名字都叫“James”，同时他们俩都喜爱机械制图和木工，并从事相关的行业，甚至他们都有过两次婚姻。更神奇的事情还在后头，他们的前任妻子都叫作“Linda”，现任妻子都叫作“Betty”，他们各有一个儿子，名字都叫“James Allen”，甚至他们两家的宠物狗都叫“玩具”！

在我国也有许多神奇的双胞胎故事。在我们的日常生活中，双胞胎考试分数相同的例子屡见不鲜。2001年的全国高考中，江苏扬中市双胞胎姐妹童茳、童葶双双获得600分的好成绩。而在2004年上海卷高考中，陈修文、陈修明孪生姐妹也考出了相同的“双胞胎”分数479分，而且令人惊讶的是，她们的单科成绩也非常接近。2014年宜兴市的双胞胎姐妹花周子晴、周子颖，在事先没有商量，故意分开填志愿的情况下，都报考了同一所大学甚至是同一个专业。

根据对双胞胎的研究发现，这种双胞胎的“心灵感应”在同卵双胞胎中更为强烈，那么双胞胎这种神奇的超感觉直觉是怎么回事呢？同卵双胞胎是指两个胎儿由同一个受精卵子发育而成，他们的相似度十分高，尤其是智力上的相似性要远比只拥有50%相同基因的异卵双胞胎高出25%，因此同卵双胞胎由于基因相同很容易在智力水平、思维方式上相似甚至一致。奇妙的“心灵感应”也许就是遗传基因的原始反应在作祟。

明尼苏达大学的一个研究小组发现同卵双胞胎的主要性格特征大部分极为相似，他们通过大量的实验，推断出双胞胎的才能、智力都深受遗传影响，基因力量发挥了主要领导作用。因此，许多双胞胎尤其是同卵双胞胎在性格、才智上也十分相似。

虽然时至今日人们对双胞胎的“心灵感应”还没有得到一个确切的解释和科学研究结果，但不能否认这种身体和心理上的息息相通的存在。我们还不能解释生命中的许多奥秘，对于未知的东西不能轻易否定，而应以科学的态度坚持不懈地挖掘和探索人类的“未解之谜”。

那些光干活不说话的人

在工作中，我们有可能会遇到这样的人，接到任务之后他就开始埋头苦干，不爱跟别人交谈、说话。也许有些人会说，性格内向、害羞的人往往不爱说话。然而，事实上，他们未必是不敢说话，而是不想说话。

心理学认为原生家庭对一个人的性格养成很重要，也就是说，最早的生活环境与人们后天形成的性格有很大的关系。比如，在一个严格规定不能在家里大喊大叫，尤其是做事时不能分心说话，否则将要受到惩罚的家庭中长大的人，就会渐渐地养成不敢说话、不想说话、不爱说话的“内向”性格。

“言多必失”，不爱说话的人在无意识中认为不说话是安全的。或者是因为他不善于表达，一说话就容易出错或者让人误会，所以从这一层面来看，当一个人光干活不爱说话时，这个表现方式一定是对他个体本身具有保护意义的，因为有可能他以前边说话边做事，酿成过大错或者受到过惩罚。而且，“言必信，行必果”。做人要言而有信，要说到做到。不爱说话的人往往认为，在做事的时候少说话甚至不说话，就可以避免多包揽事情，减少多干活的机会。

那些光干活不说话的人多为男性，男性普遍比女性更不爱说话。这是具有一定的性别心理因素的，往往女人爱说话，男人爱沉默。尤其是在做决定或遇到困难和压力时，为了更好地承担社会责任，男人会选择少说话。这时候虽然男人是沉默的，但他们却在冷静地思考，想办法解决问题。而且男人的思维比女性更加直接、简单明了，喜欢靠行动来解决问题。尤其是在男人和女人吵架的时候，男人的表达往往被阻止，从而导致男性不说话的反抗心理——“你不让我说，我就完全不再说话”。可以看看下面一段有趣的对话，体会一下男人不爱说话的无奈：

男：今晚想吃什么呀？

女：随便。

男：那我们去吃火锅吧。

女：不行，吃火锅要上火，会长痘痘的。

男：那我们去吃东北菜？

女：昨天刚吃了，今天又吃啊……

男：那去吃海鲜？

女：海鲜不干净，吃了要拉肚子。

男：那你说吃什么？

女：随便。

男：……

这时候大概男人默默地带女人到粤菜馆搓一顿，才是正确的处理方式吧！总体来说，不爱说话的人，内心感受更加丰富细致。虽然他们喜欢默默地干活，但是很多的话包括怨言、委屈都在那里积攒着、蓄积着，等待有一天爆发。所以不要惹怒他们，那时的爆发力你可能难以承受。

同时，在平时的生活和工作之中，也可以慢慢引导这些光干活不说话的人，让他们把自己内心的想法说出来，让他们充分体验和认识到表达的乐趣。每个人都不是一座孤立的岛屿，人生是需要交流的，给予他们更多的表达机会，成为他们信任的倾诉对象，看着他们逐渐打开自己封闭的心，也是一件快乐的事情。

有智慧的人爱观察、爱思考

台湾学者林清玄曾说过：“智是观察和思考的能力，慧是抉择与判断的能力，有智则可观万象，有慧方可析是非。”越有智慧的人越爱思考，越容易从我们日常生活中发现真理。

“人不能两次踏进同一条河里。”

“苹果为什么会落地?”

“我们可以建立一个井然有序的理想国。”

“北雁南飞是物候变化。”

生活处处有智慧，有智慧的人属于心理学上所说的思想型人格，总是保持清晰的思维，观察身边的事物，专注地思考。他们习惯于把握更本质的东西，对于一切新鲜的事物，不满足于了解和知道的层次，对内在的本质和知识有着追求的欲望，因此他们会深入思考。“我若没有知识，就没有人会爱我”是思想型人格的基本理念。终其一生，他们就是想获得更多的知识。

有智慧的人能够清晰地认识到，现实生活中出现的问题其本质是一个知识块的缺失部分。为了弥补脑内有残缺的知识储备部分，有智慧的人触发自身思维模式，发散性地思考问题的来源、意义、解决的办法。在他们的脑子里，知识的扩张，就像开疆拓土一样，领土越扩越大，然而未知的领域也越来越多，亟待他们去接触、探索和发现。

通过知识的积累和归纳，不断深入思考。他们由点及面的思维方式，是多元、立体的思维方式，并且使自己的思维不断发散，触类旁通。随着长时间不断的思考，有智慧的人大脑库存越多，思考经历越丰富，思维方式也就千变万化。

习惯观察和思考的人，很难停止他们的观察和思考。一方面，他们脑中储存的问题数量庞大，他们选择用思考来解决这些问题所带来的困扰和痛苦；另一方面，思考就像寻找用来打开糖果箱的钥匙，他们不断地思考，实际就是在追求解决问题后的那种短暂的幸福感。

不习惯观察和思考的人则相反，一方面，他们思考的成本很高，一想到获得答案的过程遥远漫长而又艰辛，耗费的时间和精力如此之多，他们就认为思考毫无意义；另一方面，即使他们发现或意识到事物的不同和特别，也难以想到去思考为什么不一样，因为脑中储存的问题很少，也没有这样的思维方式，最终不了了之。同时这些无法解决的问题对他们来说，似乎没有产生什么痛苦，因为他们根本没有意识到这些问题的存在，也就是自己也不知道这些问题能够引起人们的思考和讨论，因此也不知道这部分的知识。

当思维惯性形成后，观察和思考就会成为有智慧的人们习以为常的生活的一部分。

不要轻视听话的老实人

所谓“老实人”，不圆滑，不世故，实实在在做人，兢兢业业干事，任劳任怨，为人敦厚，不善言谈。老实人有一个很重要的特征——听话：在工作上听领导的话，听同事的话；在生活中听老婆/老公的话，听父母的话，甚至还听孩子的话。他们从不为自己争取，从不为自己辩解。

听话的老实人认为“吃亏是福”，上天是公平的，只要把自己该做的事情做好就会得到相应的回报。从心理学上讲，老实听话的人也试图在这个社会中不断调整自己，以寻找自己的平衡点，他们往往勤勤恳恳地做事、做人，不走捷径，不走歪门邪道，一步一个脚印地走自己的路，为自己注入一种平静、祥和持久的力量。有时候这种力量也会给老实人带来回报和反馈，比如一丝不苟地完成任务赢得领导或老板的信任，无怨无悔地帮助同事、朋友获得好人缘，对家人顺从使家庭和谐美满……

然而，社会的平衡性有时候也会被打破。当有人随意进入老实人的领域，侵占他们的劳动果实时，他们也会愤怒，但是往往采取容忍来压抑自己的不满和委屈。这股不满和愤怒随着长时间的积累会慢慢积聚成一股强大的力量。“不在沉默中爆发，就在沉默中死亡。”这种力量长期憋屈在身，不仅使老实人身体遭受巨大的创伤，还有可能造成心理扭曲和变态，形成一股强大的破坏力爆发出来。

自尊是人格的一部分，老实人也需要自尊和尊重。有些人随意欺负老实人，开玩笑、取笑甚至是辱骂他们。老实人的心理空间比较小，遇见问题往往容易钻牛角尖，想不开，且会将伤了自尊的这些事放在心上，长期积累下来有可能会产生报复心理。

在现实生活中，老实人由于不善于表达自己的欲望，往往是社会上的弱势者。作为社会的一员，维护他人，包括听话的老实人的尊严，是十分重要的。记住，不要欺负老实人！

话唠们可能患有躁狂症

所谓的话唠，就是指一个人总是在跟别人不停地讲话，根本没有停下来的意思。话唠们对身边的亲朋好友抓到一个聊一个，有时候让身边的人都反感或者害怕跟他们说话。甚至见到陌生人，话唠们也会一见如故，聊个不停，不论场合、无所顾忌地从生活谈到工作。

心理医生认为，有些话太多的人有可能是患上了躁狂症。躁狂症是情感性精神病的一种类型，那么躁狂症主要有哪些表现呢？

第一是情绪“高”。患者会长久地保持兴奋状态，整天喜气洋洋，世界在他/她的眼中永远是那么美好，好像没有任何事情可以令他/她烦心和沮丧。因此，他们经常主动与人甚至是陌生人打招呼，虽然有时候会让人感觉莫名其妙。

第二是言语“高”。患者往往夸夸其谈、口若悬河，常常认为自己很有本事，即使见到陌生人，也大肆吹嘘炫耀自己，例如说自己多么有钱、事业飞黄腾达、有多少人追求、办任何事都难不倒自己等，轻的时候好像是一个说单口相声的天才，重的时候则可能前言不搭后语。他们有时甚至因说的话太多而声音嘶哑，但即便如此，他们依旧喋喋不休。

第三是动作“高”。患者往往精力充沛，不知疲乏，每天只睡两三个小时，白天却毫无倦意。而且，他们往往在说话时手舞足蹈，做任何事都很积极，对人一见如故，亲热异常。但实际上，他们终日忙忙碌碌，效率却不高，最终一事无成。严重的时候，躁狂症患者虽然讲个不停，但多半杂乱无章，说话颠三倒四，给人一种神经搭错线的感觉。

看看你的身边有没有那种话太多，一说话根本停不下来的人，有可能他们也患上了躁狂症。对于过于反常的话唠者，可以建议他们去看看心理医生。毕竟话唠也不是什么好事，不仅极大地困扰了别人，还有可能对自己的人际交往造成很大的障碍。

《爸爸去哪儿》第三季中刘烨的儿子诺一很爱说话，总是喜欢和身边的人说个不停，被网友笑称为“话唠”。其实仔细观察就会发现，诺一进入“话唠”状态往往是因为害怕尴尬或者想要缓解紧张的氛围。所以当你发现自己似乎也有话唠的倾向时，先不要怀疑自己是不是得了狂躁症，倒不如先去看看是不是压力过大或情绪过于紧张。

他为什么喜欢挑战极限

攀岩、徒步、滑板、自行车攀爬、跳伞等许多极限运动越来越受到诸多冒险者的喜爱，他们渴望在挑战极限的过程中，实现人类与自热的融合，用这种方式挑战自我，最大限度地激发自己的潜能，追求在跨越心理的恐惧障碍时所获得的愉悦感和成就感。

极限运动又被称为“未来体育运动”，是一项人们借助于现代高科技手段，激发自身的潜能，向自身挑战的娱乐体育运动。当然，极限运动基于其未知性，具有极大的危险性。许多人热衷于此，却也将生命终结于此。

在第二届世界翼装飞行世锦赛中，2012 年的冠军维克多·科瓦茨在湖南张家界天门山的试飞过程中坠落。翼装飞行也就是近距离天际滑翔运动，因其动作难度极大和高风险被称为“世界级极限运动之最”。然而，科瓦茨的队友们将鲜花抛向山谷，祭奠完他之后，仍然继续参加比赛。为什么这么多人喜欢挑战极限，甚至不惜付出生命的代价呢？

有实验表明，从生物学角度来说，喜欢刺激和冒险的人身上带有 “冒险基因”，一种叫 neuroD2 的基因使他们天生喜欢不计后果地追求刺激和挑战。而从心理学角度来看，挑战极限也是他们寻求自我价值的一种方式。随着生活水平的提高和物质需求得到满足，他们已经不满足于平淡的日常生活，开始转向挑战自我，追求自我满足，实现自我价值。喜欢挑战极限的人热衷于高难度的运动，如对于徒步者而言，越艰险难走的山路，越有征服感和成就感。他们通过与大自然的亲密接触、对话，表现人类内心最本质的能力。

很多人还喜欢挑战自我生理极限，考验自己的耐性和意志力，充分挖掘自身潜能，磨练战胜困难的毅力。他们认为这是在丰富自己的人生，在挑战极限面前，生死已经无足挂齿。新西兰女歌手卡伦·戴维通宵达旦地唱歌 47 小时 29 分钟，鄄城县什集镇杨刘庄村村民杨兴坤不吃不喝地坚持了 15 天，都只是为了创造一项新的吉尼斯世界纪录。吉尼斯纪录总是在不断地被挑战和刷新，这正是因为爱冒险的人们越来越爱挑战自己的极限，通过不一样的方式来关注、追求和实现自我价值。

搞艺术的人你永远不懂

观看画展时，你可能搞不懂为什么那些奇形怪状的线条组合能称为一幅画，可能不能体会贝多芬的命运交响曲有多么的悲慨，甚至觉得某部电影的艺术感太别扭了。“不能懂的才是艺术，艺术是不被理解的。”搞艺术的人为什么总喜欢留着长头发，甚至身着奇装异服，不修边幅？搞艺术的人的世界我们似乎永远都不懂。这是为什么呢？

搞艺术的人的大脑运作和正常人确实不同，因为他们的逻辑思维和我们不一样，他们有着敏感细腻的艺术情感、丰富非凡的想象力以及敏锐的观察力。我们平常人觉得很一般的事物，在搞艺术的人面前却被当作艺术对象来看待，他们能够发现其中的微妙艺术元素。我们以平常人的眼光和心态，往往体会不到他们创作作品的良苦用心。搞艺术的人大多不按规律或常理、理性去创作，因此在创作之初很容易不被别人理解。所以，有些艺术往往因为过分精致和晦涩而最终死亡。

搞艺术的人思维跳跃，同样带有些神经质。他们对于世俗的道德礼节约束相对不太在意，比如在感情上，有时候他们表现得比较离经叛道。搞艺术的人常常陷入热恋，脱离现实，不顾一切，因此诸如忘年恋、老少恋此类在常人世界里“令人称奇”的事情，在搞艺术人的眼里这并不算什么。

其实，搞艺术的人也从来不期望能够被世人理解，甚至觉得被理解是一件“不艺术”的事情。搞艺术的人活在自己的艺术圈子或者世界中，并乐于享受自己的精神世界。因为在自己的世界里，他们可以不拘泥于规定和束缚，无拘无束，自由奔放。

治一治贪玩任性的毛病

前阵子听到一个段子：“地铁上，一个小孩吵着想玩旁边帅哥的土豪金 iPhone 5s。妈妈无奈地跟他说：‘小孩子不懂事，你能借他玩下吗，一会就还你。’帅哥没同意，小孩哭得更厉害了。一个妹子看不到过去，拿出自己的白色 iPhone 递给那小孩，鄙视地对帅哥说：‘玩一下还能玩坏啊。’刚说完，小孩重重地把手机摔在地上，哭道：‘我不要白色的。’”

在生活中，这样的“熊孩子”有很多。现在的孩子大多是独生子女，父母或者爷爷奶奶都把他们宠坏了，什么都任由着他们。有些小孩子不仅贪玩还十分任性，比如逛超市看到好玩好吃的一定要玩要买，不给买就在地上打滚哭闹个不停；想玩游戏不想做作业，否则就绝食闹脾气。家长往往为了让孩子停止哭闹，选择听之任之，百依百顺，导致孩子越发任性。而贪玩任性，从心理学上讲会在后天养成意志薄弱、偏执、自我约束能力差的个性，不利于孩子的成长。我们都想要听话、乖巧可爱的孩子，那么作为父母或家长，应该怎么治一治孩子贪玩任性的毛病呢？

美国儿童心理学家威廉·科克的研究表明，孩子任性是种心理需求的表现。他指出，幼儿随着生理发育，开始逐渐接触更多的事物。他们对这些事物认识的正确与否，完全凭着自己的情绪与兴趣，尽管这些事物可能是对他们不宜、不利甚至是有害的。

而家长往往以成人的思维去考虑每件事情以及造成的后果，完全忽略了孩子参与的情绪和兴趣。比如，小孩子想要玩具，可能是因为他发现了新玩具与旧玩具不同的地方，这本来是他的闪光点，而很多父母却以为孩子喜新厌旧，总是想要新的，而且家里这样的玩具已经够多的了。这种好奇的心理需求得不到满足，孩子就会以哭闹来与家长对抗。有时候他们只需要十几分钟就能完成作业，但是家长总觉得时间太短，做作业肯定不认真，强制要求他们做够半个小时甚至一个小时，这时候他们往往就会边写边玩。

反过来看，如果家长理解和尊重孩子的这种心理，并与孩子一起探讨新玩具，让他们做完作业后去做自己喜欢的事情，那么他们心理上就能感觉到对其能力的尊重和认可。对于处于独立性萌芽期的孩子，家长一方面要从孩子的角度出发，试图理解和知晓孩子的心理需求；另一方面可以通过鼓励孩子的自主性来让他们充分发挥自己的能动性，保护和拓展他们的发散性思维。毕竟，理解是良好教育的基础。

臆想症不是什么大问题

臆想症，从病理上讲，是由不同生物因素（如遗传）、心理因素（如压力大）和社会环境因素作用于大脑上，使大脑在一定范围内相对稳定的功能状态遭到破坏，最终导致认识、情感、意志行为等精神活动出现异常。这些异常的严重程度及持续时间均超出正常精神活动波动的范围时，或多或少会损害患者的生物及社会功能，这就是臆想症。

2009年，澳大利亚曾经做过演员和导演的安东尼，因为失业在家变得暴力、狂躁，患上了“臆想症”，总以为他的父亲和妹妹在协助拍摄、录制一个关于谋杀他或者劝他自杀的真人秀节目，陷入极度的恐惧，然后砍死了他的爸爸和妹妹。

听起来臆想症真是挺恐怖的，然而从严格意义上讲，臆想症不算是精神病，但是有可能是精神病的早期症状。其实在日常生活中，臆想症经常发生在我们身边。

比如，有的人在发展前景很好的工作中被人出卖、打击，最终失业，这使他倍受打击，在以后的工作中，每次有人来请教事情时，他总是会怀疑这个人是要来套他的话，想要盗用他的想法，导致他对人冷淡，孤僻不合群，并且时刻保持敌意。还比如说，小时候在黑暗、隐蔽的地方被人装神弄鬼吓得心惊胆战、哇哇大哭，长大了对黑暗的地方心生恐惧，总是觉得有人藏在伸手不见五指的角落要故意吓人，为此恐惧不安。

甚至有些人总是怀疑别人在背后对自己指手画脚，讲自己的坏话。因此他们特别关注别人的一言一行，慢慢地就习惯性对号入座，总觉得他人的一举一动都在含沙射影地针对他、指责他，甚至走在路上不认识的人随口骂一句，他都能认为是在骂他，很容易导致误会。

臆想是我们非常容易遇到的事情，应该正视这个问题，不应回避。越是对臆想避而不谈，越是容易造成一意孤行，导致最终幻想成真，听不进别人的意见，固步自封，造成精神分裂，难以治疗。臆想症就像我们平常患的感冒一样，是可以周期性恢复的，也会因受到什么刺激而发生。面对臆想症，应正视自己的现实诉求，克服自己的高度不安全感。臆想症，并不是什么大问题！

身体语言也有地域差异

对美国人而言，竖起一个大拇指就表示“好，不错”；而对意大利人和德国人来说，这有“数字一”的含义；在法国人眼里，它表示零或者毫无价值；而日本人则认为这个手势代表的是钱或者数字 5；不过，在巴西人手中出现表示粗俗下流；而在澳大利亚，这是用来骂人的；在中东国家做这个动作则十分危险，因为它代表的是一个挑衅动作，因此当你向伊朗人示好时，可千万不能竖起大拇指。

身体语言有着地域差异，这固然是全球各种文化之间的差异所导致的。比如说握手这项社交中的基本礼节，不同的国家表现出来的却是不一样的。在英国等西方国家，握手是经常做的动作和行为，这只是他们一种习惯性的打招呼方式，所以一般都是“点到为止”。他们经常表现出来的是：两人以手相握，然后马上松开，两人的距离也随即拉开，会保持一定的距离。

中国人却是相反的，由于中国人生性比较克制，不善于用语言表达自己的感情，做动作时往往显得煞有其事，故显隆重：两人先握一下手，然后慢慢相互靠近，而且两手双手一握起来，就长时间地不松开，边握边说话，似乎舍不得放下。这让西方国家的人们窘迫不堪，长时间的握手甚至让他们认为有同性恋之嫌。这肢体语言背后所代表的意义，因各自文化背景的不同而显得不同。

比如在西方国家，人们习惯于当众表达亲密关系，所以对于公共场合的亲吻和拥抱的肢体表达方式做得从容不迫、落落大方；但在中国，人们却始终做不出来，即使做了也会被嚼舌根，落得个不好的名声。当然随着世界交流的日益增多，越来越多的中国年轻人开始大大方方地向父母、亲人和爱人表达自己的感情，但在公共场合类似亲吻这种行为还是没有达到司空见惯的程度。

这是因为两种文化的背景不同，中国长期受封建礼教的压抑，在情感表现形式上一向非常含蓄。在西方国家，久别重逢的亲人会直接在机场、火车站等公共场合激动地拥抱、亲吻；而在中国，即使是历经艰辛，多年再见的朋友或亲人，也只会紧紧地握住双手，最多只会激动地抱头痛哭，却绝不会相互亲吻。

在陌生的国度和地域，入乡随俗是必然的，为了更好地进行交流和合作，避免不必要的尴尬，我们需要了解当地的肢体语言表示的意义和差异，恰当地使用自身的肢体语言，同时改变自己不良的身体语言习惯，以防造成不必要的误解。同时，我们对不同国家的文化要持宽容和接纳的态度，理解他们的文化习惯，而不是盲目歧视或者反感。

当然，这些肢体语言的形成到底是因后天文化因素的熏陶，还是基于人类在各个地域的习惯成自然，抑或是基因遗传所致，目前还存在诸多不可辩驳的争议，还值得我们进一步探讨。

肢体语言比嘴巴诚实得多

是的，我们的肢体会说话。那些常常被我们忽略的身体语言，有时候反而能够告诉我们实话。眉目传情、暗送秋波、眉飞色舞……单单就面部表情而言，就有25万种之多，不同的面部表情又在告诉我们不同的信息——紧抿的笑唇里是不愿意分享的秘密，放大的瞳孔中是兴奋的神采奕奕。这些微妙的身体语言，不由自主地表现出你的真实想法。

那么，何谓肢体语言呢？肢体语言就是日常生活中人们身体，包括躯体部位姿态、动作或者面部表情甚至衣饰等传达出来的内心语言和心理信息，耸肩表示无奈，踱步是焦虑和紧张的一种表现。对于生活和工作中所遇到的诸多事情，即使我们不说，我们的身体也在告诉别人你的真实想法。

美国加利福尼亚大学洛杉矶分校社会心理学家阿尔伯特·梅拉宾通过实验和计算发现，我们的交流有93%靠肢体语言，而只有7%依赖于我们所说的语言。所以，很多人即使不懂外语，出了国照样可以旅游。美国著名记者约翰·根室的《回忆罗斯福》中对罗斯福的描述堪称经典："在短短的二十分钟里，他的表情从好奇、吃惊到关切、担心、同情，再到坚定、庄严，具有绝伦的魅力，但他却只字未说。"是的，即使罗斯福没有说一句话，但是他的内心情感变化已经淋漓尽致地表现在他的面部表情中，这样甚至能够更加真实地向众人展示出他的内心世界。

"当人的语气和表情传达的情绪信号跟语言传达的信息不同时，人们往往会更相信非语言线索。"梅拉宾发现，人们所获得对方的情绪信号中，大约只有7%来自我们使用的语言修辞，38%来自说话的语调，而有55%来自非语言线索的表情和动作。弗洛伊德曾经说过："任何人都无法保守他内心的秘密。即使他的嘴巴保持沉默，但他的指尖却在喋喋不休，甚至他的每个毛孔都会背叛他！"在人与人的交流中，肢体语言总是要比嘴巴诚实得多。说谎的人总是会克制不住地乱摸乱动，以此来掩饰他们的不安。他们越是在嘴上说"不是，不是这样的"，肢体的不安越是一直在出卖他们。

因此，如果一个人在内心有了想法、企图和动机，他的身体都会表现出相对应的反应，世界上没有任何一个人能够彻彻底底地掩藏自己的谎言，《烈日灼心》中心思缜密的辛小丰也逃不过自己不断猛搓烟头的习惯动作。因此，对于说谎的人来说，更是如此，这些自己不能控制的肢体语言，将内心的真实想法、感觉和情绪传递出来。比如，当你与人说真话的时候，你的身体会不自觉地靠近对方；而当你与人说假话的时候，你就会不由自主地与对方保持较远的距离，但神奇的是，这时面部笑容反而增多了。

心理测试真的那么准吗

“这个心理测试好准！大家快来做做！”

“真的耶，准！我就是这样的！”

“哇，这也太神奇了吧，太准了！”

你的身边说不定正在发生着这样的事情。你是否有兴趣做这个心理测试？会不会也觉得这些心理测试很准、很神奇？

有数据统计发现，在百度输入“网上心理测试”便可以找到相关结果约98.8万个，不仅有五花八门的测试网站、各种心理测试App，还有心理测试专栏等等。可见，心理测试在我国非常火。不仅心理依赖性强的女性热衷于心理测试，一些看似理性科学的男性也对事业走势的测试兴趣盎然。为什么那么多人会相信心理测试，并愿意花时间和精力去做呢？

心理学家将这种现象称之为“巴纳姆效应”。也就是说，人们常常很容易相信一种笼统的、一般性的人格描述能够十分准确地揭示自己的特征，即使事实上这些描述都是十分模糊、空洞，并且带有普遍性，可以适用于很多人，难以真正客观真实地反映自己。对照许多试验，我们会发现各个答案都是十分模糊概括的，人类身上是具有普遍性格的，能够随着时间和事物不断变化。比如有些人在朋友面前十分放得开，是个众人的“开心果”，然而在面对初次见面的人时往往很拘谨，不知所措。

有人做过这样的实验：

如果有人送你一篮水果，你会把它放在家里的哪儿呢？请立刻用直觉回答。选项：A客厅，B卧室，C厨房，D玄关，E餐厅。

随机测试了15个人，结果有8个人认为这个心理测试很准。事实上，虽然这8个人的选项各不相同，但他们的选项答案都是一样的。所以说，答案的普遍适用性是非常高的。网上随处可见的星座运势分析也是一样的，仔细一看答案，会发现双鱼座“恋家”的性格特点其实也适用于狮子座的你。而我们在看心理测试答案的过程中，会优先选择思维和意识与自己相符合的信息，甚至会直接忽视或过滤掉与自己不相符合的信息，所以得出来的是一个与自己趋同的答案，这是因为我们的求同心理在左右着我们的选择。

有时候人们心里也明白，这些心理测试不靠谱、不科学，但是看到心理测试时还是会止不住花费时间和精力去做。想必，这更多的是基于百无聊赖的游戏心态吧。有时人们也需要用心理测试来映射生活中面临的问题。现代社会工作节奏加快，人们工作生活压力较大，很容易产生心理健康问题，很多人因此来参加心理测试，以验证一些心理问题。实际上，心理问题并不是难以启齿的疾病，当意识到心理问题加重时应该咨询心理医生，从而得到正确的治疗。

网络上有很多心理测试只不过是为了引起人们的注意，在题目的设置上存在很多问题。如果想要真正了解自己的心理状况和内心，不妨踏入心理咨询室向专业的心理医师请教。当然，如果纯粹是为了打发时间做做游戏，微信、APP中的心理测试便是大家不错的选择。

心理学才是最危险的专业

心理学才是最危险的专业，因为学心理学的人，往往自身就有心理问题，“久病成医”，就成了心理学家。然而，有时候他们并不能摆脱自己的心理疾病，最终导致更加严重的心理分歧，最终“医者不能自医”。从古至今就有很多这样的例子，不信的话，先来看看以下几个案例：

埃里克森从小父母离异，他的一生充满了自我认同感的问题，他认同自己的理论，并自认为在这方面的研究没有人能达到他的高度。但是，后来埃里克森对自我同一性的认同感危机的不断抗争，使他陷入矛盾、痛苦之中，最后心灵扭曲，出现许多介于神经症和精神病患者之间的诡异行为。

对精神分析持有怀疑态度的著名心理学家凯伦·霍尼患有严重的郁抑症，甚至企图自杀。

荣格也是一个会出现幻觉的人，然后他开始研究自己的幻觉，获得了“伦理灵感”。

弗洛伊德也是一个心理问题患者。他的内心具有强烈的依赖性，嫉妒心很强，而且敏感多疑，十分专断。不过幸运的是，他拥有和谐平静的婚姻生活，使他可以专心致志地进行心理问题的研究。

每个人都不同程度地存在心理上的问题，但是心理学家对于心理问题的存在要比常人敏感得多。一些细小的心理问题若不足以引起人们的注意，也就不会对人们产生多大的影响。然而，对于心理学家来说，正是因为发现了这些问题，他们才孜孜不倦地去探索出现心理问题的原因，思考该如何去解决这些心理问题。可以说，即使是一个小小的心理问题，都能够对心理学家产生巨大的影响。

但是，即使是十分了解自身精神状况的心理医生，也很难把一个个心理问题一一解释清楚，他们无法找到自圆其说的科学理论，所以有可能因此深陷某种问题多年而不自知。这些心理问题及其解决方法，始终压抑在心理学家的内心，导致他们或暴饮暴食，或抽烟喝酒，或焦虑失眠，敏感而不自知。

同时由于心理医生要接触出现心理问题的病人，在对病人的治疗过程中，医生会设身处地地为病人着想，以致在倾听完病人的心理描述之后，就完完全全进入病人的世界，产生了在心理学上所谓的“印射”观念，从而更加清楚地了解病人的心理，达到更好的治疗效果。

这种“印射”行为对于心理医生来说是不可避免的，但是当“印射”行为过多时，就会对自己的心理造成污染，并且这种“印射”将成为一种潜意识的行为一直存在于心理医生的脑海中，久而久之，原本没有心理问题的心理医生也会产生心理问题。所以，一般做完病人的治疗之后，心理医生也会经常做自我的心理调节，努力让自己尽快走出病人的角色。

所以说，心理医生也是一个非常危险的职业，稍有不慎，便会“走火入魔”，出现心理疾病。因此，很多心理机构和组织会定期组织心理医生调解小组，舒缓心理医生的情绪和工作压力，及时发现心理问题，共同解决，相互帮助。

每一个职业都有它的伟大之处，心理医生也是如此，我们也应当给予尊重、认可和关心、帮助。

第三章 心理学这样解读色彩

地球湛蓝，太阳火红，密林翠绿，秋枫醉红……“赤橙黄绿青蓝紫”，迷人的色彩无处不在，一直在装点着我们美丽的家园，丰富着我们的世界。神奇的色彩有着自己独特的奥秘：它有温度，或冷或暖；它有距离，或远或近；甚至，它还与时间有着不可言说的小秘密。人类作为这个世界的重要一员，有着孩童的先天颜色嗜好，也有着成人后不同颜色偏好的后天色彩嗜好。有时候，色彩是“浓墨重彩”的；有时候，鲜艳的色彩影响着我们的情绪和食欲。一起来看看，彩色的色彩触动了你的哪根神经？

先给心理颜色的视觉感做个定位

颜色是我们生活的填充色。颜色无处不在，由于个体的差异，每个人看到的颜色其实都是不一样的，因此每个人喜欢的颜色也各有不同。不同的色彩，在不同的人心中的视觉感是有差异的，并且会随着不同的心理变化而变化。

不同的波长色彩反射到人的眼睛里，经过视觉神经传入大脑，从而产生联想和色彩心理反应。对于颜色，我们是具有某些共同的色觉心理感受的。就拿红色来说，你第一个想到的红色东西是什么？——是红辣椒是可口可乐？还是除夕对联？或者是结婚的红袍？这些无一例外地体现出红色所象征的喜庆、热情和温暖。而黑色会让人不由自主地想到黑暗、黑夜，象征着沉重和衰老。蓝色则让人产生海洋和蓝天的联想，感觉到沉静、深邃和理智。绿色呢，无非是草原、森林和田野，这些带有浓重的生命气息的事物赋予绿色一种自然健康、新鲜安静之感。黄色，首先想到的是黄金，这是金贵的象征；还有灯光，有时它也是温情柔和的色彩。

然而，在不同的世界文化和认识中，由于社会文化、风俗习惯、民族传统和社会意识的不同，相同的颜色刺激在不同国家或地区的人们心中，具有不同的心理视觉感。因此，心理颜色的视觉感定位也是各有千秋的。在我国的传统文化中，红色是喜庆的代表，婚礼举办的主基调以红色为主。然而在西方，婚礼的主基调是白色，因为在西方国家的传统文化中，婚礼是在庄严肃穆的教堂中，在牧师的见证下完成的，因此他们认为代表纯洁、神圣和庄重的白色，是与婚礼完全匹配的。然而，白色在我国却带有死亡的味道，一般只有在丧礼的时候才会大量地使用白色，因此在我国是十分忌讳使用白色的。随着中西文化的交流和融合，在我国许多年轻人摒弃旧的传统观念，穿上美丽的白婚纱，但由于考虑到中国婚庆的传统观念，也会准备一套大红色的旗袍或礼服作为敬酒服。

甚至根据考察还发现，经济较为发达，文化教育水平较高的城市比较喜欢整洁素淡的颜色，无论是从整个城市还是个人家庭的装修、衣饰着装来看，都是如此；而一些经济较为落后，文化普及程度较低的少数民族地区，更喜欢用浓艳亮丽的颜色来装扮房屋和衣服。

每个人心理颜色的视觉感都不一样，快来定位你的色彩视觉心理感受吧！

冷色调为什么冷，暖色调为什么暖

“冷色调为什么让人感觉到冷意？暖色调为什么让人感觉到温暖？”这大抵是从人类的生理和心理角度来看的。首先来看一下什么是暖色调，什么是冷色调。

光学和神经学认为颜色的冷暖色调是通过肉眼对光波频率的一种反应，向视网膜传递一个基本的信号，刺激人体的气温感官神经，促使大脑进行分析和判断。颜色具有“色温”，我们对颜色具有一种本能的反应。一般来说，肉眼可以对波长在700-400纳米的光产生反应，依次是红、橙、黄、绿、青、蓝、紫七色光，所以我们只能看到彩虹的这七种颜色。红色的波长最长，穿透力最强，感知度最高。以绿色光波长为分界，绿色光波长以上的光为暖色调，以下的光都可以称为冷色调。暖色调多为红色、黄色、橙色、橘色，冷色调多指蓝色、蓝紫色、白色、黑色等。绿色、紫色等给人的感觉是不冷不暖，故称为“中性色”。

此外在视觉上不同波长的色彩在人的视网膜上的成像有前后之分——光波长的成像在后，感觉比较迫近；而光波短的在外侧成像，感觉比较退后。因此，这种视错觉造成：暖色调如红色、黄色、橙色给人一种向前、放大、扩散的感觉，给人易接触的感觉；冷色调如黑色、蓝色、紫色则有一种向后退、收缩趋向，比较有距离感。可以说，我们所形成的冷暖色调感觉，是一种建立在生理感觉上的条件反射，每个人的反射强烈程度都不一样，因此每个人对色彩的冷暖感觉也不同。除此之外，我们甚至可以感受到颜色的轻重感和软硬感，如妆容的轻薄、玻璃的坚硬感。

从心理学上看，不同的颜色对人产生不同的温度感和心理感觉。从温度感来说，红外线有放热的作用，所以含有红色光的颜色常常使人有暖的感觉；从心理感觉上，红、橙、黄色常常让人联想起东方旭日、燃烧的火焰和热血，因此有温暖、热烈、兴奋的感觉。为此，在习惯中把红色系列的颜色称为暖色系列。在人们长期对世界的观察和认识中，冷色调多想到海水和冰雪，所以蓝色系列的颜色使人有冰冷、广阔、平静的感觉，为此在习惯中把蓝色系列颜色称为冷色系。

因此，在寒冷的冬天，人们大多喜欢橘红、黄色以及红色等温暖鲜艳的色系。而在炎热的夏天，人们喜欢远离干燥的大地，前往海边，体会蓝色海水带来的轻松、平静、安逸和凉快。而体型比较胖的人喜欢冷色系的衣服，来造成视觉上的收缩，给人一种瘦的感觉。

浓墨重彩是如何吸引你的

五光十色的灯光营造了令人陶醉的美丽夜景，绚丽多彩的烟花总是在瞬间令我们惊叹，路边鲜艳的野花也很容易吸引我们的目光。“浓妆淡抹总相宜”，色彩是造物主的馈赠，装点了人间，始终令我们魂牵梦萦。鲜艳的颜色总是很容易吸引我们的眼球，就连孩子的图画书也是通过鲜艳的色彩来吸引他们的注意力，使孩子关注故事。为什么我们很容易被鲜艳的色彩吸引呢？

美国流行色彩研究中心发现一个“7 秒钟定律”，人们在面对琳琅满目的商品时，只需要 7 秒钟就可以确定感兴趣的商品，而在其中，色彩的作用占到 67%，色彩最先刺激消费者，进入消费者的感情喜好中。色彩对于我们的选择很重要，而且鲜艳的颜色总是最容易吸引我们。从视觉上看，鲜艳的颜色如红色、黄色、橙色等短波长能够给人们向前、扩大的感觉，最容易闯入我们的眼睛，形成视觉印象。

因此，在我们的生活中，精明的商人利用颜色的可塑性和可拓展性，通过不同的色彩搭配，引起人们的思想共鸣，千方百计地吸引消费者。如麦当劳的纯黄色彩，大胆显目，尤其是在路边与天空的蓝色形成鲜明对比，易于引起消费者的注意，红黄的色彩搭配充分调动了消费者的食欲；“可口可乐”的大红加白、“百事可乐”的中红加青，不仅突出商品的特性，还唤起人们丰富的想象力。

绿色是大地、环境、树木的代表色，象征着和平、地球、环保，同时也象征着节约资源、保护环境，意味着一种新型、年轻的生活方式，星巴克的招牌色就是绿色，其招牌咖啡杯上的绿色美人鱼则代表着该品牌注重环保及和平、友善，吸引了热衷于新兴环保生活方式的年轻人。色彩心理学认为，色彩对品牌具有十分重要的意义。

淘宝上各个店铺也通过各种“浓墨重彩”的网站和网页，吸引不同的人前来浏览。需要购买电子产品的你，定然会被蓝色或灰色色系等显得干净利索的网站所吸引；而如果你想购买衣服，那么你必然一眼锁定明黄色、白色、玫红色等纯色系的衣服网站；对于正在筹办婚礼的人来说，红色肯定是深得人心的颜色。

为什么我们对颜色有不同的偏好

对于颜色，每个人都有不同的偏好。我喜欢蓝色，你喜欢紫色，他喜欢黑色……而且不同地区的人也喜欢不同的颜色，比如赤道地区的人喜欢鲜艳一点的颜色，更喜欢用明亮的红色、黄色、金色来装扮自己的房屋和服饰；而在高纬度的欧洲，他们很喜欢简约的蓝色和白色。为什么人们会有不同的颜色喜好呢?

这首先与人类所居住的环境对人们的影响有关。赤道地区纬度低，光照的时间比较长，人们更能够接受长波长的光线照射，而长波给人们的颜色感受大多集中在红色、橙色、黄色等鲜艳的颜色上，所以从认知视觉上说，赤道地区的人们认知红色的视觉细胞确实比较发达，他们对鲜艳的颜色敏感度要高，从视觉上也更能接受明艳的色彩。然而，在高纬度地区，气温寒冷，日照时间比较短，光照不足，生活在此地区的人们多能感受到短波光，因此大多感受到短波光反应出的蓝色或蓝紫色，因此他们往往比较喜欢中和一点的颜色，如蓝色、绿色等。

但是，我们发现俄罗斯人虽然处于高纬度地区，但是他们最喜欢的颜色竟然是一点亮度都没有的黑色。这是因为，有时候空气中的透明度也会影响人们对颜色的感受和不同喜爱。像俄罗斯等北欧地区，潮湿阴冷，太阳光线不容易照射到，而且通常显得浑浊，因此当地人比较喜欢低彩度的颜色。

再回到日常生活，我们在色彩的偏好上还存在性别差异。我们发现男生大多相对比较喜欢黑色、灰色等暗色系；而女生一般都比较喜欢红色系，如粉红色、玫红色、紫红色、大红色、中国红……这当然得从生物学的角度上说了，女性的遗传基因中自古以来便带有“偏好红色”的信息，因为以前原始时代女性的工作是采摘果实，而果实成熟的标志往往是变红，因此在不断进化的过程中，女性比男性更倾向于红色。

当然了，在后天的成长中，我们也会根据不同的环境和条件形成不同的颜色偏好。在一个姐妹众多的家庭中成长起来的男孩，他很有可能带上一些女孩子的生活习惯和想法，比如他也喜欢粉红色，或者对粉红色是不反感的。而一个在山林生活多年的孩子，往往对绿色抱有一种特殊的情感。张艺谋是一个十分善于利用色彩的导演，无论是《大红灯笼高高挂》的“大红色”，还是《满城尽带黄金甲》的“金黄色”，或者是《归来》的“灰色”，都被他用得“尽善尽美”，每一种颜色在他的电影中都被展示得淋漓尽致，富有极强的渲染力和生命力！

先天色彩嗜好与后天色彩嗜好

“你喜欢什么颜色？”在幼儿园问一群孩子这个问题，得到的答案无一例外是比较简单的蓝色、绿色、黄色或者红色。然而，当把这个问题抛向成年人时，答案可能是非常丰富的。

比如“我比较喜欢紫色，但是蓝色也挺喜欢的”；“我高兴的时候喜欢红色，伤心的时候觉得蓝色比较顺心，但是总体来说我还是比较喜欢穿绿颜色的衣服，因为绿色和我的肤色很称”；还有随春夏秋冬四季变换的颜色嗜好——“夏天喜欢黄色和白色，冬天喜欢红色和黑色，春天喜欢粉红色和绿色，而秋天就喜欢紫色”。美国人的色彩嗜好更加奇特，比如他们认为一年十二个月，每个月份都有一种代表色：一月灰色、二月藏青、三月银色、四月黄色、五月淡紫色、六月粉红色、七月蔚蓝色、八月深绿色、九月金黄色、十月茶色、十一月紫色、十二月红色。这些色彩嗜好如此丰富多彩的人，小时候定然不会有这么多先天的色彩嗜好吧。

人类在不断成长和进化的过程中，确实保存下一些先天的色彩嗜好。根据调查发现，人类对颜色的偏好，大多数集中在蓝、绿、红这三种颜色上，这源于基因本能的喜欢，因为人类的基因中由S、M、L这三种锥体细胞来构成人类的三色视觉细胞。所以一般儿童被问到“最喜欢什么颜色”时，一方面是由于幼儿时期认识和表达能力有限，另一方面也是源于人类遗传基因中有蓝、绿、红这三色视觉细胞，天生对这三种颜色比较有感觉。根据调查结果显示，世界各地的儿童大多偏好红色和黄色。因此人类是拥有普遍的先天色彩嗜好的，世界上大多数的人大都不反感这些颜色。

然而，人随着逐渐成长，加之后天文化环境等的影响，慢慢会形成对各种各样颜色的认识，发展出各自的后天色彩嗜好。画家和摄影师对色彩更为敏感，更能细分出不同颜色的色度和调和度，对色彩的包容度也更大，喜欢的颜色可能更加多样化。同时由于文化的因素，人类的后天色彩嗜好也出现了地域差异和时空差异。

中国人喜欢红色，因为红色代表喜庆和欢乐，红包、红旗、红颜……甚至一个明星广为人知都被称为“红了”。“红”在中国人眼里是一种寓意极好的颜色。而韩国人喜欢白色，着白衣，挂白旗，在他们眼里“红色”则表示色情。印度人民则喜欢“红黄绿”色彩鲜艳的“莎丽”，他们不仅拥有“蓝色之城”，还有“黄金之城”、“粉红之城”，印度用不同颜色命名自己的城市，来表明自己对鲜艳色彩的喜爱。

颜色也是你性格的一部分

正如前文所说的，每个人喜欢的颜色都不一样。除了文化、环境等因素的影响之外，不同的性格特点也是影响颜色嗜好的一个重要原因。可以说每个人都有钟爱的颜色，那些颜色也恰如其实地反映自身的性格特征。不同的人，有着不同的衣着品味和颜色喜好，连同随身物品、家庭装饰等都展示了不同的心理特征和性格特点。有些人也会根据心情变化来选择不同颜色的衣服。来吧，透过颜色，看看你的性格特征，让颜色为你“代言”。

根据人们对不同颜色的喜好，可以大致判断出一个人的性格特征。一般来说，喜欢冷色系的人性格比较安静，不爱说话，性格内向；而喜欢暖色系的人，大多比较活跃好动，性格外向。具体来说，喜欢黑色的大多为大都市的精英型男性，他们自信干练，强硬冷静，但是容易太以自我为中心，给人一种高傲的感觉。也有一部分具有逃避心理的人选择黑色，这类人很保守，想通过黑色来掩藏自己的特点，使自己淹没在人群中。

喜欢白色的人大多数是完美主义者，因为白色很容易显脏，要始终保持白色需要自己格外注意、克制，养成良好的习惯。而这部分人往往也十分简单、单纯、善良、温柔，他们的处世态度十分认真，并且由于对任何事物都抱有较高的期待，所以严格要求自己，有时候也会严格要求自己的孩子或家人，不容易被人所理解，因此很容易陷入孤独。

喜欢穿红色衣服的人，无论男女，肯定是一个充满活力、精力充沛的人。他们通常性格外向，积极乐观，主动热情，行动力极强。但是他们往往也比较冲动，缺乏理性的思考，任性，情绪波动大。在现实生活中，男生不太喜欢红色。一般父母给男孩子买的衣服多为蓝色或黄色，而红色的衣服多用于女孩子。而粉红色多见于温柔典雅的女孩子，她们大多温和细腻，喜欢浪漫和幻想，因此往往很容易失望，较为难以承受现实带来的痛苦和伤害。当然喜欢粉红色的男孩子也存在，这样的男性比较温柔，包容性很大。

蓝色是一种沉稳内敛的色彩。喜欢蓝色的人具有相当谨慎的性格，他们谦和礼貌，理智克制，爱好和平，喜欢平稳安定的生活。他们也因此显得固执己见，不敢争取，有些懦弱。

喜欢明快闪眼的黄色的人大多幽默，变化快，爱好多，喜欢新鲜的事物。心性活泼的儿童最喜欢的颜色就是显眼的黄色，因此喜欢黄色的人带有小孩的心气，爱自由，好挑战。但是他们多半缺乏耐心，容易喜新厌旧。梵高无疑是黄色的爱好者，他的绘画中充满了向日葵式的黄色。

绿色给人带来和平的感觉，喜欢绿色的人比较有责任感，沉重温厚，爱好自然，是环境保护的践行者。但是绿色给人安静的感觉，因此善于交际的他们虽然能与周围的人和睦相处，但他们大多独来独往，不喜欢人群式生活方式。紫色透露出浪漫优雅，喜欢紫色的人心里通常都向往成熟高贵的气质。

人在不断的成长中，性格有所转变，喜欢的颜色也会有所转变，毕竟人的性格与颜色的关系虽然密切，但也很复杂。透过颜色，你看清楚自己的性格了吗？

别让色彩偷偷控制你的情绪

几乎全世界的心理学家和美术家都认为，颜色对人的心理状态有着神奇的作用。小心，色彩，它可能偷偷控制你的情绪哟！

果酱或饮料大多数做成橙黄或桔红色，尽量最原始地还原桔子和橙子的颜色，增强人们的食欲，吸引消费者。赌场通常都是“花红酒绿”的，不仅通过听觉的喧闹来迷惑人心，还通过炫眼的色彩来刺激赌徒妄想一夜暴富的心，使他们沉迷于看似光鲜的赌场世界，而忘记了现实世界的残酷。

我们的生活中充满着各种各样的色彩，它们在潜移默化地影响着我们的知觉和情感。可以说，色彩很容易操控人们的心理和情绪。比如当一个人心情烦躁时，特别讨厌看到红色或者黄色这样鲜艳的颜色，因为面对鲜艳的颜色情绪很容易失去控制，导致冲动而丧失理智。而冷色调的颜色比如蓝色、绿色往往能够带来平静，具有安神、镇定的作用，能够使人放松，消除紧张感。因此，我们会发现宾馆和旅馆中的被子通常都是白色的，不仅因为白色显得干净整洁，还因为浅色调的色彩能够安抚人的情绪，使人更容易入睡。此外，蓝色和绿色也可以催人入眠。而红色具有强烈的刺激性，容易使人兴奋，具有提神醒脑的作用，所以我们会看到咖啡的包装大多喜欢用红色。

心理学家通过实验发现，由于不同色彩对视觉刺激的强弱不同，色彩能够给人带来积极与消极的作用。歌德把高明度的黄、橙、红色划为积极主动的色彩，容易使人情绪兴奋冲动；把低明度的青、蓝、蓝紫色划为消极被动的色彩，容易使人沉静、理智；而将绿色与紫色划为中性色彩。将运动员的休息室和更衣室刷成蓝色，可以让运动员放松心情，尽量消除紧张感。而绿色是视觉中最中和、最舒适的颜色，因为它能吸收对眼睛刺激性强的紫外线，帮助人们消除视觉疲劳，因此绿色又被称为人们眼睛的“保护色”。

这么看来，色彩无时无刻不在影响着我们的心理，有时候会给我们的心情“雪上加霜”或“锦上添花”。心情不佳，一盆寡淡的白菜会让你更加郁闷；高兴时，即使晚餐只有一盘青菜也甘之如饴。那也无妨，不如转变观念，换个角度来让色彩为我们的生活增添一丝丝亮丽。

让颜色悄悄试探你的食欲

当我们面对一盘食物时，各种感官受到刺激的顺序为：先是视觉，其次是嗅觉，最后才是味觉。味觉是最迟钝的，所以有时候有些菜肴看似平淡无奇，真正入嘴的时候却让人连连称奇，赞其虽其貌不扬，但却独是一绝。而味觉的获得则是味蕾通过神经向大脑传递味道的信息的过程。曾经有人做过这样有趣的实验，给人蒙上眼睛分别吃甜瓜和柿子，甚至是土豆和苹果，人们竟然“傻傻地分不清”，可见味觉对食物的感知有时是很难分辨的。

视觉是我们选择食物的第一印象，因为我们会因食物的颜色、造型好坏而产生尝试与否的欲望。这就是为什么要将食物摆盘造型，为什么会讲究食物的颜色搭配。虽然食物的视觉效果有时候会迷惑我们，如有些食物看似鲜美可口，实际上却味道寡淡；而有些食物朴实无华，味道却出奇地好。但是不可否认，食物的颜色影响着我们对食物的评价，有时候即使其味道不好，我们也会因其美妙的色彩搭配而不至于过低贬责。

泰国菜以鲜艳的色彩和独特的香料令人垂涎三尺，其中一个有名的菜式叫作芒果糯米饭，金黄的芒果肉块配上白色的糯米饭，黄白的色彩搭配让人垂涎欲滴，赏心悦目。而另一个著名的菜是冬阴功汤，黄亮色的咖喱汤配上鲜红的虾、深绿色的薄荷叶、灰褐色的菇，视觉上的诱惑和扑鼻的香气，让人忍不住大快朵颐。红色和橙色往往令人食欲大开，如红彤彤的红烧肉与金黄色的水果和橙子等。而一般而言，鲜艳的食物也更加有助于身体健康，据说鲜红的西红柿可以美白和抗氧化，红肉如牛肉有助于造血，而绿色的蔬菜有助于消化。因此，为了让小孩子多吃点，往往给小孩子的餐具大多是红色或黄色的，让他们心生欢喜的同时产生碗里盛的食物也很好吃的错觉。

而一般蓝色或紫色的食物总是会抑制食欲。红薯和紫薯比起来，肯定是黄澄澄的红薯看起来更好吃。所以如果想要减肥，可以尝试用蓝色来达到减肥的效果。比如使用蓝色的桌布、碗筷、餐具，如果研制出蓝色的食物，说不定更能降低人们的食欲。再者，蓝色能够使人镇静下来，平静地进食。

市面上有许多卖减肥药的店铺，却没有一间减肥餐厅。因此想要开一间减肥餐厅的创意者，可以考虑一下蓝色主题，比如蓝色海洋的餐厅背景，蓝色的桌椅，蓝色的餐具，以及蓝色的筷子和食物，借用蓝色来使人们的食欲减退。现在想减肥的人那么多，说不定这样的另类主题和适当的食物搭配能使餐厅大火呢！

颜色搭配让你更讨人喜欢

很多女生喜欢看韩剧，可不仅仅是因为剧中浪漫缠绵的爱情演绎和帅气温柔的欧巴，剧中女主角和女配角的服装搭配和妆容打扮，也是吸引女孩子们追剧的一大动力！有时候甚至会听到“尽管女配角很坏，但是因为她穿的衣服特别有范而不讨厌”的言论。可见，一个令人印象深刻的好的服装搭配是多么重要。现在我们就来谈谈，什么样的颜色搭配能够让你更加讨人喜欢。

我们都知道，色彩对人们的视觉刺激各不相同，因此不同色系的搭配会营造出不同的气氛，在人们的心理上产生的作用也是不同的。所以，无论是什么类型的服装，都应该注重色系搭配，尤其注重总体搭配，不能一身正装却穿着一双粉红色的拖鞋。一般而言，有同系配色如暖色系搭暖色系，或者冷色系搭冷色系；有深浅搭配，即深色系和浅色系搭配；还有明暗搭配，即明亮系搭暗色系。有一点需要注意的是，蓝色虽然与绿色是同色系，但是蓝色不适合与绿色互相搭配，尤其是蓝色的牛仔裤和绿色上衣搭配起来会显得土气、难看。

然而总的来说，绿色很难与其他颜色相融合，是一种个性鲜明的色彩，要么作为单纯的连衣裙或连体裤，搭配白色的鞋子或包包，因为绿色和白色最搭。在我们的日常生活中，经常看到的搭配颜色应该是白色、黑色和灰色，因为这三种颜色是无色系，与哪种颜色搭配都可以，尤其是灰色。红与黑、白与蓝、红与白的颜色搭配非常引人注目。而白色与黄色则不是理想搭配，因为两者颜色相近，抵消了色彩效果。

白色是无色系，与任何颜色搭配都没有问题，穿白色的衣服能够给人带来一种高雅讲究的味道，尤其是女性着白色服装使人感觉单纯美好。但是对于初次约会的人来说，最好不要穿白色的衣服。白色很容易给人一种晃眼的苍白感觉，会加大双方的距离感，容易造成紧张和双方的冷场，不利于展开进一步的交流。当然，也不要选黑色，黑色容易造成压抑的氛围，令人感觉不正派。但是有些人非常适合黑色，比如娇艳的人，《乱世佳人》中光彩迷人的女主角郝思嘉即使穿着黑色的礼服参加舞会，也难以掩盖她那迷人的气质，反而把她的肤色衬托得更加白皙。

在较为正式的场所，黑白的补色相配是永远不会出错的经典搭配。因此，正式的场合如面试、洽谈、会议等都应着正装，黑白补搭虽然形成鲜明的对比，但是这两个极端的颜色会营造出一种沉着冷静的氛围，能够增加人与人之间的距离，使人端正态度，显得严肃认真，专心致志。这种成熟正式的颜色搭配容易给人一种信任感，能够加深相互间的交流与合作。

对于女孩子而言，还需要考虑通过妆容来修饰和完善自身的颜色搭配。比如穿红色衣服，脸部底色最忌黄色，而应该以粉红色打底，上灰色的眼影，使用黑色眉笔描眉，玫瑰色腮红相称。

干净舒服的颜色搭配不仅让自己神清气爽，还可以赢得他人的好感，增添好人缘，赶快学习起来吧！

瞧一瞧装修中的颜色心理学

近期热播的电视剧《何以笙箫默》中，钟汉良饰演的"国民老公"何以琛是一名稳重、犀利的律师，从剧中何以琛的家装也可以看出一名优秀的律师克制理性的性格特征。何以琛的家装是现代简约风格，从色彩角度来看，黑色、灰色和白色多种色彩的混搭，在不同自然光和灯光下呈现出沉稳的气息。

黑色和灰色是其客厅和卧室的主色调。灰黑色的办公桌和书柜显得高贵、稳重，富有现代科技气息，符合何以琛作为一名律师低调内敛而又不失干劲的都市男精英身份。而灰色具有柔和的意向，暗灰色的沙发和不规则的桌子带有高科技产品的意味，通过不同层次的暗色调变化组合和搭配，一方面减少呆板单一、沉闷僵硬的感觉，另一方面折射出简洁有序的生活方式。卧室的灰色床单和暗棕色床架，塑造出何以琛严谨、不张扬的性格。厨房的主打色是白色，令充分运用转角的开放式厨房显得宽敞明亮，流行的象牙白、米白、乳白等不同白度的色彩体现在橱柜的相互搭配上，显得干净整洁，井然有条。同时也用白得发亮的厨房来表明他工作繁忙，无暇下厨，厨房只是一个摆设而已。

装修中的色彩应用能够透露出一个人的性格特征、职业倾向，因此在生活中，人们经常通过合理利用色彩来刺激他人的心理。例如，各种挑战竞技运动场所常常用鲜艳的色彩来装饰，使参与的人们兴奋和开心；医院和病房，往往用白色或淡绿、淡黄色来装饰，以使病人心情平和；而餐厅中则大多使用黄色、橙色或者红色装饰，而不大用绿色和蓝色，因为黄色、橙色和红色是引起食欲的颜色，而蓝色会使人倒胃口。

在进行装修时，通过色彩的搭配和运用有时候还可以改变房间的视觉效果。由于色彩会给人带来轻重之感，浅色如白色给人感觉较轻，深色如红色给人感觉较重，因此一般在家装中，天花板选用浅色装饰，地板选用深色装饰，以免上重下轻，造成视觉混淆。如果是小居室，装修时应选用暗色系的地板，同时墙壁和天花板应该使用明亮的冷色系如白色，会有变得宽敞的感觉，否则选用色彩斑斓的地板和墙壁的话，原本狭窄的空间压抑感就会更强。灯光色彩的完美运用也能增添家的温暖气息，复古怀旧的昏黄色灯光能够带来温馨的家庭色彩。一个人深夜回家，打开昏黄的灯，归家的温情定能流动于眼，涌动于心。当然，爱好古典的你，在家装中定然少不了选用褐色来表现对自然的原始质感和古香古色的喜爱，如褐色原木的沙发、桌子和椅子。

正如前文所说的，色彩与我们的情绪之间有着千丝万缕的联系，在家庭装修的选材中，注意并合理利用色彩的搭配，以营造一个和谐的色彩环境，让自己和家人在多彩温馨的视觉环境中，舒心畅怀地生活，岂不是一桩美事?

化妆品的色彩光环

人们观察外界的各种物体，对色彩的注意力占人的视觉的80%左右，对形装的注意力仅占20%左右。色彩对人们的形象有着举足轻重的作用，这不仅仅体现在服装的颜色搭配上，还体现在妆容的修饰上。化妆界通过颜色丰富细腻的化妆品，塑造不同类型的人面容上的色彩变化，甚至改变一个人的形象特征。比如原本内向淑静的女孩，通过夸张的红色、橙色色系可以让她看起来像一个热情、活泼、开朗的女孩。

深浅的变化使得色彩有层次感，能够得到富有立体感的效果。色彩的性质不同，其光波作用于人的视网膜，使人产生的感受也不同，于是面对不同的颜色人们就会产生冷暖、明暗、轻重、强弱、远近、胀缩等不同心理反应。如在化妆界，化妆品前进色和后退色更是得到了广泛的应用，合理运用色彩可以帮助化妆师画出富有立体感的脸。

比如使用绿、蓝、紫色的化妆品能给人以文静、冷淡的感觉，比较有距离感；而使用红、橙、黄色化妆品则能给人以热情、温暖的感觉，能够缩短与人的距离。而且色彩也是有重量的，如果把白色的心理感觉重量定为100克，那么黑色则是187克、黄色113克、绿色133克、蓝色152克、紫色155克、灰色155克、红色158克。因此，在使用化妆品时可以根据不同颜色的化妆品的重量，营造出不同的视觉效果和形象。比如瘦弱的人不适合单用白色，这样会让她看起来更加苍白而显得不那么健康。

不过，有时候化妆品也会出现一些另类的色彩，比如19世纪80年代法国以黑色为贵，流行黑色，于是出现了黑色调的化妆品。俄国大作家托尔斯泰的《安娜·卡列尼娜》中的安娜就喜欢黑色调，因为在当时这是高贵、新潮的象征。

由于护肤品多为女性所使用，因此在护肤品的包装上也较多地体现出女性特征，比如在颜色上主要使用大蓝、天蓝、水蓝、深蓝的蓝色色系或者大紫、紫红、贵族紫、葡萄酒紫、深紫的紫色系亦或大红、粉红、淡红、玫红的红色系等具有强烈女性化性格的色彩意象，如兰芝的蓝色色系、雅诗兰黛的红色色系等等。

你的孩子喜欢什么颜色

给十个孩子这样一幅简笔画：有太阳、山峰和河水，让他们按照自己喜欢的颜色给简笔画涂上色彩，半个小时之后，你会得到十幅完全不同的涂色图画。有的孩子把太阳涂成红色，把山涂成黄色，而把河水涂成灰色；有的孩子把太阳涂成金色，山却涂成红色的，而河水是绿色的；有的孩子画中的太阳是灰色的，山是黑色的，水是白色的……这些涂上不同色彩的简笔画不仅体现了孩子的天真无邪和丰富的想象力，也折射出孩子隐藏的内心世界。由于年龄还小，孩子不了解自己的内心，也不善于将自己内心的想法表露出来，尤其是有些孩子长期受到父母的压制或者得不到来自家庭和亲人的关爱，内向甚至自闭，画笔就成为他们倾诉内心和发泄情绪的工具。

早期的色彩心理学研究者发现，新生儿表现出对明度的偏爱，对低明度的颜色刺激注视时间更长，喜欢彩色不喜欢非彩色。三个月的婴儿喜欢长波，如红、黄色，不喜欢短波，如蓝、绿色，同时这时期的婴儿不喜欢白色。相比黄、绿，四个月大的婴儿更喜欢红、蓝、紫。一般而言，儿童喜欢暖色调及鲜艳色调，如红、橙、黄色调，而不怎么喜欢冷色与灰暗色调，如黑色、灰色调。这可能是因为其颜色认知能力不够成熟，受社会文化的影响较少，鲜艳的颜色更能引起他们的注意。随着年龄的增长、性别意识的发展和文化教育的影响，儿童会积极地寻找和重视与性别有关的信息，进而学到与性别相联的普遍品质，个体的颜色偏好产生了性别差异。女孩比男孩更喜欢粉红色，而男孩则比女孩更喜欢蓝色。儿童在粉红色上表现出最明显的颜色偏好性别差异，其次是蓝、绿、紫。

喜欢灰色、黑色调等冷色系的孩子是值得重视和注意的。灰色和黑色系的颜色容易使人忽视，儿童一般不喜欢这样的颜色，因为太暗淡了。因此，喜欢冷色系的孩子，从心理上分析，是因为他们用黑色和灰色来隐藏自己，掩盖自己内心的脆弱和纠结。这时候，作为家长和老师，就要看看他们心中是不是隐藏着一些心理问题，比如忧郁自卑甚至可能有自闭症的前兆。如果你的孩子是这样的，家长可要注意了，要多陪陪孩子，与孩子多聊聊天，解开孩子心中的疑惑和不解，引导孩子正确认识世界的美好，防止小问题逐渐演变成大问题，否则后果将不堪设想。而单纯地喜欢鲜艳的颜色也并不是什么好事，根据研究发现如果孩子只喜欢红色，并只穿红色的衣服、用红色的画笔，那么这样的孩子对人和事可能充满着强烈的敌意，而过度使用黄色则是缺少关爱的表现。

颜色是孩子表达自己内心渴望的一种有效方式，通过多关注孩子的画笔和颜料，主动了解孩子的问题，这是每一个家长值得学习和注意的地方。孩童时期是一个人成长的重要时期，也是树立正确意识的关键阶段，这是一个不容忽视的时期。家长们，你们知道孩子们喜欢什么样的颜色吗？

色彩与时间之间的小秘密

有人做过一个有关于色彩和时间的小实验，请两个实验者 1 号和 2 号分别进入两个不同色系的房间，一个是有红色壁纸和红色地毯的房间 A，一个是有蓝色壁纸和蓝色地毯的房间 B。然后让这两个实验者完全凭借自己的感觉在一小时后出来。结果发现 1 号实验者 40 分钟后就出来了，而 2 号实验者 70 分钟后还没有出来。然后再让他们调换，分别进入红色系和蓝色系房间，实验结果是 1 号实验者过了 75 分钟才出来，而这次 2 号实验者 35 分钟就出来了。

这个实验表明，实验者时间感知上的错觉并不是基于他们性格上的原因——比如说性格急躁、呆不住等，而是因为周围环境的影响——这里是指色彩。红色的房间让人感觉特别醒目，在强烈的红色刺激下，人们很容易变得急躁，总盼着时间早点过去。色彩使人们对时间的感知缩短或变长了。在海洋里浮潜的时候，人们总觉得时间太短，一个小时的浮潜时间总觉得只过去了 30 分钟。海洋静谧的蓝色、色彩斑斓的游鱼和美丽的珊瑚都麻痹了浮潜者的时间感知，他们往往觉得在海洋里的时间要比现实的时间短很多。

浪漫优雅的法国餐厅整体的颜色往往是棕暗色或者深蓝色，加上温柔静谧的白色灯光，拉长了时间的维度，使时间变慢，营造出一种细细品尝、放松身心、轻声慢语的环境。在这样的环境之下，约会的双方往往能够放下心中的戒备，也更容易放下一身的忙碌，忘记外面时间的匆忙流逝，放慢自己的身心，用心倾听对方的心声，互相交流情感。色调冷清、环境幽静的咖啡屋也是如此，会让人静心交谈。而人群流动性非常大的快餐店，往往用橙黄色或红色来缩短时间的维度，使用餐的客人感觉时间在飞快地流逝，所以一般快餐店的顾客吃完饭便走了，似乎坐都坐不住，使人感觉这不是个能让人坐得下的地方。

色彩与时间的奥秘也提醒了公司的管理者。有一个公司的老板试图通过鲜艳亮丽的颜色来给员工提神醒脑，加快工作效率，但是事与愿违，在这样的环境下，员工却哈欠连连，不断地看着表，盯着早点下班，甚至连以前愿意加班的人都急着下班了。后来听从员工的意见，老板把公司刷成蓝色和棕白浅色，情况才大有改观。因此即使是创意公司，他们的装饰色彩也不会是鲜艳亮丽的，因为鲜艳的颜色使人觉得时间加快，压力过大而不利于员工的工作。所以我们看到所有的公司装潢色彩大体都是灰棕或者原木色，这会使人沉静在工作中而忘记下班的时间。蓝色使人沉静，忘记时间的流逝，会议室等应尽量使用不同深浅度的蓝色系，这样可以使员工在漫长的会议中忘记时间的存在，缩短对现实时间的感知，提高会议的效率。

第四章 心理学这样解读梦境

梦是什么？自人类诞生以来，古今中外，人们对这个问题的答案始终莫衷一是。“黄粱一梦”、“庄生梦蝶”、“南柯一梦”，“梦”在中国的传统文化中从未缺席过，一直为人们所津津乐道。梦始终被当作一种神奇的存在，甚至被用来区分好人和坏人，“好人做梦，坏人做恶”是柏拉图的立身做人哲学说。从科学的角度上说，梦不分人，人人都会做梦。梦是一种意识，是现实世界折射在内心的潜意识，心理学如是说也。在睡眠中，梦是人们在一种独特的意识状态下，自发地产生的一系列心理活动和心理变化。有时候，人能够记住做过的梦，但大多时候是记不住的。梦，并非如此飘渺，其实它就是你内心深处的世界。

梦境，到达真实内心的钥匙

自人类诞生以来，睡眠是我们必不可少的一种生理现象。人类 1/3 的时间都消耗在睡觉上，而梦也成为我们生活的一部分。有些人说“我从来都不做梦”，事实上没有人不做梦，只是做了梦没有意识到而已。

你明天早上要参加一个演讲比赛，你想获得第一名并拿到丰厚的奖金，那么晚上你有可能梦见你顺利流畅地完成了演讲，并获得到了雷鸣般的掌声和欢呼声，获得了第一名，赢得了奖杯和 5000 元的奖金。当然你也有可能会梦到第二天早上你睡过了头，醒来发现自己竟然要迟到了，于是慌慌张张地出门。来到后台时，你发现忘记拿演讲稿了，着急地回想自己的演讲内容，上台的时候还不小心绊了一跤，差点摔倒。终于，在梦里你磕磕绊绊地演讲完了，下台时你很懊恼没有发挥出自己应有的水平，一不留神踩空了……然后你被惊醒了，发现幸好只是梦。

“日有所思，夜有所梦”，梦境折射出人类内心的渴望、恐惧、担心和害怕。梦见获得演讲比赛的第一名和奖金，是对自己有自信，也表现出内心对奖杯和奖金的渴望；而梦见自己频频出现失误，以致被自己内心的担忧惊醒，是因为比赛前对各种失误如迟到、忘词以及失败等存在担心，这种赛前的紧张和忧虑呈现在梦境里，严重的时候还有可能会导致你彻夜失眠。心理学家鼻祖奥地利精神病医生弗洛伊德认为人类的梦，是具有一定的现实意义的，是人类潜意识的一种非凡体现，是“愿望的满足”。弗洛伊德认为梦是可以被解释的，从心理学上看，梦产生的动力是内心潜意识的凝缩、移置、润饰。

爱做梦的我们往往会发现，在梦里很多东西是被集中化或者跨时空化的，比如做梦的时候我们可以从一个地方快速地出现在另一个地方，时间也可能经历几天甚至几年、几十年以上，有些人还会梦见自己穿越了，从现代穿越到古代，然后又回到现代；或者很多不相关的人和事被奇怪地聚集在一起，并且一起跨时空做了很多事情，这就是凝缩。移置是指梦境是我们内心潜在意识的一种表现，有时候我们梦见以前发生过的事情，或者梦见正在发生、经历的事情，又或是梦见即将发生甚至没有发生过的事情，而这些事情有可能都存在于我们内心深处，一到晚上睡觉的时候就以梦的形式汹涌而出，比如最近即将进行个人业绩的考核，而你这个月表现不好，在梦里你有可能一直被别人追或者一直在逃亡。而梦境里面发生的事情，无一例外地都夸张化、神秘化或者脱离现实，显得虚幻且神秘，看似真实实际却是对现实生活戏剧化的体现，这就是梦对潜意识的润饰和突出的表现，使这些意识渐渐清晰地浮现出来。

弗洛伊德认为梦可以分为显梦和隐梦，近期发生的、无关紧要的事情产生的无意识刺激而发生的梦是显梦，比如最近看的电影片段、小说，今晚不好吃的饭菜和偶遇的猫咪，都有可能重现在你的梦中。而各种白天工作和学习的压力，或者自身克制的某些想法，在夜间意识松懈之后表现出来的潜意识是隐梦。隐梦中，梦境是根据你在潜意识里面的记忆碎片组成的，有可能是内心最真实的体现。所以说，梦境可以揭示我们内心深处的真实表达，直接抵达我们的内心深处，窥探我们的秘密。

庄周梦蝶，它到底梦见了谁

著名的“庄周梦蝶”典故出自《庄子·齐物论》：“昔者庄周梦为蝴蝶，栩栩然蝴蝶也。自喻适志与！不知周也。俄然觉，则蘧蘧然周也。不知周之梦为蝴蝶与？蝴蝶之梦为周与？周与蝴蝶则必有分矣。此之谓物化。”

这段短小艰涩的古文翻译成现代白话文是这样的：从前，庄周梦见自己变成一只翩翩起舞的蝴蝶，在花丛中惬意地飞舞，觉得非常快乐，悠然自得，已经忘记自己是庄周了。突然间他梦醒了，醒来的恍惚间才发现原来自己不是蝴蝶，是庄周。于是，庄子疑惑了——不知是庄周做梦变成了蝴蝶呢，还是蝴蝶梦见自己变成了庄周？庄子认为庄周与蝴蝶必定是不同的，而他们能在梦中互相交换，这就是我们所说的物我的交合与变化，也就是生死物化。

庄子据此提出“人不可能确切地区分真实与虚幻”的哲学观点——如果梦境足够真实，人是不是知道自己在做梦呢？人又该如何区分真实的自己和虚幻的梦境呢？

庄子把梦境和现实看作平行于世界的两个平等的境界，认为这两个境界互相发生时，庄周不是庄周，蝴蝶也可能不是蝴蝶。在梦境里，庄周就是蝴蝶，蝴蝶就是庄周；而在现实世界中，庄周就是庄周，蝴蝶就是蝴蝶。庄子的理论看似很绕，实际上他只是认为这是梦境与现实的不同罢了，梦境和现实都是世界运动的一种形态和阶段，认为梦境与现实一样，都是真实存在的。这是庄子思想的进步和大胆之处。因此，他认为人们需要做的是：在醒时的所见所感是真实的，在梦境中的明白是幻觉，是不真实的。其实，也就是庄子因艳羡蝴蝶的自由自在而“夜有所梦”，在梦中遇到自己真的变成了蝴蝶。

1641 年，西方著名哲学家笛卡尔也对此有过类似的疑惑，他认为人通过意识感知世界，但是感官和意识有时候可能会欺骗我们，所以人类所看到的外部世界有可能是真实的，也有可能是虚假的。“直到现在，凡是我当作最真实、最可靠而接受过来的东西，我都是从感官或通过感官得来的。不过，我有时觉得这些感官是骗人的；为了小心谨慎起见，对于骗过我们的东西绝不完全加以信任。”俗话说，“眼见为实”，然而有时候眼睛也会欺骗我们，比如我们看到水中完好的筷子往往像是被折断了一般。因此究竟什么是真实，什么是虚幻，什么是现实，什么是梦境？

笛卡尔发现有时候他会在梦里做与“疯子们”醒着的时候所做一模一样的事情，或者在梦里看到现实世界中沉睡的自己在清醒地睁眼看书，虽然在梦里这样的场景总是那么模糊。他时常在睡梦中以为这些假象就是真实地存在的，他无法清清楚楚地分辨出清醒和睡梦，这使他感到非常地震惊。其实，看似真实的梦境只不过是迷惑笛卡尔的真实内心世界，他一面独立思考，试图摆脱教会思想的束缚；一面需要考虑现实世界中的教皇和教会，二者的权威力量如此之大，以致人们暂时无法摆脱他们的思想牢笼。现实世界中清醒的笛卡尔是矛盾的。因此，在梦境里，他对屈服于教会精神体系的害怕完全体现出来，在梦里他和“疯子们”做一样的事。

《幽梦影》认为：“庄周梦为蝴蝶，庄周之幸也；蝴蝶梦为庄周，蝴蝶之不幸也。”“庄周梦蝶”表现出人们渴望变成蝴蝶的逍遥，也是对凡尘人事的一种抗拒。人的世界中处处充满了等待和限制，千百年来，多少文人墨客在孜孜不倦地追求自由和快乐。庄子对于“庄周梦蝶”的描述，从另一个侧面表现出他企图不分现实和梦境地追求蝴蝶的自由，折射出他对于梦境中蝴蝶自得其乐的悠然和自由的向往。庄子对于自由自在的向往令他化作一只翩翩起舞的蝴蝶，畅快自如地飞翔在梦境的花丛中，乐不思蜀，悄然自居。

“黄粱一梦”的顿悟

唐朝沈既济的《枕中记》中有个故事，说的是在唐朝时期，一个书生姓卢，字萃之，别人称之为卢生。一年，他进京赶考，途中在邯郸的旅馆里投宿，遇到了一个叫吕翁的道士，向他感慨人生的穷困潦倒。吕翁听后，从衣囊中取出一个枕头给卢生，说："你晚上睡觉时就枕着这个枕头，保你做梦称心如意。"

这时天色已晚，店主人开始煮黄米饭。卢生便按着道士的说法开始睡觉，很快睡着了。在睡梦中，他回到家中，几个月后还娶了一个清河的崔氏女子为妻，妻子十分漂亮，钱也多了起来。卢生感到十分喜悦。不久他又中了进士，层层提拔后做了节度使，大破戎虏之兵，又做了十余年的宰相。他先后生了5个儿子，个个都做了官，取得了功名，后又有了十几个孙子，成为天下一大家族，拥有享不尽的荣华富贵，至80岁而终。醒来时，卢生却发现店主煮的黄米饭还未熟，他感到十分奇怪："这难道只是一场梦？"吕翁听了便说："人生的归向，不也是这样吗？"经过这次黄粱一梦，卢生大彻大悟，再不去想进京赶考的事，反而进入深山修道去了。

"黄粱一梦"便由此而来，通常用来比喻荣华富贵如梦一场，短促而虚幻。这是一个传奇故事，也是一个告诫卢生的人生缩影梦境。从卢生的梦境中，我们不但得知要看淡人生的沉沉浮浮，坦然接受；还可以看到梦境的神奇，在短短的时间里，梦里就可以发生那么多事情，从头到尾，贯彻始终。

可能你对此并不会觉得太惊奇，因为很可能你也有过类似的梦境。有时候人做梦比真实过得快，有的梦像演电视剧一样会跳过一段时间，所以短短的几个小时就好像过了好几天一样。人脑和意识一起缔造了神奇的梦境，缩短了时间的维度，在极短的时间内将自己在现实世界中的所见所闻、所思所感以极快的速度整合起来，形成了广阔而庞大的梦境。梦是我们内心的欲望表达，是我们的潜意识在运作，所以不要奇怪为什么你有时候也会做"黄粱一梦"。

《盗梦空间》的神奇想象

说到梦境的奇妙和不可勘破，不得不提2010年这部备受全球人民热捧的好莱坞大片《盗梦空间》，吸引观众的不仅是影片中形象逼真的画面、飙车爆炸的惊险场景，还有神奇的梦境想象和复杂的情节，让人摸不着头脑，引起人们对于影片复杂情节的逐个击破和对神奇梦境的积极探索。连我国轻喜剧《爱情公寓》第四季中也借鉴了盗梦空间的梦境与现实交替的手法，展开了一段令人啼笑皆非的剧情。

这部电影讲述的故事其实很简单，男主角柯布是一名盗梦者，在一次与同伴阿瑟的针对Saito的盗梦行动中失败了，并因妻子的自杀遭到通缉而逃亡在外。Saito利用并威胁柯布潜入最强劲的竞争对手Fisher的深层潜意识，帮助他为Fisher种下放弃家族公司、自立门户的意识。为给Satio赢得最后的胜利，柯布和他的队伍通过药剂使Fisher进入梦境，并历经种种艰险将放弃商业帝国的想法根植在Fisher的脑中。而在影片的结尾，Satio履行了自己帮助柯布消除在美国的罪名的诺言，使柯布安然合法地重新回到自己的家庭。

故事情节的发生场景分别为六层不同的空间世界，也就是现实世界、第一层梦境、第二层梦境、第三层梦境、第四层梦境和迷失域。一般正常人做梦时只会进入第一层梦境，而第二、三、四层梦境需要服用不同分量的药物，层级越深，药物强度越大。而要醒过来只能通过“Kick”（即重力下坠产生强烈的冲击）或者在梦里被杀死。在梦境中服用加强型药物且不能被杀死唤醒的人，才会不得已进入迷失域，而进入迷失域的人往往不能区分现实和梦境，沉迷于此而走不出来。男主角柯布辨别梦境和现实的一个有效方法就是陀螺——如果陀螺能停止那就是现实世界，而始终保持旋转则是在梦中。

这么一部如此拓展想象力的《盗梦空间》，生动形象地向观众展现了梦与现实的不可分辨，并展示了充分运用梦中梦的原理来窥探并试图改变人们的潜意识的神奇之处。《盗梦空间》的主角们在做梦的时候，清楚地知道自己是在做梦，这种梦在心理学上被称为清明梦。也就是说，一般一个人在做梦的时候并不知道自己在做梦。而清明梦是指在特殊的梦境中，人们能够清醒地意识到自己在做梦，甚至当人们醒了，也会对梦境里发生的事情记得一清二楚，且有种恍如隔世的感觉。《盗梦空间》神奇地向我们展示了，我们能够在梦境中清醒地意识到自己在做梦，并且可以不断地进入梦境更深的层次，来达到自己的目的。

诺兰认为，《盗梦空间》潜在的主题就是："你所看到的世界未必都是真实的"，梦中梦的超凡运用是《盗梦空间》的神奇想象的心理学基础。经常能够想起自己做了什么梦的人会很容易进入梦中梦的境地，能够清楚地感知到自己在梦境中，也就是心理学所谓的清明梦。有时候我们会在半夜惊醒，然后发现自己刚刚是在做梦，不一会儿又睡着了，又开始做梦。有时候这个梦甚至是接着前一个梦的，有时又是重新开启意识的另外一个梦，前一个被称为续梦。一般来说，一晚上人们要做 4–6 个梦，但往往我们只记得一个或两个，不可能全部都记得，否则原本轻松的睡眠会让人变得很疲惫。

在电影中，陀螺倒下就是在现实中，而陀螺转个不停就是依然在梦中。当时间的陀螺停止下来的时候，主角从梦里惊醒了，一切都结束了。而对于我们而言，在现实生活中，每天清晨的闹铃响动时，我们就从睡梦中惊醒了，又开始了一天忙碌的工作和学习生活。

关于日有所思，夜有所梦

有时候，我们会在梦中梦到白天发生过的事情，有些甚至无缝连接到令人以为就是真实的。有一次，编者梦见自己把洗洁精还给隔壁阿姨的生动场景，甚至连跟她道歉的不好意思表情，以及阿姨顿时眉开眼笑地说没关系的状貌都真实到以为是在现实中。早上醒来，竟然闹不清自己到底还没还东西，连忙跑去厨房一看，洗洁精还在那呢！想了想，可能是因为太担心又忘记了这件事情，所以做了一个“提醒”的梦。前天下午出差回来，在楼道里跟隔壁阿姨打招呼时，她对我欲言又止，编者心生疑惑，回到家后发现前几天向她借的洗洁精还没来得及还给她。当天晚上曾拿去归还，邻居却没有人在家。临睡前一直在默念明天早上一定要记得还，不要再把这个事又给忘记了，结果晚上却做了一个很真实的梦。

这便是“日有所思，夜有所梦”。时至今日，无论是医学、生物学还是心理学等学科，都还没能从生理机制上对“日有所思，夜有所梦”这种现象作出完善的解释。然而，这种现象是普遍存在的，几乎每个人都会做这种梦，尤其是在心理期望和心理压力比较大的时候。

从弗洛伊德关于梦的解析来看，由于梦都是反映潜意识的，因此在心理潜意识的暗示下，梦会将我们内心的想法通过某种变化的形式或夸张或反向地表现出来。白天由视觉、听觉甚至触觉等感知到的各种东西，在我们睡眠的过程中，大脑习惯性地对这些经常性的联想和从外界接受的信息，进行编码、整合和重复等处理，通过再现的方式出现在我们的脑海中，形成我们所说的梦。

在日常生活中，由各种有意识和无意识所积淀下来的各种心理表象，也存在于记忆的表层。当人们进行睡眠时，这些心理表象会迅速地聚集组合在一起，形成一个完整的场景和画面。这些画面中可能有最近遇到的人，或者最近发生的事情，甚至是在熟悉的场景中。“日有所思，夜有所梦”不仅仅是平时的生活意象的再反映，也是自己内心愿望或者压力在梦中的表现和释放。比如你梦到一个今天刚认识的人，在梦中你们相约一起去旅游，而且在玩耍的过程中，你们亲密无间，玩得很开心。那么有可能你第一次见到这个人就特别有好感，在你的内心，你非常想跟他/她成为相知相伴的好朋友。

现在生理学者也开始研究“日有所思，夜有所梦”这种奇怪的现象。他们认为梦是对脑随机神经活动的体验，是一种偶然现象。也就是说，人们在睡觉的时候，大脑会随机地做梦。当开始做梦时，脑部神经就会开始活动。不过这种活动不是规律性的活动，而是十分混乱、毫无规律可言的。他们认为这是因为大脑试图把这些信息整合到梦中，于是就出现了混乱的奇异梦境，导致我们可能会梦到两个不相干的人出现在同一个聚会场景中相谈甚欢。

因此，也有一些记忆锻炼研究者认为，在睡觉前背单词或者进行记忆训练，可以在强烈的心理暗示的作用下，通过记忆的东西在睡梦中重复而获得记忆的锻炼，从而提高自己的记忆力水平。

所谓的周公解梦

《马大帅3》在全国范围内热播，剧中算命大师德彪给人解梦的手法和准确预见性令人惊叹，这使许多寺庙附近甚至街道上出现了一些号称“彪哥”的江湖术士。他们算卦的摊前放着解梦、《易经》或者自己的手抄本，专门以“解梦”为由骗取人们的钱财。而在网络上关于解梦的网页和信息不计其数，有些甚至还开发出“解梦”的软件和手机应用APP，一些书店解梦和《易经》算命、风水之类的书籍也非常畅销。以“周公解梦”为例，“周公解梦网”、“现代周公解梦”、“天天周公解梦大师”等，竟出现了12.6万个相关网页，设计的解梦内容非常广泛，比如梦见逃亡、蛇、鸟、考试、坠落、推断、血、战争等分别有什么暗示和寓意。然而，大多数的“周公解梦”是那么的牵强附会，针对梦境的解读带有很强的主观色彩，缺乏根据，看过之后让人不知所云，云里雾里，仍旧未能明白梦的涵义。

为什么人们那么热衷于解梦呢？这大概是因为这世上的大多数人都做梦，而且做的梦大多千奇百怪，令人百思不解，人们常常对自己的梦很好奇，不知道是不是梦中带有什么启示，因此才催生了诸如“周公解梦”这样专门给人解答梦境的书籍。人们总是试图从梦境中找到些许人生和未来的暗示，以自知的预防行动来达到消灾的效果。然而，事实总是相反的，人们并不能从“周公解梦”中获得准确的答案。有新闻曾经报道过，有一个年轻人跟路边摊的“解梦大师”说梦见自己骑自行车去了高原，“解梦大师”跟他说这是个好寓意，说明你身体健康，交通出行都会很顺利。可是没过几个月，这个年轻人就因为一起交通事故意外离世了。“周公解梦”其实是没有什么暗示和提醒作用的，不应该迷信于此。

那么，“周公解梦”从何而来？周公又是何人？周公是西周时期周文王的第四个儿子，周武王（周文王的第二个儿子）的弟弟。他宽厚仁慈、谦逊待人，追求实施仁政，因此又是儒家思想的根源，并且为孔子所推崇和追捧。孔子多次梦到他与周公交谈，互相交流仁爱的儒家思想。我们可以看出，“周公解梦”其实是后人引申出来的一种占卜，甚至很多人以为周公就是一个迷信于《易经》的算卦先生，这是对周公的一种误解和误读。

所以，从本义上来说，“周公解梦”解的不是梦，而是人们心中的困惑和思想的疑惑，是对人们的困惑进行分析和辅导。市面上的“周公解梦”都是“解梦师”的自编自导，对于梦的形成目前还缺乏较为统一明确的论证和认识。从心理学上讲，梦大多源于我们生活的经验和经历，不会给人们带来什么所谓的预示和警告，比如梦见自己开车，可能你昨天看到一辆保时捷心生羡慕，希望自己有一天也能开上一辆。

“尽信书不如无书”，你不要信路边摊的“解梦大师”。所谓的“周公解梦”无非就是根据你的心理状态来随意作出一些判断和结论，“解梦大师”只不过是糊弄人的唯心主义者。

梦话和心声有多远的距离

“你知道吗，你昨晚说梦话了。”一早，习惯熬夜的小菲就跟小华提及这件事情。平时，小华也会说些梦话，不过都是很简短的“唔”、“唉”、“嗯嗯……”之类无意义的语气词。可是昨天晚上，大概凌晨一点左右，小华竟然大声地背起一首诗。小菲以为小华还没睡着，轻声唤了她也没有回应，然后发现小华背完诗翻过身又没有声音了，还发出了轻微的酣睡声。“天啊！小华你说梦话还背了一首诗，你最近脑子里在想什么？”小菲惊叹道。小华说：“导师让我针对刘弇写个案研究，最近我在研究刘弇的诗集，可能有点‘走火入魔’，希望不要吓着你。”

梦话和心声到底有多远的距离？其实并不远，甚至有可能很近。任何一个人都无法根据梦话分析出做梦者正在做什么梦，但是可以通过梦话来了解一个人内心隐蔽着的东西。根据弗洛伊德的解析，做梦本来就是大脑潜意识的一种表现，是在潜意识的作用下对现实生活中的意向和片段进行重组和情景再现，而当这种再现作为“梦话”冲破虚无的梦境而成为一种现实的时候，说明梦境里发生的事情是梦者潜意识里非常强烈的事物，是一种无意识的倾诉和输出。这大概也可以解释，为什么人们在说梦话的时候，大多数使用的是自己的母语——方言、家乡话等，因为方言和家乡话这些母语伴随着我们成长，是根深蒂固的，因此当说梦话的时候，有可能我们梦到了与家乡人说话。在说梦话的时候，我们将自己内心最渴望或者最害怕、最担心的事情说了出来，梦话是冲破潜意识的束缚和压迫短时间内奔涌而出的，因此往往使用最简单快捷的言语表达出来。

说梦话的时候，做梦者是不知道的，只有通过旁人的转达或者专门的实验录音才有可能得知。有一位中年男子说他几乎每周都做一次飞的梦，心理学专家对他进行了一周的实验，发现每次他都会说梦话，有时候是一个字——“飞”，有时候是一个句子——“我想飞”、“我跟小鸟一起飞啦”……心理学家发现这位先生对于自由飞翔的渴望已经达到临界边缘，这是他一个强烈的愿望。这说明在现实的生活和工作中，这位先生压力非常大，工作不顺利，生活不如意，步入中年的他一面承受着家庭支柱的压力，一面应付着领导的指责和同事的不屑，十分焦虑，想立即摆脱目前的现状，逃离这种痛苦的环境，但是为了家庭又不得不委屈自己，坚持下去。“飞”正是他内心的渴望，是他最真实的心声。

那些梦游的人是怎么回事

梦游是怎么回事？梦游又叫作睡行，大多数发生在 4 岁以后的小孩身上。患有梦游症的人在前 1/3 的晚上，会从睡觉中坐起来，睁开眼睛，但实际上他们是不看东西的，然后下床漫无目的地在室内或户外走来走去，但步伐缓慢且能避开障碍物，有时手上还把玩一些器具，像厨房的器皿或浴室的水瓢等，衣衫不整且喃喃自语，持续时间为数分钟至半个小时。通常他们可以没有困难地回到床上，很快继续入睡，第二天早上醒来对昨晚发生的事毫无记忆。

有个 9 岁的小男孩暑假的时候上床入睡，约过 1 小时后，突然起床，开门走到五层楼上同学家门口，停留一会儿又自行回家上床入睡。第二天却否认有此事，以后常常在入睡后不久，即自行起床，饮水，开抽屉取物，或走到妈妈身边用手抚摸妈妈，口中念念有词，对旁人说话不予理睬，眼神茫然，数分钟后又自行上床入睡。有时候他甚至突然起床，提起桶走下四楼，在百米外倒了垃圾，又提着空桶回家，对母亲问话不予回答，双目直视，口中喃喃自语，摇他的躯体也无反应，然后又酣然入睡，第二天又完全不记得这件事情。

成人也会发生梦游，成人的梦游大多源自孩童时未完全缓解的梦游。据统计，约有 15%的人在他们的孩童时期，有过至少一次梦游的经验，集中在 4–8 岁，15 岁后会慢慢地消失，只剩下约 0.5%的成年人会有偶发性的梦游发生。

梦游症的引发原因很多也很复杂，除了有家族的遗传因素之外，与睡眠不足、睡眠过深、发烧、过度疲倦、焦虑不安以及服用安眠药等因素都有关。而且对于孩童来讲，发生梦游症其实也挺正常的，因为这样的症状多见于儿童，且随着年龄的增长而逐渐停止，这一定程度上表明梦游症可能与大脑皮质的发育延迟有关。因此当孩童发生梦游时，应该引导他回到床上睡觉，不要试图叫醒他，隔天早上也不要告诉或责备病童，不然会造成孩童有挫折感及焦虑感。若实在是发生频繁，就让孩子到医院进行治疗。一般随着年龄的增长，患儿的梦游症状会逐渐减少，最终彻底消失。

对于梦游症本人来讲，也应该以正确的心态来认识自己的梦游，通过合理安排作息时间，培养良好的睡眠习惯，日常生活要有规律，避免过度疲劳和高度紧张状态，注意早睡早起，锻炼身体，使睡眠节律调整到最佳状态。

常人还有一种偏见，认为不可随便喊醒梦游者，因为梦游者忽然惊醒的话会吓疯的。事实上，梦游者很难被唤醒，即使被唤醒了，他也不会发疯，只会感到迷惑不解而已。所以看到梦游者不要惊慌，他只是暂时起床“运动运动”而已，你那惊恐的尖叫声倒是极有可能会吓到他们。

来，用科学给你解个梦

“日有所思，夜有所梦。”正如前面所说的，几乎没有人不做梦的。人的一生做的梦很多，千奇百怪，可以说是无奇不有。古人常说“好人做梦，坏人作恶”，梦是美的。然而，梦在现代人的字典里并不是一个好的词语，现代人一直被梦所困扰，噩梦缠身会心生许多烦心事和负担；美梦难以成真，即使做了开心的梦，很多人还是不开心，担心“梦总是相反的”。究竟梦是什么样的？我们为什么会做梦？做梦是不是预示着什么？人们心中困惑重重，于是开始寻求解梦的各种途径。“周公解梦”似乎成为人们寻找答案的一种主流方式，然而这种不靠谱的“梦之分析”、“梦之解读”并不能使人们完全信服。

事实上，科学的解梦方式目前还没有。虽然梦千变万化，离奇古怪，但是我们往往会发现梦境是存在类属和相似性的，只不过具体的梦境会根据每个人不同的现实感触和经历而变化。比如，梦见坠落的人不计其数，梦见被追赶和战争的人也存在一定比例。而当你听到有人说“我昨晚梦到一直被人追赶，早上醒来觉得好累”的时候，你脑海里想到的一定是自己在梦中被追赶的场景。

因此，我们也可以归纳出梦的几种最常见的场景，如高空坠落、被人或动物追赶、进医院或生病甚至死亡、迟到或错过火车和飞机等。现在我们从现实生活和心理学的角度，有理有据地来“解解梦”。

人们经常会梦到自己从高处摔落或者踩空楼梯，有时还会在坠地或跌入水里的瞬间突然抽搐而惊醒。这种醒后发现自己健康地躺在床上而令人恍如隔世的梦境，往往令人记忆深刻，并对坠落的一瞬间清晰无比。这种梦境往往是无助的，缺乏支柱而摔倒坠落，可能是因为在现实生活中你正面临着一些困难，如即将失业、这个月的租金无法支付、失恋等等。

还有很多人有过被一群人或猛兽追赶而在不断逃亡的做梦经历，醒来之后还有着恐惧和紧张情绪，“做这个梦真累人，一个晚上都在跑，为什么会做这样的梦呢?”当你做这样的梦时，想想看是不是自己最近正在加班加点地完成工作或者赶时间做项目。看来这种紧张的情绪始终跟随着你，连睡觉也不放过你呀!

最令人伤心的应该是在睡梦中梦见自己或亲人朋友生病、受伤或死亡，有些人还会因此而痛心地哭醒。生病的人做这样的梦不足为奇，这是担心害怕的情绪刺激了梦的发生。而正常人做这样的梦，有时候并不是因为自己的亲人朋友正在生病，而是因为自己在感情上容易受伤，或者担心受到伤害，这种内在的情感外化为身体的疼痛或死亡，表现在睡梦中。

而在梦中迟到了或者害怕赶不上火车、飞机的人，在现实生活中可能是个拖延症患者，他们经常迟到、错过火车、错过飞机航班，导致了各种不该有的失误，他们往往对此懊恼不堪却从无改变。因此每当面临重大的行程之前，他们都会梦到迟到、误点，试图提醒自己不要再错过时间。当然对于犹豫不决的人来说，这种梦境通常也会发生在面临选择和做决定之前。

无论做了什么梦都不要惧怕和担心，其实梦只是你生活场景的另一面的折射而已，只需好好生活，经营好自己的人生。

做梦真的很累吗

“我昨晚梦到我在做数学题，计算线性代数的时候简直能够感觉到脑子不够用。做了一个晚上感觉脑子要爆炸了！”

“昨晚在梦里被一只凶猛的老虎追，好不容易把它甩开了，又出现了一群原始人，我拼命地跑啊跑，整整跑了一晚上啊，累都累死了。”

“我梦见我一直在洗衣服，手一直发酸发胀，好累啊！”

“做梦真的好累！”

做梦真累，这是现代人对做梦的感受，几乎所有人都觉得做梦不好，会让自己休息不好，使人疲倦不已。然而，事实上做梦对人的身体是有诸多好处的，很神奇吧？

德国神经学家科思胡贝尔教授认为，做梦可以锻炼脑的功能。“大脑的神话”中说到我们人类的大脑有一大部分是处于休眠状态的，科思胡贝尔教授认为做梦时这些休眠状态的脑细胞会活跃起来，以锻炼和演习自己，防止衰退。有时做梦，可以处理大脑白天未能解决的信息和难题，所以也有诗人在睡梦中作诗的传说。俄国著名文学家伏尔泰常常在睡眠状态中完成一首诗的构思，苯分子的环状结构是德国化学家凯库勒在梦中发现的。

恰到好处的梦是健康的表现。虽然人在睡梦中很紧张、恐惧，实际上这也是一种负面情绪的发泄和排解，是一种放松心理神经的方式，有助于身心健康。刚刚起床时觉得做梦挺累，但一旦投入到工作和学习中，往往会感觉到“一身轻”，绷紧的神经似乎得到了放松。甚至有时候做梦还有助于学习，哈佛大学研究员做了一个“俄罗斯方块”实验，让 27 位实验对象玩“俄罗斯方块”，睡了一觉之后再玩第二次。结果，有 17 人在睡梦中见到游戏中的方块，而这些人大部分都在第二次的游戏中表现得更好。做梦能够将需要掌握的资讯在脑中重播一次，并且把新记忆和景象连在一起，有助于记忆和学习。

所以说，适度的做梦是一种良好的生理现象，并不像很多人所想的那样会损伤大脑，使之不能够好好休息。事实上我们的大脑是根本停不下来的，只有一直在运转才能保持不衰退。

但是，过度做梦或做恶梦有可能预示着你的身体在犯病。比如有些肝炎病人会做令人焦躁、恐惧的梦。频频噩梦、盗汗，有可能是身体的某个部分出了问题，也需要好好检查一番，进行治疗。而压力过大的神经衰弱患者往往入睡困难，好不容易睡着了，却又因压力过大和情绪紧张做了恶梦而被惊醒，难以再度入睡，导致睡眠严重不足，结果白天昏昏沉沉、无精打采。有些人一睡觉就恶梦连番，梦话讲个不停，这也是需要注意的病理现象。所以你若觉得做梦一直都让你很累，很影响平时的生活和工作时，应该重视。如果你偶尔记得自己做梦，即使是紧张刺激、危险恐怖的梦，都不必放到心上，这并不奇怪，而且有时候做梦还有助于我们的身心健康，我们大可放心。

你又失眠了吗

你是失眠症患者吗？看看你是否有以下症状，请对号入座：入睡困难、浅睡易醒、醒后难以入睡、多梦……这样的后果当然就是白天萎靡不振、四肢无力、头痛，往往导致反应迟钝、记忆力减退、工作效率低下。如果得不到及时治疗，那么长期的失眠会引起身体机能的损坏和下降，有可能会导致精神分裂症，甚至会使人寿命减短。

失眠，中医又称“不寐”。从医学上说，失眠症是由于情绪紧张或者繁重的脑力劳动，大脑功能活动一直处于无法休息的状态。这些活动的兴奋冲动，通过边缘系统下丘脑结构，刺激脑干网络激活系统，造成了紧张的状态。一般而言，失眠症患者有些生理功能兴奋才导致夜不能寐，主要体现在儿茶酚胺代谢有改变，夜间的肾上腺素排出量增加，进而导致心率增快，周围血管收缩，直肠温度上升。

失眠的原因很多，有可能是偶然性的因素，偶尔的失眠可能是因为晚上睡觉前喝了茶或者咖啡，咖啡因和茶碱都会引起失眠。有时候，喝酒或吃药也会引起失眠。又或者是受到环境影响，比如到了一个新的环境、认床睡不着、还在倒时差等。这些偶然性的失眠其实都是正常的现象。

如果你是长期失眠，那么有可能已成失眠症患者，且有一定的心理压力或烦心的事情，比如为自己或亲人的疾病焦虑、害怕手术、亲人亡故、为考试或接受重要工作而担心等。这样的失眠有时候是整夜整夜地睡不着，或者好不容易熬到了天亮才浅浅地睡着了。

从心理上说，失眠症患者其实能够清楚地认识到自己的失眠症状，并且正是因为意识到自己在失眠，所以才会压力加大，情绪更加紧张或兴奋，结果更睡不着。比如，你担心明天的面试无法完全展示出自己的能力和水平，导致最终不能获得这个心仪许久的职位。你一遍又一遍地默念自我介绍应该怎么讲，又害怕穿着不符合要求——好像裙子有点短，鞋子颜色也不太好。看看手机，已经凌晨一点多了，可你还是那么清醒，担心明天早上起来有熊猫眼会影响面试，祈祷自己赶紧睡着，但是事与愿违，当你再次看时间，已经两点了，才有一点点睡意，你开始焦急起来……在如此的循环反复中，有些人甚至会彻夜失眠。

所以，在高考的前夜，很多考生也会因过于紧张而夜不能眠，再加上在考场上情绪紧张，就不能正常发挥出自己应有的水平；而有些同学则能放宽心态，正常看待，保持一个良好的睡眠和精神状态，往往能够超常发挥，成为高考大军中的一匹“黑马”。

催眠术到底是真是假

在网上打开一个有关于催眠术的视频，我们可以看到催眠师进行催眠的流程基本如下：

第一，首先让被催眠者处于放松舒适的状态，比如让他躺在柔软舒适的床上。第二，催眠者会坐在被催眠者头部的左侧或右侧，不让被催眠者直接看到他。第三，催眠者用平缓温和的声调对被催眠者说话，内容一般都比较简单易懂，而且用同一种语调不断重复，如“现在什么都不要想，只听我说话”、“你现在觉得你很舒服”、“想象一下你在蔚蓝的大海里游泳”、“你的脑子里只能听见我说话，听我说话”、“你现在觉得很舒服和安静”、“你现在觉得有点想睡觉，想睡觉”、“睡吧，慢慢睡吧”……

催眠术基本的流程就是这样，会让被催眠者把注意力集中在某一点或某一事物上。学习催眠术也是需要花费很大的一番苦功夫才行的，只有专业的催眠师才能催眠人，一般的人是很难把人催眠的，我们不用担心催眠术会被大肆滥用。

催眠术（hypnotism）源自希腊神话中睡神 Hypnos 的名字，指的是一种运用暗示等手段让受术者进入催眠状态，从而产生神奇效应的法术。有些心理学家认为，催眠术打开了人们通向潜意识的大门。不可否认的是，催眠术能够产生神奇的力量，人处在催眠状态下很容易接受暗示和行动，会作出一些平日里完全不会去做的举动，因为那个时候，大脑甚至身子开始不由自己控制。比如让一个克制严肃的人去疯狂地表达自己的感情，去向爱人说“我爱你，你不要离开我”、对孩子说“你很乖，很棒，我非常爱你”等等。

人之所以为人，是因为人有强烈的个体意识，不会轻易被他人的简单言语所控制。但在催眠术中，人们突然发现自以为骄傲的个体意识很容易臣服于他人的简单暗示。这就好像你家里那台看起来漂漂亮亮的电脑，在正常运行的背后，有一个很明显的漏洞，如果有人恶意的把病毒软件打入你的电脑，病毒就从那个漏洞里钻进了你的电脑系统，你的电脑系统就会把正常的指令和病毒的指令混淆，最后你的正常指令失去了控制。

催眠术如果能够进行正当地科学研究和运用，也不失为一种进步。比如治疗自闭症儿童的时候，可以通过催眠术了解他内心的症结，深刻剖析他发病的原因，根据病因对症下药，防止病情的恶化。

当然，你要知道你是不那么容易被催眠的。世界上只有10%-20%的人很容易接受催眠，10%的人完全不能接受催眠。而一般比较喜欢想象、经常做情节生动的白日梦、想象力丰富、容易沉浸于眼前或想象中的场景、依赖性强、经常寻求他人指点的人比较容易被催眠。从这个方面来看，催眠术确实和意识有比较大的关系，催眠术首先是让人们的自我意识放松，解除自我保护的戒备，再将另外的意识注入被催眠者的意识中，相互融合，使被催眠者的意识能够成为自我意识的一部分。

第五章 心理学这样解读职场

“朝九晚五”，工作是上班族一天生活中举足轻重的主要内容。纷繁偌大的职场世界不仅有着繁重的工作任务，还有着复杂多变的人际关系。有的人深谙职场法则，左右逢源，如鱼得水；而有的人一路上吃了不少苦头，在职场中磕磕碰碰，慢慢磨练自己，成为真正的职场达人。有时，你有可能是孤身奋战；而有时，你也会与团队同仇敌忾，互相影响。你既是勤勤恳恳的下属，又是慧眼识珠的领导者、张弛有度的管理者。在职场上，男性和女性各司其职，优势互补，相得益彰地打着配合仗。在这个竞争日益激烈的社会，职场如战场，硝烟四起，你做好参与职场心理角力的准备了吗？

用“鲶鱼效应”激发你的活力

什么是“鲶鱼效应”?

挪威人喜欢吃沙丁鱼，尤其是活沙丁鱼，因此市场上活沙丁鱼的价格要比死鱼高许多。所以，渔民总是千方百计地想办法让沙丁鱼活着回到渔港。虽然经过种种努力，绝大部分沙丁鱼还是在中途因窒息而死亡。但有一条渔船总是能让大部分沙丁鱼活着回到渔港，船长严格地保守着秘密。直到船长去世，谜底才揭开。原来，船长在装满沙丁鱼的鱼槽里放进了一条以鱼为主要食物的鲶鱼。鲶鱼进入鱼槽后，由于环境陌生，便四处游动。沙丁鱼见了鲶鱼十分紧张，四处躲避，加速游动。这样一来，一条条沙丁鱼活蹦乱跳地回到了渔港。这就是著名的“鲶鱼效应”。

“鲶鱼效应”对于“渔夫”来说，在于激励手段的应用。渔夫采用鲶鱼来作为激励手段，促使沙丁鱼不断游动，以保证沙丁鱼活着，从而获得最大利益。在企业管理中，管理者就是“渔夫”，管理者要实现管理的目标，同样需要引入鲶鱼型人才，以此来改变企业一潭死水的状况。

“鲶鱼效应”对于“沙丁鱼”来说，在于缺乏忧患意识。沙丁鱼型员工的忧患意识太少，一味地想追求稳定，但现实的生存状况根本不允许沙丁鱼有片刻的安宁。“沙丁鱼”如果不想窒息而亡，就必须活跃起来，积极寻找新的出路。

“鲶鱼效应”是企业管理的一个必使绝招。一成不变的企业人才和企业环境往往缺乏活力，不利于企业的发展和进步。明智的企业管理者深知事物是变化发展的，只有改变，才可以激发企业的活力，激发企业员工的积极性和创造性。

为企业的员工添加强劲的竞争对手，与之争夺有限的职位和工作，能够最大程度的激发员工的斗志，使员工充满战斗力，精神饱满地对待工作和公司。

对于员工来讲，“鲶鱼效应”带来极大的危机意识，对员工本身来讲也是有利无害的。一个好的榜样或者竞争对手，能够使自己充分意识到自身存在的缺陷和弱点，虽说“人无完人，金无足赤”，但是不断地完善自己，使自己的能力和水平不断提高，也是实现个人人生价值和目标的意义所在。因此，当面对鲶鱼型优秀人才时，作为公司的一员应该保持着一颗欢迎和学习的热忱之心，向优秀的人学习、取经，让危机意识不断激发自己的潜力和活力，努力为自己争取一席之地。

职场中也有“马太效应”

《圣经》中“马太福音”第二十五章有这么几句话：“凡有的，还要加给他叫他多余；没有的，连他所有的也要夺过来。”

“马太效应”一词来自于圣经《新约·马太福音》中的一则寓言：一个主人在远行前，叫来了他的仆人们，把他的全部家业交给他们管理，并按照各人不同的才干，分给他们不同分量的银子。其中一个奴仆领了五千，一个奴仆领了两千，一个奴仆领了一千。那领了五千的奴仆随即拿去做买卖，另外赚了五千。那领了两千的奴仆，也照样另赚了两千。但那领了一千的奴仆，去掘开土地，把主人的银子埋藏了。

过了许久，主人回来了，然后找他们过来算账。领了五千银子的奴仆，带着另外赚了的五千银子过来，告诉主人说：“主人，你看，你交给我五千银子，我利用这五千银子又赚了五千。”主人说：“很好，你是一个又善良又忠心的仆人。你在这种小事上就很忠心，那我以后会把更多的事务交给你来管理。这样子你可以享受一下做主人的快乐了。”那领了两千的奴仆过来说：“主人，你看，你交给我两千银子，我用这两千银子又赚了两千。”主人说：“很好，你是一个又善良又忠心的仆人。你在这种小事上就很忠心，那我会把更多的事务交给你来管理。这样你也可以享受一下做主人的快乐了。”最后，那领了一千的奴仆，也过来说：“主人啊，我知道你是个没有多少钱的人，没有田地和庄稼可以收割，也没有借出去的账目可以去收敛钱财。所以我就害怕，于是就把你给的一千银子埋藏在地里。请看，你的原银还在这里。”主人回答说：“你这又蠢又懒的仆人，你既然知道我没有田地可以收割，没有账目钱财可以聚敛。就应当把我的银子放给兑换银钱的人，等到我回来的时候，就可以连本带利收回。”于是主人夺过第三个奴仆的一千两银子，交给了那个目前已经有一万的奴仆管理了。

这就是著名的“马太效应”，指的是强者越强，弱者越弱的赢家通吃的自然现象。这与适者生存的自然竞争法则是一脉相承的，弱者越来越弱，逐渐就失去了竞争的能力，最终也会被淘汰。马太效应揭示了一个不断增长个人和企业资源的需求原理，也是影响企业发展和个人成功的一个重要法则。

社会心理学家认为，“马太效应” 是个既有消极作用又有积极作用的社会心理现象。积极作用是鼓励人们越来越努力去不断提升自己，一个人只要努力，让自己不断地变得更加强大，那么就会越来越强，而不至于被公司和社会淘汰；消极作用是指“马太效应”成为大多数不具有毅力的人逃避现实拒绝努力的一个很好的借口，过早地承认了自己的不足。

在职场中“马太效应”同样存在，一个高端的人才往往更加努力，积累得也更多，也就更加能够获得成功和进步，产生一种积累优势。而对于没有天赋的人来讲，只要态度端正，不断努力，也能够获得积累优势，取得成功。而懒惰且不思进取的人则最终要被职场淘汰。

办公室情绪也会相互传染

职场中有各色各样的人，大家在交流时往往很容易产生情绪效应。“情绪效应”是指一个人的情绪状态可以影响到对某一个人今后的评价。尤其是在第一印象形成过程中，主体的情绪状态更具有十分重要的作用，第一次接触时主体的喜怒哀乐对于双方关系的建立或是对于对方的评价，可以产生不可思议的差异。与此同时，交往双方可以产生“情绪传染”的心理效果。艰涩的理论描述让人迷惑，下面用一则口耳相传的小故事来告诉我们：

一天早晨，有一位智者看到死神向一座城市走去，于是上前问道：“你要去做什么?”

死神回答说：“我要到前方那个城市里去带走100个人。”

那个智者说：“这太可怕了!”

死神说：“但这就是我的工作，我必须这么做。”

这个智者告别死神，并抢在它前面跑到那座城市里，提醒所遇到的每一个人：请大家小心，死神即将来带走100个人。

第二天早上，他在城外又遇到了死神，带着不满的口气问道：“昨天你告诉我你要从这儿带走100个人，可是为什么有1000个人死了?”

死神看了看智者，平静地回答说：“我从来不超量工作，就像昨天告诉你的那样，只带走了100个人。可是恐惧和焦虑带走了其他人。”

恐惧和焦虑可以起到和死神一样的作用，这就是情绪效应。美国密西根大学心理学教授詹姆斯·科因的研究证明，只要20分钟，一个人就可以受到他人低落情绪的传染而情绪沮丧起来，这种传染过程是在不知不觉中完成的。在社会交往中，个人情绪对他人情绪有着非常大的传染作用。

在办公室中，不良的情绪更加容易传染。当群体中有一个人产生了懒惰情绪，那么会让其他人也产生慵懒、想放弃的情绪。而且工作压力过大的人可能把积压在心中的怨闷向其他人倾泻，把这种消极的、不好的情绪转嫁给他人。我们经常会看到医院里的护士莫名其妙地向病人发火，而本无过错的孩子会平白无故地遭到父母的数落甚至打骂。这种消极的、火药味很浓的情绪是会传染的，它会给周围人带来连锁反应。这种愤怒情绪会在企业内部形成“内循环”，污染周围的人文环境。

在企业的经营管理中，压力传染的危害同样不容忽视。企业的各级管理者，感受到压力之后，往往不自觉地把自己内心的压力传染给被管理者，使他们也感染上压力。这就是领导总是习惯呵斥、指责下属，而受到责备的下属往往会对上级领导心生怨恨，不肯通力合作的原因。如此一来二去，管理者与被管理者之间的压力相互传染，这样会越来越强化压力，并使压力原因复杂化。在管理者与被管理者的压力对抗中，时间、精力、机会、激情都被内耗掉。加拿大曾做过裁员后的员工心理调查，发现经过一场裁员后，幸存者的工作绩效水平以及组织归属感都不如从前了，他们同样也在为自己能否保住饭碗而担惊受怕。

因此，当企业面临重大的调整或严峻的考验时，往往会自上而下弥漫着一股紧张不安的情绪。员工无心工作，忙于互相打听或是传递各种小道消息，这些没有根据的小道消息像长着翅膀的小瘟神一样，飞过每一位员工的心头，随时可能制造更大的麻烦，为企业的处境雪上加霜，甚至会导致企业出现混乱。所以，对于企业的管理者而言，有时候封锁消息以免造成人心惶惶也是不可避免的。

当然，优秀的企业管理者会格外关注企业内部的情绪和氛围，并且能够适当地调整整个企业的情绪，使员工在积极向上的企业文化氛围中不断努力上进，主动为公司贡献出自己的一份力量。

身处职场要避免“温水煮青蛙”

“青蛙效应”源自19世纪末美国康奈尔大学的一次著名的试验：他们将一只青蛙放在煮沸的大锅里，青蛙触电般地立即窜了出去。后来，人们又把它放在一个装满凉水的大锅里，任其自由游动。然后用小火慢慢加热，青蛙虽然可以感觉到外界温度的变化，却因惰性而没有立即往外跳，一直在舒适的水温中悠然自得。直到后来水的温度加热到青蛙难以忍受的程度时，却已经心有余而力不足，因为失去了逃生能力而只能被煮熟。

因此科学家经过分析认为，这只青蛙第一次之所以能“逃离险境”，是因为它受到了沸水的剧烈刺激，于是使出全部的力量跳了出来。第二次由于没有明显感觉到刺激，这只青蛙便失去了警惕，没有了危机意识。它觉得这一温度正适合，对自己来说并没有什么危险。然而当水烫到无法忍受时，它才感觉到严重的生命危机，但是已经没有能力从水里逃出来了。

这其中最为明显的寓意便是：对于太舒适的环境，我们要有一种警醒意识和忧患意识，任何人和事都不可能是一帆风顺的，看似优越的生活往往极有可能蕴含着巨大的危险，风平浪静下的危机四伏，其实最是令人措手不及的，所以我们要时刻谨记“福兮祸所伏”的古老格言。所以说，大环境的改变能决定你的成功与否，但有时候大环境的改变是潜移默化的，大多时候是你觉察不到的。

因此，在职场中我们要警惕“青蛙效应”。企业竞争环境的改变大多是渐进式的，如果管理者与员工对环境的变化没有敏锐的察觉，最后就会像这只青蛙一样，被煮熟、淘汰了仍不知道。一个企业若只满足于眼前的既得利益，沉湎于过去的胜利和美好愿望之中，而忘掉逐渐形成的危机，看不到失败一步步地逼近，最后会像青蛙一般在安逸中死去。

一个人或一个企业应居安思危，适时宣扬危机，适度加压，使处危境而不知危境的人猛醒，使放慢脚步的人加快脚步，不断超越自己，超越过去。“青蛙效应”带给我们的不只是防范意识、道德操守等方面的警醒，也给职场上、生活中的我们以启迪——对于好的习惯、好的心理状态、好的生活态度，我们要潜移默化地带进生活的方方面面；而对于一些不良现象、不良习惯等，我们一定要防微杜渐，防止其从量变到质变。

太舒适的环境往往蕴含着危机。习惯的生活方式，也许对你最具威胁。要改变这一切，唯有不断创新，打破旧有的模式。必须时时注意，多学习，多警醒，并欢迎改变。

为什么我们都怕星期三

对大多数人来说，星期一是回到工作岗位的第一天。但多数人其实并不恨这一天。一项国外的最新研究显示，星期一可能是一周中最令人放松的一天，而星期三却是职场白领们最害怕的一天。从心理上分析，我们越来越把星期一当作一周的开始，往往从这一天开始，我们就需要从一个繁忙或休闲的周末中恢复备战一周的体力，并积极制订一周的工作计划，所以这一天人们往往是充满激情和斗志的，这么看来“星期一抑郁症”好像已不存在。

而星期三处于一周中最中间的一天，职场白领们在这一天往往精力和能量已经明显下降，但是距离周末还有两天，似乎离悠闲的休息日还遥遥无期，而星期一和星期二堆积下来的工作还需要处理，因此这一天是人们最有心无力的一天。

而星期三却也是人们最想发泄购物欲的一天。购物商城发现，一周七天中，星期三是最容易冲动进行网上购物的一天，相反星期六却是网购最理智的一天。当网民在购物网站看到一件有意思的产品，如果这天是星期三，那他经受不住诱惑下单的可能性会比周六高出57%。此种现象被称作“星期三网购瘾”。

有趣的是，根据调查发现，70%的女人也坚持认为星期一不是最糟糕的一天，她们最不喜欢星期三。因为她们的能量水平在这个工作日下降，同时感到家庭和办公室内还有许多工作没有完成。心理学家霍尼·兰吉卡斯特·詹姆斯表示：“在一周的中间感到情绪下降是十分普遍的。这个时候，女人常常开始觉得要做的事太多，希望一周赶快过去。因为她们意识到没有取得预期成绩，一周开始时的高昂情绪和乐观精神到星期三开始减弱。这使女人感到毫无生气。”

相比之下，女人觉得星期一是放松和精心装扮自己的完美一天。约60%的女人期待着星期一晚上的到来，因为这时她们可真正放松，这也是女人在探望家人和朋友、做家务事以及参加社会活动的忙碌周末后，唯一拥有的完全属于自己的时间。

然而，也有科学家发现尽管星期三是人们最疲惫的一天，但却是最适合寻找爱情和要求涨薪的一天。经过调查发现，在8000名单身者中有40%的人表示，这天是第一次约会最理想的日子。如果一切顺利，在星期五下一次约会之前，你还有一整天的准备时间。如果不顺利的话，你还可以安排周末去见见朋友，而不用一个人顾影自怜。同时这一天，你向老板要求涨薪也比较适合，很有可能成行。对超过1500名的英国高层的调查显示，老板们在星期三接受涨薪要求的可能性最大。星期一，他们得忙着准备这一周的计划和处理周末收到的邮件。而星期四和星期五，他们正在考虑周末的安排而最可能拒绝你的要求。

星期三，真是让人“又爱又恨”呀！

面试官拉家常到底是要探听什么

“你在学校遇到的最委屈的事情是什么？”

“在你的学习和工作中，你觉得最让你尴尬的事情是什么？后来你是怎么化解掉这个尴尬的？”

“你和你家人的关系怎么样？多久给你妈妈打一次电话？”

“你有男朋友了吗？你们以后打算往哪里发展？”

“如果你工作了，会不会马上结婚？结了婚是不是马上要孩子？”

看完以上这些问题，或许你能猜得到，这是在面试过程中面试官有可能会问到的问题。有些问题似乎是在闲聊，是家长里短的琐碎事情。可千万不要以为，这是面试官为了缓和气氛而在跟你乱扯。这可是HR在放松你的警惕，在悄悄探查你的真实面貌，让你在最不经意间“露出马脚”，这样试图通过观察你对生活中事物的处理，来真正全面地了解你。

有些面试官很会从这些拉家常长中看清楚一个人的性格、处理问题的能力、看待问题的角度等等，因为简历只代表一个人的过去，有时是夸张了美化了的，并不能真正代表这个人是不是真的做了具体的工作，有的学生只是去摆摆桌椅就说是参与了晚会的策划和协调。跟一个人聊天，是最好的也是最直接的了解一个人的方式，尤其是聊一些平常普通的事情。很多时候，HR设置这样的问题，并不是要窥探你的隐私和日常生活，而是看你怎么去应对这些平常的琐事，是为了考察应聘者的反应能力和人生观、价值观。

如果站在面试官的角度来考虑问题，问一些私人的问题是十分必要的。比如涉及男女朋友关系，以及结婚生育等问题，这关系到企业人才的稳定性，是相当关键的。比如“有没有男朋友”、“打算什么时候结婚啊”等问题。其实HR并没有窥探他人隐私的意思，有些工作岗位的设定需要特殊的时间，可能会影响到休息和娱乐时间，如果求职者能够理解HR设置问题的初衷，将自己的个人工作打算包括如果加班，会怎么样处理自己和男女朋友之间的关系，处理突发的情况等告诉面试官。求职者如果认为涉及隐私，也可以选择不回答，直接拒绝，这也不失为一种表现尊重自我的性格。

还比如会问求职者“有没有生孩子的打算”、“准备什么时候生孩子”，求职者不必觉得问了这些问题就受到性别歧视，HR更看重的是这个求职者对于未来的职业规划和生活安排的态度和看法。毕竟每个适龄结婚生育的女性求职者都会经历这些阶段，这是不可避免的，HR比较关心的是求职者对于个人私事的态度和处理的方法是否得当，以此来考察求职者是否适合工作岗位的需要。

求职者要能够站在HR的角度换位思考，将回答问题的重点放在表现自己对于包括生育等个人大事在内的生活节奏与职业规划的把握，向公司和单位表明并不会因为自己的私事而打乱工作节奏，自己能够把握住工作和生活的定位，两个都不会耽误，更加突出自己的个人能力，提高自身与岗位的契合度和竞争力，尽量地展示出自己的优点，自信、大方，用人单位也会眼前一亮，被你打动的。

为什么越成功的人越容易郁闷

我们敬佩那些个人能力强的人，好像他们不论做什么都能够手到擒来，成功的光环总是眷顾着他们。但大家知道吗？能力强的人更容易得抑郁症。科学研究表明，越是思维活跃、自信心强的学生，或是受人追捧、身价百万的成功人士，他们的心理压力越大，越喜欢把自己不好的一面藏起来，从而更容易受到“隐形抑郁症”的困扰。越成功的人，越容易孤独、郁闷。

我们时常会听到各种成功人士自杀的消息。如湖南常德一位千万富翁在自己的商店中上吊自杀，2008年9月8日韩国演员安在焕自杀。不过一个月，韩国“国民女星”崔真实自杀的消息再次让人们震惊。从演员李恩珠开始，到演员郑多彬、歌手U-Nee以及同年10月4日自杀的变性艺人张彩苑，6日自杀的金智厚，就像传染病一样，一个接一个的明星自杀事件近期在韩国接连不断地发生。究其原因，抑郁症是这些影视明星背后的隐形杀手。

为何这些衣食无忧的成功人士们要走上绝路自杀呢？原来成功人士更容易郁闷，也更容易患上抑郁症。有一类成功人士拥有着充沛的精力，而且似乎不知疲倦、坚韧顽强，但是精力旺盛型的人往往也会长期处于一种非常轻微的躁狂状态，稍一过度就会不满意自己及周围的人和事，更加容易郁闷。另外一类成功人士是那种为人谦和、做事沉稳、坚定意志的人，他们往往情感细腻，内心感情丰富，但不易向外人透露心声，性格较为内向，思虑过多。这是种偏向悲观的人格特征，遇事容易往坏处想，顺境时悲观情绪被掩盖起来，但在逆境时就容易发生重型抑郁。

成功的人士往往思维敏捷、精神焕发、雄心勃勃，但有时候也会陷入另一个极端，表现为沉默寡言、犹豫不决、萎靡不振、终日愁眉不展、甚至悲观抑郁。他们往往看上去乐观积极，实际上却在心里埋藏着一颗定时炸弹——“隐形抑郁症”。他们可能内心十分痛苦，但人前却表现得心情平静，甚至面带微笑。这样更加加剧他们的痛苦和郁闷，因为他们无法向他人倾诉自己的痛苦。没有人会一直是个开心果，没有人能够一直顺顺利利、没有痛苦，成功人士也不例外。这样就不难理解，为什么越成功的人却越容易郁闷，甚至自杀结束自己的生命。

所以对于那些外表光鲜、但压力巨大的职场精英和成功人士，应当给予理解，不能在他们倾诉的时候泼冷水，要理解他们只是喜欢将自己的“弱点”隐藏起来，应帮助他们分散工作压力。所谓的成功人士，也只是我们生活中的平常人。

职场中的“名片效应”

在职场交往中，少不了“名片”。然而，这里要说的“名片”，并不是纸质的名片。

“名片效应”指的是要在很短的时间内，使对方倾听并接受你的观点、态度，要让对方对你产生认可，那么你就要站在对方的角度，了解对方的经历，把对方与自己视为一体。比如在交往之初，向对方传达一些他们所能接受或者熟悉的观点或思想，对方喜欢篮球并且打得很好，可以以篮球比赛或者球星作为切入点，然后将自己的观点和思想慢慢、悄悄地渗透进去，使对方产生一种印象，似乎我们有共鸣，我们有相近的思想观点，我们是互相了解的，从而很快缩小与你的心理距离，更愿同你接近，结成良好的人际关系。这就是所谓的名片效应。

在职场中，这种讨巧的方式屡试不爽。曾经有一位求职青年，应聘了几家单位都被拒之门外，他感到十分沮丧。走投无路的他，只好抱着最后的一线希望到一家公司应聘。但是在此之前，他受到一位老人的启迪，要站在对方的角度想问题，找到打动对方的点。于是他花了很多功夫去打听那个公司老总的人生经历。功夫不负有心人，他竟然意外地发现这个公司老总以前也有与自己相似的经历。于是，他如获珍宝，在应聘时与老总畅谈自己这段时间坎坷的求职经历，并且感叹自己怀才不遇，没有地方可以发挥自己的才华，实现自己的人生价值。果然，他这一番肺腑之言让老总想到自己以前的困难时光，博得了老总的赏识和同情，最终录用了他。

在进行人际交往时，如果想要建立良好的人际关系，“名片效应”不失为一种好的办法，可以事半功倍。比如先在交际过程中谈论一些对方感兴趣的话题和事物，引起对方的注意，再慢慢引导话题的开展。如果一开始就表示不能理解对方，那么有可能会让对方感觉到你与他没有什么共同话题，你们之间似乎也没有继续交往和交流下去的意义，那么这个交往将会大大缩短，甚至不了了之。

但是，在交往中只是一味地依附他人的观点，是远远不够的，这会给人一种“阿谀奉承”的小人感觉。因此，当你逐渐掌握交际节奏后，可以适当地寻找时机，恰到好处地向对方“出示”自己根据“名片”打造出的自己的真实“名片”，这样会更加容易获得人们的真心和认可，从而达到和谐处理人际关系的目的。

记住所有员工名字的唐骏

在中国，你记得住员工的名字，能够当面唤出他们的名字，他们会感受到你对他们的尊重。

唐骏之前是微软中国的总裁，在他刚开始掌管微软中国的时候，花了大量时间去背诵员工的中英文名字。因为唐骏说：“在中国，你叫得出员工的名字，记得他的生日，他会感到受到了尊重。如果在中国像美国一样理性，员工会感觉太生硬，缺乏人性的感召，不会按中国人的方式为你拼命。”因此在微软任职期间，唐骏能随口叫出一千多名员工的名字，然后对他们温和地微笑。

一天晚上，唐骏在公司的电梯里，遇见了一位带着女朋友参观公司的工程师。唐骏主动打招呼：“David，最近你们的项目做得如何?”第二天一早，唐骏便收到了这位名叫 David 的工程师的邮件。邮件中说，总裁让他在女朋友面前很有面子，女朋友觉得自己的男朋友在公司里很重要，总裁居然关心其负责的项目。邮件的最后，David 发自肺腑地表示，今后他一定会更加努力工作，不辜负总裁的期望。记住员工的名字，是唐骏一个非常好的习惯，也是他在职场独特的生存之道。

其实很多成功学家早已看到“记住别人名字”的重要性了，比如成功学大师卡耐基。卡耐基在自己的著作里讲到：一次，卡耐基去拜访吉姆·法莱，问他有什么成功秘诀。他说：“努力工作。”卡耐基说：“您别和我开玩笑了。”于是他问卡耐基：“你认为我成功的因素是什么?”卡耐基回答道：“我知道你可以叫出 1 万人的名字。”“不，不。你错了，”他说道，“我能叫出 5 万人的名字。”千万不要小看这一点，正是这种能力，才使得吉姆·法莱帮助富兰克林·罗斯福进入了白宫，当上了美国总统。吉姆·法莱早年就发现，普通人对自己的名字总是最感兴趣，如果能记住一个人的姓名，并且能随口就叫出来，那么对这个人来说就是一种巧妙而有效的恭维。假如你忘了或叫错了某个人的名字，你就会处于很不利的地位。

唐骏之所以这样做，就在于他认识到企业管理中人才的重要性。在情义成分很浓的中国，员工更希望看到管理者的投入，包括工作与感情，这样才有共甘苦共患难的感觉。因此，企业管理者对待员工要以员工舒服的方式来对待他们，站在他们的角度理解他们，充分认识人才的可贵性。

对于一个企业来说，作为一个管理者，对人力资本的关注和开发管理也是提高企业效益的一种高效方式。因为人力资本是能够为企业带来经济回报的投资，当回报的效益超过了成本，资本就创造出真正的价值。对员工进行投资培训、奖惩以及激励，都能有效提高员工创造价值的潜力。

如何让人心服口服

人才是一个企业的根本力量，如何行之有效地管理人才，是企业得以进一步生存和发展的重中之重。如今80后、90后的员工越来越多，对于管理者来说，这些极富个性、追求自由的年轻人更加不好管理，他们从小接受的信息十分丰富，再加上学习地不断加深，他们对待公司的管理另有一套理论和方式。如何管理员工，让员工心服口服地为企业效力，这是一个值得深思的问题。

作为领导者，在员工面前树立威信固然重要，但是作为一个管理者，还应该从自我做起，以身作则，德才兼备，以能力征服员工，以道理说服员工，以高尚的品德感化员工。联想集团CEO杨元庆就是这样的人。有一次，在两天高强度的培训后，杨元庆组织联想高级经理们写一份个人改进行动计划表，刚开始大家只花了10分钟就写好了，而杨元庆花了较长的时间填写了自己的个人改进行动计划表，并逐条解释给大家听，让大家明白填写这个计划表的实际意义。于是，很多学员开始要回自己的计划表，但这时杨元庆又说了："这两天大家辛苦了，很紧张，就不用在现场重写了，回去后认真思考填写好上交就行。"两周后，每位参加培训的经理都交上了让杨元庆满意的个人改进行动计划表。杨元庆用同理心和员工们一直同在，使员工们感到自己做事应付，感到羞愧，进而心服口服地转变观念。

用诚心和温暖来打动人心，领导者主动尊重和关心下属，时刻以员工为本，多点"人情味"，多注意解决下属日常生活中的实际困难，使下属真正感受到管理者给予的温暖，说不定更能使下属心服口服，一心一意地"听话"，更加努力积极地主动用心工作。

1930年初，全球经济危机爆发，世界经济低迷。绝大多数厂家都在缩小业务规模，减少生产，裁员、降低工资，导致大量的工人失业。松下公司也受到市场不景气的影响，销售额大大减少，公司商品堆积如山，资金周转不灵，既无法支持公司维持生产，也无力支付员工的工资。但是松下幸之助并没有裁员，而是采取了一个令人意想不到的措施：一个员工都不辞退，由于产品堆积，因此在生产上实行半日制，但是工人的工资仍然全天支付。与此同时，他也要求全体员工利用剩余半日的闲暇时间去推销积压的商品。不到3个月，员工们就把积压商品推销一空，松下公司不仅顺利地渡过了危机，还得到了员工们的信任，提高了公司的凝聚力，松下幸之助也赢得了员工们的一致赞颂。

二战结束以后，松下公司经营十分困难，而且当时占领军要惩罚为战争出过力的财阀，包括松下幸之助。松下电器公司的工会以及代理店却联合起来，上街游行请愿解除对松下财阀的惩罚，参加人数竟达到几万人，数量之庞大令占领当局意外，第二年五月，占领当局便解除了对松下财阀的指定。如果不是松下幸之助时时以人为本，处处为员工考虑，尊重、爱护员工，又怎么能让自己和公司摆脱此次厄运，绝处逢生呢？

男女搭配为什么效率高

俗话说，男女搭配干活不累，这句话在职场中是有一定道理的，有专家做过相应的调查，调查结果显示有80%的男性和75%的女性更愿意与异性一起工作，而且通过对一些工作组合进行调查发现，在很多时候男女搭配确实可以提高工作效率。

心理学研究也证实，有男女共同参加的活动，较之只有同性参加的活动，参与者会更愉快，更有干劲，表现也更出色，这就是“异性效应”。此外，“异性效应”还存在一个最低比例，研究称，在一个集体中，异性人数的比例不能少于20%，否则就会降低效率。那么为什么男女搭配能够提高工作效率呢？

心理学认为，男性和女性在职场心理上有很大差异，如果男女搭配工作可以将这种心理上的差异发挥出最大的作用，大多数男性都喜欢在异性面前表现自己的能力和担当，所以与女性在一起工作往往可以激发男性更大的表现欲和征服欲，使其愿意主动去承担更多的工作，也会使工作效率有明显提高；女性在工作中最大的心理问题就是缺乏安全感，调查显示在与男性一起工作时，女性的安全感会有所加强，使其在工作的时候可以放开手脚，最大限度的发挥自己的能力。

同时，“异性相吸”，对异性容易产生好感是人和动物的天性，在视觉或者听觉上受到异性的刺激，往往容易引起兴趣，同时也可能会改善心情。而且，异性更能够站在对方的角度想问题，考虑对方的难处，包容对方的不足与缺陷，互补的性格可以使工作氛围变得轻松、愉悦。另外，不管是男性还是女性，在职场中如果能够得到异性的赞扬都会在心理上得到极大满足，从而减轻工作的压力和身心疲惫对内心的影响，提高工作效率。

男性和女性的优势互补也有助于工作的进行。比如男性逻辑思维、体力状况和动手能力一般要比女性强，而女性则具有思维缜密、细心等优势，男女搭配的时候如果都可以将自身的优势发挥出来自然可以提高工作效率。但是现在有很多私企认为女性在很多工作中都有一定弱势，而且需要比较多的假期，所以常常对女性存在一定歧视，这样其实是不明智的选择，因为女性的优势在任何一项工作中都能有所体现，而且还可以体现出男女搭配的效果。

手势里面也能暗藏玄机

挥手、握手、绞手、搓手、叉腰，每一个不起眼的微动作都暗藏玄机，手势里隐藏着神奇的心理秘密。文学大师托尔斯泰在他的长篇小说《怪人》中有这样的描述："当人们还过着半野兽似的生活时，他们总是打着手势，发出一些声音，做出表示危险或好感的信号……这些手势的作用和声音结合在一起，并且从声音中产生出词汇，最后才产生出有联系的人类语言。"按照托尔斯泰的说法，在人类获得语言之前，处在半兽人时代的人类祖先是用手势、声音、肢体动作等身体语言交换信息、进行交流的。

这是源于远古时代的无语言肢体交流。类人猿还没有学会直立行走，更没有发展出语言，他们只有通过肢体动作来进行相互的交流。比如说"招呼"这个词的来源和意思。一个人想让同伴到自己这里，于是他对同伴做了一个招手的动作，对方没有看到，他就呼喊起来，对方抬头看看他却没有理解他的意图，接着他不停地招手、呼喊，直到对方来到自己身边才停下来。如此反复多次，招手和"请你过来"联结到一起，从此之后，小伙伴们用招手的方式呼唤对方。

身体语言也是人类沟通、交流的一部分。现代心理学家发现，当面对愉快、悲伤、蔑视、愤怒、厌恶、惊讶、恐惧等情绪时，全世界人的表情反应都非常相似。不管是亚洲的黄种人、非洲的黑种人、欧美的白种人，还是生活在原始森林里的部落族人，都有着相似的表情。这大概是人类起源之初，还没有语言时所使用的共同肢体语言吧。直至今天，肢体语言还被全球的人们所广泛理解，这就是为什么不懂外语的人，到了国外也能够正常生活。也正因为肢体语言能够被全世界的人接受，在无声电影时代，喜剧大师卓别林有趣的无声表演，才能被世界各地的人们所理解和欢迎，甚至在广袤的非洲大地也不例外。

但是，随着后天生长环境的改变，世界各地的肢体动作所表达的内容在逐渐的演变中发生了变化，暗含着本国本民族的特殊意义。其中，文化因素对肢体动作暗含的意义影响比较大，因此相同的肢体动作在不同地区意义可能出现巨大差异，甚至完全相反，这是很常见的现象。

比如，中国、日本、美国等国家的人用点头这一动作表示赞同，尼泊尔、斯里兰卡和爱斯基摩人点头则表示反对和批评；在信仰伊斯兰教的地区，人们用右手吃饭，用左手拿脏东西，如果你用左手触碰当地人的身体，比如伸出左手握手，则会被看作侮辱性的行为。由于文化上的差异，人们对肢体动作的不同理解，常常会闹出不少笑话，让人不明就里地陷入尴尬的境地。所以，弄明白手势里暗藏的“玄机”，“入乡随俗”，明白不同民族和国家的手势文化差异，能够避免误会和尴尬，更好地体会当地的文化。

走路蕴含的性格密码

你知道吗？在我们日常生活中看似非常微小的细节，却蕴含着奥妙，从某个方面讲，它可以看出一个人的性格，比如说大家的走路姿势。走路是我们每天都要做的事情，就像呼吸一样平常。走路有什么玄机呢？不同的走路姿态，总是能够折射出不同的人不同的性格特征。

步伐平稳的人，稳重踏实，不急不躁，已经度过了浮躁的时期，开始注重现实，精明稳健，不好高骛远，凡事三思而行。不轻信人言，重信义诺言，是可以信赖的人。

而步伐急促的人大多属于急躁的性格，多见于精力充沛的年轻男青年，他们不论有没有急事，都步履匆匆，当然这样的人做事明快而有效率，遇事不会推卸责任，喜欢面对各种挑战。

昂首阔步走路的人，往往会给人一种目中无人的感觉。确实，这类人往往以自我为中心，凡事靠自己，自信甚至自负，因此对人际交往比较淡漠。但是这样的人通常也有自信的资本，他们一般都思维敏捷，做事有条有理，富有组织能力和领导能力，有魄力和气概。这类型的人在星象学上通常为狮子座的人，他们有可能始终保持自己的完美形象，不轻易认输和气馁。

步履整齐，双手规则摆动一般都是军人所为，他们走路的时候速度都会比较快，而且双手五指伸得笔直。这样走路的人往往意志力很强，具有严格的组织和纪律性，不容易受到诱惑和外物吸引。但是他们同时也固执执拗，甚至武断独裁，在爱情上显得太过于一本正经，不够浪漫，缺乏生活情调。

性格懒散的人走路步伐一般都比较随便，没有什么固定的规律。有时双手插进裤袋里，双肩紧缩，有时候只将一只手插进口袋，另外一只手任意摆动，或者将双手伸开，随意摆动。这种人达观大方，洒脱不羁，慷慨有义气，但有时会浮夸，不老实，不负责任，总带有点花花公子的味道。

斯文的人走路也有自己的特征，往往速度比较慢，双足平放，手臂自然摆动，五指自然微微弯曲。这种人自律保守，缺乏远大理想，但遇事冷静沉着，不易发怒，待人宽容，和蔼可亲，与这样的人相处没有压力。

还有一种踌躇不定的走路姿势，这样的人通常举步缓慢，踌躇不前，左观右望，躲躲闪闪，畏畏缩缩，好像前面布有陷阱似的。这种人胸无大志，软弱，逢事严格考虑，交友谨慎，喜欢独居生活，工作效率很低。但是这样的人没有害人之心，在情感上憨直无诡，较为重感情。

女性走路的姿势有一种是款款摇曳型，这样的人多数为人坦诚热情，心地善良，容易相处。而且，她们善于利用和发挥女性的娇柔和体贴的性别优势，在社交场合永远是中心人物和聚光灯的焦点，颇受男女老少的欢迎和喜爱。

电梯间的尴尬与谎言

乘坐电梯已经成为人们日常生活的一部分。虽然电梯一关一开，一上一下没有多长的时间，但是一旦进电梯后，就会觉得时间过得很慢。这时，大家或是低着头，或是抬头看天花板，或是时刻盯着跳动的数字看，抑或是查看手机。即使是在公司内部乘坐电梯，如果不是和熟悉的人一起，会发现一旦进入那个相对狭隘的空间，大家都不约而同地不再说话，气氛总有一丝尴尬。在电梯中遇到领导和老板，更是让白领们觉得十分尴尬。

从心理学角度来看，这与空间的密度有关。在封闭狭小的空间里，人们往往会觉得不安。因为人与人之间有一个交际距离，存在一个个人空间，所以每个人在与他人交往中，都要使自己身体与他人身体保持一定的距离，这样才会感觉到安全。1959 年，E.霍尔把人际交往的距离划分为 4 种：第一种是亲昵距离，保持在 0–0.5 米之间，如爱人之间的距离；第二种是个人距离，保持在 0.45–1.2 米，如朋友之间的距离；第三种是社会距离，保持在 1.35–3 米之间，如开会时人们之间的距离；第四种距离是公众距离，保持在 3.5–7.5 米之间，如讲演者和听众之间的距离。

而在电梯中，这些安全距离的规则都遭到了破坏，因此会引起人们的不适和尴尬。在电梯里，人们甚至会主动说谎，因为在电梯里往往做不到保持一臂的距离，不自然的人们会通过谎言来掩饰自己的紧张和不安。

有社会心理学家专门研究了人们在进电梯时，如何选择站立的位置。一般而言，当我们走进电梯时，如果电梯没有人，我们会选择站在按钮旁边；当进来一个人之后，两个人却会神奇地各选择一个角落站立，一般呈对角线，因为这样两人之间的距离最大。当第三个人进来之后，又会无意识地形成三角形，第三个人站到电梯中央、对角线的中点；当第四个人进来之后，一般会四个人各站一个角……总之，当电梯每次开门增加人数，每个人都会移动一下自己的位置，试图与他人保持更大的距离。

在电梯中，陌生人之间保持适当距离也是一种相互谦让和尊重的表现，而当我们在狭小封闭的环境里与陌生人相处感到不自然时，可以暂时回避这种关注，转移自己的目光，来平衡自己的尴尬。即使在电梯中遇到上级领导或老板，不卑不亢地打招呼，不过分冷淡、不过分热情，保持微笑，也未尝不是理想的短暂相处模式。

第六章 心理学这样解读经济

在应用社会心理学中有一个重要的分支，叫作经济心理学。一切的行为都是发自心理的，可以说，经济活动也是在一定的经济心理基础上发生和进行的。对于经济学人士来说，心理学或许也是他们的必修课之一，因为有时他们喜欢巧妙地通过心理学游戏来达到一系列经济效应。2015 年的中国股市，可谓是“沧海桑田一瞬间”，大红大绿的涨跌现象反反复复，考验着人们“想赢不怕输”的炒股心理，更是让人们看到牛市和熊市之间，有时只是一步之遥。而在日常生活中也处处埋藏着各种“陷阱”，我们更需要擦亮眼睛，看透商家们所谓“低价”和“买一送一”、“买三送二”的销售搭配背后的经济学秘密。

当经济学遇到心理学

当经济学遇到心理学，碰撞出知识的火花，孕育出经济心理学这一应用社会心理学分支。在个体及群体的经济活动中，普遍存在着可以窥探的心理现象和心理规律，比如超市和百货商店所揣摩的营销心理学、风云般变幻莫测的股市投资心理学、企业家们的慈善心理学、消费者购买商品和服务的消费心理学……小到个人到楼下买一片口香糖，大到商家为吸引更多的消费者制定营销策略，甚至国家制定公共政策和拨款投资计划，这些林林总总的社会财富现象，都与心理学有着千丝万缕的联系。

经济学不仅仅只涉及到货币、财富之类，还暗含着有迹可循的心理学选择和决策。经济心理是指在经济刺激和经济行为背景下，社会、文化和心理构成的财富观念、公平观念、风险的承受力、个人的效能感等等。比如，金钱对于每个人的意义不同，有的人认为“有钱能使鬼推磨”，而有的人则“视金钱如粪土”，因此他们获得金钱之后的心理感受也不同，有的人花得小心翼翼，有的人挥金如土。当损失金钱后，大多数人是痛苦大于快乐，所以在这种心理下，有人抱着“破罐子破摔”的想法，更愿意去冒险，想要通过冒险重新获取失去的金钱，赌博心理就是如此。

所以说，在面对经济问题时，有时候人们会被一些经济学假象所迷惑，丢失了看透事物的理智，而仅仅用直觉来主导自己的经济行为。如从众心理，看到排队长的队伍，人们会觉得那么多人排队，那家的面包应该会比较好吃。而这只是经济心理学假象，有时候只是那家店员效率比较慢，而大多数人都在盲目地排着队。

比如在最近的股市上，当股市价格一跌再跌时，人们纷纷惊恐地抛售清仓，造成股市动荡和恐慌；而当股市形势一片大好时，人们盲目地大量购入，趋之若鹜，忘记了股价已经远远超出其本身的价值，此时购入面临着巨大的风险，所以当股价瞬间跌落时，他们往往措手不及，这就是为什么股市会经常出现“买涨不买跌”的现象。

“君子居易以俟命，小人行险以侥幸”，君子对待钱财平心静气，安守本分地遵循客观规律，“以待天命”，不奢求迅速地大富大贵；而小人却始终抱着侥幸的投资心理，冒险行事，妄图获得意外之财。所以，对于财富和金钱，要像君子一样踏实地做事，而不要像小人那么冒险莽撞。

理财师为什么这么抢手

在地铁和公交车上经常能够看到，白领们拿着手机看着今日的股市行情，“今天××股跌得好厉害”，“看看明天×××股会不会上涨”诸如此类的讨论已经不再陌生。在银行购买基金的人也在不断增多，“买基金比买股票安全一些”。随着经济的发展，人们的物质财富在不断增长，对于手中富余资金的管理和再次投资的需求也在不断上升。

虽然物质财富在不断增长，但是生活成本也在不断加大，尤其是买房、就业和教育都需要大量的钱财，人们在生活中面临的各种不确定性微风险也大大增加，因此为了让手中的余钱越来越多，实现资金的再次投资和利用，人们投资理财的需求不断上升。然而，如何进行理财，很多人对此一头雾水，由于缺乏专业的指导和清晰的认识，导致盲目投资的股票和基金都被套牢，苦恼不已。

如今，理财已经成为一种群众化需求。但是，照目前来看，我国个人理财市场和商业机构，远远不能满足人们的个性化理财需求。目前，我国国内个人理财市场已超越570亿美元，并以每年10%-20%的速度快速增长，但是得到专业管理的资金却不到10%。如此庞大的理财市场，竟没有一个专业的理财师队伍与之相匹配。

可以说，由于缺乏专业的指导，虽然普通百姓的理财观念在不断发展和进步，但是面对众多的金融产品和投资渠道，往往还是举棋不定。一个理性规范的理财市场，至少应该是一个专业的金融理财师对应三个家庭的理财规划。按照目前的理财市场来看，中国金融理财师远远不够，算起来足足有20万人的缺口；而注册特许财务策划师的人才缺口，则达到300多万。

理财师是一个专业性极强的职业，不仅要有股票、基金、债券和外汇等专业知识储备、娴熟的投资理财技巧、丰富的理财经验，还要有广阔的视野和随时把控国际国内金融形势的综合素质。然而，目前我国国内院校还无法培养出足够数量的专业理财师，再加上理财市场越发炙手可热，理财规划师的供需矛盾越来越明显，那些能够提供“量身定制”理财服务的专业金融人士同样也越来越抢手。

理财师的工作压力不大、待遇优厚、独立自主性高、市场需求大，这样的“金领”职业，将成为未来人们追求的目标之一。

牛市到熊市的一步之遥

2015年，中国的股民如同乘坐过山车一般，在惊悚中惶恐地度过了不太平的半年。股民们开始明白，在风云变幻的股市中，牛市到熊市仅仅一步之遥；“熊市里赚的钱牛市里全赔光了”、“涨了涨了，涨停了”、“跌了跌了，全部都跌停了”。2015年的股市，只剩下股民们飘忽不定的辛酸。

牛市和熊市，是经常出现在股票市场的两个词。牛市，是指股票市场上买入者多于卖出者，股市行情看涨。当股份企业盈利开始增多，而且国内经济形势较好，发展趋势良好，且处于繁荣时期；再加上银行鼓励资金流入市场，利率下降；同时出现了新兴产业且没有通货膨胀；人们手上有富余的钱财可以用来投资，这时候人们往往会选择把钱投入股市。因此，股市价格会逐渐上涨，牛市出现。

熊市与牛市相反。熊市是人们不乐意看到的，这时股票市场上卖出者多于买入者，股市行情看跌。当股份企业盈利状况不好时，或者国内经济发展形势不好都会引起人们对股市的畏惧和恐慌，纷纷囤积钱财，自然流入股市的钱就大大减少，导致股市价格下跌。在股市的世界里，牛市和熊市是瞬息万变的，往往让人措手不及。有的股民从之前满仓踏空转为满仓跌停套牢，从不赚钱变为亏钱；有的股民瞄准时机，从满仓套牢到清仓赚满，大获牛市之利。然而，股市风云变幻莫测，死抱、频换和追高都是股民们牛市亏损的主要原因。“大盘快冲上3200点了，我的股还躺在2300点”。买入的成本很高，却遭到价格下跌，一路狂跌到成本价以下。股市冰火两重天的现象越来越明显，明明股市指数在上涨，可是股民的账户浮盈却在缩水。

很多股民进入股市，却看不懂行情，不会理性选股，所以单纯跟着热门板块走，“物极必反，月满盈亏”，追高买进去的股民们是不理智的，所以当股价大幅下跌时，一下子就从牛市进入熊市，那些在早盘接近涨停的位置买入，一般都会亏损。

有些股民方向判断正确，在牛市时却十分惶然，担心市场方向会扭转，早早收场离去，赚得很少；而在判断错误，造成亏损时又心慌意乱，不知所措，反而静待观察，不够果决，不舍得抛售离场，结果陷入股市泥潭，无法自拔，损失越来越大。

在股市中，犹豫不决，缺少市场远见和敏锐判断力，都很容易陷入熊市的旋涡。股市有风险，投资需谨慎。

经营股票，怕输的不会赢

股票市场可以随时上涨或下跌，“玩股票玩的就是心跳”，股民需要练就这样的心理素质：面对越是惊险越是变幻的情况，心跳就要越加平稳。这样的高抗压力和稳定的心理素质，能在其他股民慌乱时，认清投资的方向，获得大满贯的先机。比如很多股票到达了低位，跌无可跌，有了买入或补仓的机会，将现金投入，等待反弹的良好时机再出手；在满仓时，能够理性对待，不是一味加持，而是等候最佳时机，进行抛售减仓，合理地控制住现金回收。

大多数人不但没有足够聪明的长远眼光发现好的购买时机，在价值低估的时候迅速买入，而且也没有足够的耐心去等待，往往容易急躁，患得患失。有的人看不清一直在变幻的形势，等到自己手中的股票跌了40%–50%时，才意识到要赶紧抛售，却又在想会不会回升，在等待和彷徨中错过了良好的时机，得不偿失。

所以，在股市中最重要的是把持自己、战胜自己。对于有实力的投资者来说，熊市也可以成为价值投资者的春天。经营股票，想赢就要有不怕输的心理素质，要有从熊市坚持到牛市的坚韧和顽强。

在交易市场，人云亦云。有的股民看到在好的市场形势下别人说“短线看空”，就有可能瞬间慌了神，马上跟着别人走，一股脑全部卖清，而全然没有自己的想法和思路；经常会出现“高价买入，低价卖出”的现象，亏损无数。没有自己的独立意识，炒股是炒不好的。成功的交易者大都有着一套独特的交易系统，不会人云亦云，而是完全跟着自己的思路独立交易。

“想赢不怕输”自然说的是这种坚定的自我心理，不受别人扰乱，不会在盈利的时候自信爆棚，被胜利冲昏了头脑；也不会在亏损的时候气馁、沉迷，左顾右盼。优秀的股民，会适当地调节自己的心态，沉着地寻找机会，抓住行情大幅拉升或下跌的机会，抢先下手。

“想赢怕输”的投资心理，畏畏缩缩，只会导致赢时赢得少，输时输得多。

冒牌LV为什么那么贵

LV是著名品牌Louis Vuitton的简称。LV产品手提包、鞋帽、配饰甚至高级珠宝等，LV品牌下的所有产品以品质卓越、创意时尚以及精湛的纯手工工艺著称，因此LV品牌的产品十分昂贵而且限量出售，不是普通家庭能够消费得起的。所以，它已经成为奢侈品、有钱甚至上流社会的一个识别符号，也是时尚和身份的象征。古罗马的法律中有一项关于人们服装的规定，即人们的服装必须符合身份和地位。在日常生活中人们普遍认为什么样的阶层标配什么样的饰品，从一个人的服装打扮就可以判断出一个人身份的高低。于是人们认为，背得起LV包包的人定然非富即贵，在社会群体中的身份比较高级，是人们艳羡的对象。

所以，为了让周围的人对自己产生羡慕和尊重，很多人对LV趋之若鹜。但是对于一般的普通人来说，是买不起真正的LV的。而在这个“中国制造”的大生产背景下，品牌也是可以复制的。所以许多人抵挡不住LV自带的光环和诱惑，没有经济能力买到正品LV，从而转向“山寨版”的LV。于是，满大街开始出现许多真真假假的LV。但是我们却发现，冒牌的LV竟然也不便宜，甚至比普通品牌的包包要贵很多。

冒牌LV为什么会这么贵？冒牌货即使不是正牌，但是对于备受迷惑的人而言，其产生的外部信号如“我是贵族”、“我有钱”等效能还是存在的。冒牌LV是冒着LV的品牌名字，而LV品牌的影响力很大，所以当虚荣心在作祟的人们对冒牌LV穷追不舍的时候，它就具有了一定的背后品牌价值。即使是冒牌LV，人们也可以通过它来显露和证明自己的地位，这时候冒牌LV已经不仅仅是一个假冒的商品，而是一个披着LV品牌文化的伪造品，已经具有了一定的虚伪品牌作用。

当然，从心理学上讲，这也是国内畸形的奢侈品购买市场所导致的。人们往往不吃不喝地攒钱，去购买超出他们经济承受能力以外的东西。当实在没有办法做到时，他们就会转向“假冒伪劣”的市场。这实际上是害怕跟不上别人，害怕被人看不起的扭曲心理在作怪。也反映出当前我国经济社会中的一种变态的价值观。

属于高格调的LV虽然在国外也很受追捧，但更多的是因为它的品质和背后的品牌内涵，而目前中国市场已经占了LV全球销售的50%左右，可见我国国民对其热衷程度。这种满是LV的LOGO印花已经成为假冒LV的重要标志之一。正是人们虚荣、高调、夸耀的心理带动了冒牌LV市场的形成和壮大，也造成了冒牌LV价格居高不下的后果。

买冒牌LV的人渴望通过表象来得到别人的欣羡，来体现自己的能力和人生价值。但适得其反，真正懂得品牌的人只会对这种行为嗤之以鼻。虽说“男人看表，女人看包”，但经济能力是有限的，经济状况并不能决定你的审美阶层，漂亮的外在固然重要，但不是必要的。

你看得出谁是商务内奸吗

那些夸张的商务内奸不仅仅出现在电视中，而且切实地发生在我们的生活中。如，经常报道的某网站遭到黑客攻击，事后调查证实实际上是公司的内鬼所为；或者某企业的老员工，通过非法手段获得原公司的商业秘密并成立一家新公司，以低廉的价格抢走原公司的老客户，使原公司经济利益遭到重大损失。

市场资源和客户都是有限的，同类企业之间存在着激烈的竞争。“优胜劣汰”的生存法则，让每个企业都有着自己独特的生存之道和秘密武器。然而，员工为了一定的经济利益盗取并掌握了公司的商业秘密，将这个秘密高价卖给竞争对手，或者自己成立与原公司相同类型的公司，来争抢客户；甚至有的竞争对手专门安插商务内奸，挖空心思来骗取上司和老板的信任，挖走企业秘密和客户名单，摸清企业的发展方向，赢得竞争的优势。如2013年，美国零售商Target的信息系统“被黑”，被窃取了大约4000万名客户的资料和信息。

这些商务内奸防不胜防，泄露了企业的商业机密，给企业造成极大的伤害和损失，所以内鬼的存在一直都是企业管理者十分忌讳的事情。那么，这些“披着羊皮的狼”的商务内奸长什么样呢？

根据已有的经验，有的内鬼甚至有可能是企业的模范员工，又或者是企业中掌握核心技术的员工，或者是掌控关键的营销渠道的员工，因为这些人最有能力损害企业利益，企业的千里之堤，有可能溃于“网”穴。

商务内奸当然知道企业肯定会通过安装能识别反常行为的软件、监控电子邮件来防范内鬼盗取信息，因此他们往往会选择打入员工内部，一点一点地收集信息。比如当一个男性员工很留意企业内部的八卦，找人喝茶聊天，东问西问，那么他很有可能是一个内鬼。因为男性通常没有那么多心思来关注这些八卦琐事，除非他“别有所图”。

而有时候商务内奸是自己产生的。比如，员工会认为自己付出了很多，却没有得到企业的尊重和认可，比如升职和加薪上都没有得到满足。所以员工面对来自外界的诱惑，会选择铤而走险。甚至有时候员工发现自己将要被解雇，也会将怨恨以破坏公司的方式发泄出来。曾经有一家企业重组需要解雇一部分员工，信息科技部门的一位员工知道自己即将被辞退后，黑了公司的信息系统，造成公司的严重损失。

因此，打击内鬼最好的方式就是尊重员工，让员工充分感受到企业对他们的重视。一个企业如果有让员工不讨厌的老板，获得下属尊重和认可的上司，以及轻松自由的工作氛围和环境，让员工充分体会到实现自身价值的乐趣，和他们对公司的重要性，他们还能成为内鬼吗？答案想必是否定的。

所谓的“低价”真的便宜吗

在商场、超市，我们经常会看到许多标榜着“低价销售”、“换季打折”的商品，“仅售59.9元”……这些“低价”的商品看上去很便宜，通常都会聚集着一群人在选购。殊不知，这不过是商家卖弄的小伎俩，而很多人都被迷惑了，反而在这些看似便宜的商品上花了更多的钱。

我们很容易被我们的眼睛所迷惑，比如分量完全相同的两份菜，一个拿小碟子装，一个拿大碟子装，但是我们却会觉得小碟子的分量更多，而大碟子的远远不足，因此更愿意购买小碟子中的菜。在生活中，我们经常会作出错误的决策。在炎热的夏天，我们会去肯德基或麦当劳买蛋筒冰淇淋，因为觉得它们的冰淇淋满满地堆在蛋筒外边，看上去很多，非常值，而实际上我们两三口就可以把它们消灭掉了。

人们总是非常相信自己的眼睛，看到“低价”就觉得真的是低价了，聪明的商家就善于利用人们的这种心理，制造“看上去很便宜”的效果。仔细一想，沃尔玛的“天天低价”实际上还不如楼下的小商铺便宜。

一年一度的 11 月 11 日已经不再只是年轻人爱过的“单身节”，而已经成为电商们火拼的“双十一消费节”。而细心的人们会发现，好几个月之间收藏的商品竟然在双十一那天并没有如期望般的降了半价，只是稍微降价或者丝毫不变，甚至提升了价格。原来，狡猾的电商在“双十一”正式来临前的一段时间里便将商品大幅度提价。然而，在“双十一”那天，电商们仍然大获全胜，每一年的“双十一”都创造了消费的新纪录。

商家们可谓深谙“要让消费者认为占了商家便宜”的爱占小便宜的心理，经常用价格错觉来迷惑消费者。比如尾数定价法，从心理学角度分析，人们通常认为奇数比偶数小，因此消费者们通常会觉得 39 离 30 更近，而不是离 40 更近，所以会觉得 39.9 元的东西比 41 元的东西要便宜很多，而实际上这只有 1.1 元的差距。所以在商场或市场上，很多商品的零售价格尾数通常为 9，这样标价的东西能够营造出一种便宜的错觉，销售会相对比较快。

因此，作为消费者，面对商家的价格诱惑我们更加需要擦亮眼睛。“天上没有掉下来的馅饼”，“物有所值”，有些低价的商品要么是已经过期要么是即将过期，要么是有破损、不合格，过于低价的买卖有时候甚至是欺诈。

卖场人员为什么要拍掌喊口号

在商场选衣服，或者连锁店选择饰品的时候，经常会听到领头的店员先拍掌喊一句口号，剩余的店员也会跟着一起拍掌喊着口号。虽然有时候听不清楚他们在说什么，但是还是能够体会到那种为之一振的振奋精神。

在大型的卖场更能够经常听到这种拍掌喊口号的方式，这既是针对销售人员的鼓励方式，也是通过喊口号让消费者看到店面的服务精神，更能让消费者通过口号了解产品品牌。因为销售人员所喊的口号，大多是根据品牌来命名的。

适当的口号，能让时而忙碌时而悠闲的卖场显得有秩序有活力。拍掌喊口号的方式，让销售人员在一整天的工作中减少疲劳感，提高销售工作的热情、激情和积极性。因为销售是个压力十分大的行业，通过喊一定的口号可以进行自我催眠，缓解压力还具有提神醒脑的效果。

这种拍手喊口号的活动方式对销售很有帮助。在销售队伍中，往往喊口号最响亮的销售人员业绩最好，他们能够完成规定任务量的95%，而有些人只能完成规定任务量的50%。当然在口号的影响和带动下，这50%的人也会被氛围所感染，自然而然地也会激励自己付出更多的努力，朝着未完成的业绩而不断奋斗。

从心理学上看，内向的销售人员更需要这种集体的拍手喊口号来消除内心的羞涩感和紧张感。这是帮助他们突破自己的第一道坎的有力武器，作为销售人员，要在陌生人面前表现自己，就必须抛弃害羞不敢说话的缺点，要拥有能扛得住任何眼光的审视并泰然处之的心理素质，所以拍拍手、喊喊口号都能够带领销售新手入门，通过这种方式慢慢锻炼出不再害怕表达、乐于沟通的能力。

同时，在销售的过程中，销售人员每天都在面临不断的拒绝，所以这种为自己鼓掌为自己喊口号加油的自我激励方式，对于提高销售人员的自信心也是十分重要的。销售是团队作战，一起拍手喊口号的集体行为，能够给销售人员带来团队归属感，这么多人一起努力也能让销售人员不那么气馁。因此，不仅在销售卖场有这样的拍手喊口号活动，在餐馆、理发店这样员工较为聚集的场所，也经常用这种方式来提高员工的积极性，端正工作态度，提高为消费者服务的工作热情。

当然，拍掌喊口号的度也是需要把握的。过多不仅会使消费者觉得吵闹、心烦，也会让销售人员觉得过于繁琐。

企业家喜欢情感投资

三国中刘备仁义道德，深得众多将士的爱戴和拥护。熟悉《三国演义》的朋友应该都会记得刘备摔阿斗的故事。长坂坡之战时，曹操的军队来势凶猛，刘备的军队陷入重重包围。骁将赵云为了保护好刘备一家老小，拼死冲杀，七进七出，最终救出包围圈内的刘备之子阿斗。可是当赵云将阿斗呈交给刘备时，刘备却将阿斗丢掷在地上，生气地骂道："都怪这个小子，几乎要害死我的一员大将!"赵云听了十分感动，连忙抱起阿斗，向刘备表示愿意肝脑涂地来报答刘备的爱将之心。

刘备真的舍得摔阿斗吗？爱子如命的刘备未必如此。不管是不是出自真心，刘备通过摔阿斗，不但收买了赵云誓死追随主公的心，还让在座的文武将士看到他爱护将士的用心，对统一军心十分有利。刘备没有强大的作战能力，但他却是一个十分优秀的领导者，因为他懂得情感投资。

“将我所有的工厂、设备、市场、资金全部夺去，但只要留住我的组织人员，4 年之后，我仍然是一个钢铁大王。”美国钢铁大王卡内基如此说道。人才是企业家们格外重视的对象，人才是一个企业发展的源泉和动力。现代市场竞争亦如古之兵战，企业家们深谙“用材之道”，他们惯用的一个方式便是如刘备般的情感投资。

管理心理学研究表明：温馨友爱、和谐欢乐的集体环境，会使人更加愉悦、兴奋和上进，也更容易看到生活的美好，懂得相互尊重、理解和容忍；反之，则容易使人迷茫、悲观和消极，甚至会出现反叛的情绪。

因此现代企业管理者，应该明白对于下属和职工的情感投资是十分必要的。这也是为什么领导喜欢以心换心，跟下属聊天，关心下属的私生活，他们希望在现实经济生活中，能够使员工切实感受到企业的魅力和人情味，这样才能调动员工的积极性，招贤纳士，稳住人才。农民工企业家陈华瑞总是以农民工的利益和困难作为出发点，“新员工必谈，受表彰或处分员工必谈，工作调动员工必谈”、“员工生病住院必访，天灾人祸必访，生活困难必访，思想波动必访”，陈华瑞坚持用“三必谈”、“四必访”来为员工营造家的温暖，而员工们也始终感念陈华瑞的用心和贴心，和他一起把公司管理好。

情感投资也是企业家们投资的一部分，他们睿智的眼光看到人心向背的深层道理，懂得用“心”去换来一颗忠诚的心，减少公司优秀人才的流动和损失，也不失为一个万全之策。

家具配套出售的秘密

在商场中，家具大多是配套出现的，比如饭桌配饭椅、沙发配抱枕、沙发配茶几、床配床垫、床和床头柜……步入宜家的客厅销售区，在一套客厅展示体验区会有醒目的字眼："一个完整的客厅只需要 2599 元"，整个客厅一一配置了沙发、机柜、茶几、书柜、书桌、折叠椅；到了卧室区，宜家通过配套出一个体验式卧室来告诉你："一个崭新的卧室只需要 2760 元。"如此低廉的配套价格，总是让人觉得占了大便宜，于是蠢蠢欲动。

这就是商家家具配套出售的秘密。通过不同家具的配套，让消费者感觉到配套购买会以最低的价格获得更大的优惠。为此，商家们还总是以"惊喜回馈，多买一件就减"、"买得越多，送的越多"的宣传来获得消费者的青睐。如买 1000 送 200，满 1000 减 200 等。

同时，家具的购买，需要与家装整体样式、颜色保持一致，因此商家通常考虑到消费者懒得再次寻找搭配，往往会给出售的家具配套。然而，这个配套是十分有技巧的。比如一个好的床架，往往配的床垫却是不好的，这样才可以使整套的价格降下来，使消费者感觉到实惠。有的消费者为了避免再次去寻找、购买与主要家具配套的家装，出于省事的心理，就将就着购买了商家配套的相同系列的家具。

所以，消费者是否真的以最物美价廉的价格，购买到自己心满意足的商品，这是值得考究的。奚凯元教授曾经做过这样的一个餐具实验。有一家家具店正在清仓大甩卖，有两套餐具比较引人注意。其中一套餐具总共 24 件，分别有8个菜碟、8个汤碗和8个点心碟，而且每件都是完好无损的。另外一套餐具一共有40件，其中24件与前一套正好相同，也是完好无损的；此外，这套餐具还有8个杯子和8个茶托，其中2个杯子和7个茶托是破损的。在人们都没有拿这两套餐具做比较之前，他们愿意为第一套餐具支付33美元，却只愿意为第二套餐具支付24美元。

这样的结果让人觉得意外，但又觉得情有可原。虽然第二套餐具明显比第一套多出了6个好的杯子和1个好的茶托，但人们在潜意识里还是认为第一套餐具是完整的，因此愿意支付的钱比较多；而第二套餐具因为遭到破损，是不完整的一套，属于残次品，因此人们愿意支付的钱比较少。其实，人们支付给第一套的钱是不划算的。如果我们拆开来看，就会发现，事实上我们并没有获得多大的实惠，反而被商家蒙蔽。比如，以次充好，将分散的商品重新组合在一起，把价格抬高一倍，再写上打折处理大甩卖，反而一下子就把东西卖出去了。

给“天价商品”一个正解

市面上的商品无奇不有，“天价商品”更是屡见不鲜。同样一瓶水，康师傅纯净水最低仅售一元钱，而来自美国田纳西的大云雾山的一瓶矿泉水竟然要800元。卖这么高价，自然是限量销售，这瓶800块的矿泉水，不仅在瓶身装饰着施华洛世奇水晶的手工艺品，还在封瓶口的木塞中镶嵌着施华洛世奇的水晶，如此与众不同自然十分昂贵。

天价的商品经常出现在奢侈品中，比如一个包包，也就几块布拼接缝合在一起，可是有的手提包只卖几十块钱，而有的却可以卖这几千几万甚至几百万，比如LV、Dior、爱马仕等等大品牌。奢侈品牌衣服、精致的化妆品也是如此。这天价的背后是什么呢？到底是不是物有所值？为什么会有人去消费这些天价商品？

首先要说的天价商品，就是所有奢侈品种类永远最热门的包包。LV、GUCCI、CHANEL、BALENCIAGA等世界奢华名牌的手提包、眼镜以及时装为什么会如此贵，原因很简单，这些品牌独特、限量，因此其稀缺、珍奇的特点标签之下富含了财富品味和身份地位的象征。《欲望都市》里有句台词说："当我拥有Birkin的那一天，就是我真正出人头地的一刻。"Birkin只是售价约10万块的爱马仕旗下的传奇包包，可想而知那些天价包背后的更高的地位象征了。

"使一个产品稀缺难求，你可以卖出天价"，这是GUCCI的格言。事实上，这些天价商品的生产价格并不是太高，高的是他们的设计、高的是他们的"物以稀为贵"。大多的天价商品是限量的，高价位和稀有的供应量，使天价商品的"奢侈"分量更加大，就像800元的水，要搭配施华洛世奇的水晶才够格。

对于消费者而言，最好的材质、最好的手工、最好的广告、最好的店面这些都不是"天价商品"真正的意义所在，意义在于其背后的附加值和情感消费。这些天价商品提供给人们的不仅仅是满足生理需求的物质利益，还有满足心理需求的精神利益。

"花钱买感觉"，"天价商品"为富裕、空虚的消费群体，提供了无可厚非的精神利益，让消费者找到感情的寄托、心灵的归宿。所以说，"天价商品"给人们带来的不仅是高贵地位的象征和不羁的个性表现形式，还从感觉上满足了这些消费者试图对尘嚣世俗的排遣和解脱，从而使人得到一种情感上的补偿。

饭局上那个抢着买单的人

饭桌文化是典型的中国传统文化之一，很多事情都是在饭局上办好的，甚至很多友谊就是在饭局上建立起来的，一顿饭吃开心了、吃舒服了，对谁都好。所以，当一个合作谈不下去时，就会建议搁置争议、暂停协商，先去就餐。而往往大家吃个饭回来，事情就都好办了。轻松的吃饭氛围能够有效缓解矛盾，拉近彼此的距离，增进交流和相互了解。

因此，在中国的饭局中，规矩很多，比如买单。中国饭馆的服务员早已对抢着买单的行为司空见惯——每次吃喝尽兴后总会有好几个人同时喊着要买单，甚至有时候为了买单还闹翻脸。当然也有人趁着上厕所的时候，或者在吃饭的中途找借口出去，悄悄提前把饭局的单给买了，大家言笑尽欢。

这些喜欢在饭局上抢着买单的人，一类是家底殷实、真正不在乎钱财的人。他们大多性格爽快，与朋友交往的方式，总是带有点“花钱买朋友”的感觉，跟朋友之间的聚会、活动等大都是他们主动掏钱买单。这样的人用豪爽和仗义为自己赢来了友谊，为自己事业的发展带来广阔的人脉。

而另外一类人则抱着自己买单，让别人欠人情的心态。“吃人嘴短，拿人手软”，这类抢着买单的人利用饭局效应向别人略施小惠，赢得他人的好感和信任。现代心理学研究表明，情感是一种双向交流的心理现象，有所给予才会有所获得。在饭局上抢着买单的人正是充分运用这种情感交流机会，慢慢积累别人的好感，为自己储备人情，试图在有需要的时候能够获得他人的帮助。

随着社会节奏的加快，人们没有闲暇时间谈恋爱，相亲已经成为男女双方认识和交流的一种方式。长期以来男方买单天经地义，有一次武汉的卢小姐与一位高富帅相亲约会，卢小姐由于受不了对方驾豪车请她吃法式大餐时的盛气凌人和大男子主义，自己抢先结账后扬长而去。而如今，在相亲中也越来越多的女性自觉掏腰包，不愿意给对方造成一种女生占便宜的感觉。你看，经济的独立和人格的自尊有时候也会让人“揭竿而起”，抢着买单。如果在相亲或约会的时候，遇到女性主动抢着买单，千万不要觉得自己丢脸，反过来看这也是对女性的一种尊重。

慈善家们的菩萨心肠源自哪儿

在生活中我们看到，许多大企业家对慈善事业十分热衷，与政府联合开设了许多捐赠机构和公益基金，摇身一变成了慈善家。比如比尔·盖茨呼吁美国企业家捐助一半家产给慈善事业。俗话说“无商不奸”，作为企业家的慈善家们果真如此“大公无私”，善意十足吗？他们的菩萨心肠源自哪里呢？

不可否认，有的人确实是因为一种“穷则独善其身、达则兼济天下”的信念，支撑着他走向慈善，并以慈善为乐；但是，也有人是因名利的需要而进行慈善捐助的，甚至有的人是以一种赎罪的心态来做慈善的。很多人还有着中国传统的思想，“善有善报恶有恶报”，认为做善事就是积德行善。同时，心理学上认为做善事者虽然在物质上失去了金钱，但是获得了快乐。

心理学研究发现，就一个个体而言，金钱与快乐之间存在一定的关系，但这种关系不是一种线性的关系，而类似于一种抛物线。在个体赚钱开始的阶段，金钱改善了生活环境，提高了生活的品质，这时金钱是能给人带来欢乐的。但是随着金钱越来越多，物质生活极丰富的个体不再能感觉到金钱的累积带来的快乐，这时花钱会给人带来快乐。因此，对于那些企业家而言，到金钱不是问题的阶段，金钱也很难给自己带来快乐了。所以他们往往通过花钱做慈善，将自己的金钱送给别人花，以这种方式给自己带来快乐。从这一层面上看，对于那些从追求金钱到追求幸福的企业家而言，从企业家到慈善家是他们最终的宿命。

不管是出于什么样的心理和目的，不管慈善家的菩萨心肠源于哪里，慈善家们的善行在社会造成的影响是十分巨大的。慈善家们一方面通过自己的努力，让企业为社会创造价值，另一方面通过自己提供金钱为社会排忧解难，这样的举动毫无疑问是有益无害的，是值得我们肯定的。2008 年汶川大地震中，许多有能力的企业家们出钱出力，为灾区人民无私地捐赠数以万计的物资，如矿泉水、饮料、帐篷等。除此之外，他们在灾后也提供了大量资金让灾民们重建家园。

网络炫富，炫的只是财富吗

26 岁华裔女孩 Dorothy Wang 在网上大胆炫富，持续走红。她将继承价值 40 亿美元、中国最大的零售商之一的一家公司。她住在“全世界最尊贵住宅区”——比弗利山庄，经常在网上晒奢侈品、顶尖美食、精品派对甚至私人飞机，一度在网上走红。

不知何时开始，国内网上炫富的风气已经蔚然成风。“朋友圈里晒得都是土豪”，在网站、微博、论坛、贴吧，每天晒出自己的名车、名包，似乎已经成为网络时尚，受到年轻人的追捧。当然这些炫富行为，大多集中在年轻的“富二代”、“炫富女”、“跑车男”等人身上，新闻也喜欢用“炫富”、“富二代”、“豪车”来吸引人们的眼球。

在当今贫富差距如此之大的中国，明目张胆地炫富，只会带来无数的谩骂和责难，每一次有人网上炫富，不论真假，都有成千上万的人在后面炮轰，甚至人肉、诋毁、抹黑。然而为什么他们还是对炫富乐此不疲呢？

根据一项调查显示，大多数人认为喜欢炫富主要是虚荣心在作怪，当然也有很多人认为他们是为了炒作，比如“郭美美”。炫富引来的众多吸引力似乎正中了有些 “炫富女”的下怀，用社会的谩骂来赢得更多的关注，她们就有可能会“红”。她们往往通过这种现象背后的商业炒作，利用人们猎奇、评判的心理来制造更多的话题，达到自己的炒作目的，提高自己的知名度。

然而，炫富的人整天在网上斗富，会使社会风气越来越浮躁，给青年产生不好的示范效应，并且有可能会诱发大众的仇富心理。从心理学上看，“网络炫富”其实是自卑心理在作怪，是源于心灵的空虚，是心理不成熟的表现。

网络炫富的人大多集中在25-35岁之间，他们不需要过多的努力就获得富裕的生活和随心所欲的物质条件，尤其是“富二代”，他们没有固定的职业，无法通过工作的途径来获得满足感和别人的关注。在现实生活中，他们生活在自己的小圈子里，得不到别人的尊重，甚至有时候觉得自己是自卑的。

因此，他们把这种需求扩散到虚无漂渺的互联网中，通过在网上晒自己的车子、房子、衣服等等来获得点击率的快感和满足感。从心理学上看，他们通过炫富来达到生活中所缺少的尊重，甚至试图在攀比的过程中获得一种心理的满足感和认同感。其实透过现象看本质，网络炫富者，炫的并不是财富，而是自己深藏在心的孤独，是那份获得人们尊重和认可的渴望。

金钱不是区分人与人阶层的象征，我们不仅仅要做物质上的真正巨富者，而且要做精神上的“富人”，那才是真正的“伟人”。

作为“网络观众”，我们也应该正确对待“炫富”行为。对于这种明显心理不成熟的网络炫富，大可不必过度关注，要以平常心对待。金钱是必须的，但是不能以金钱来划分人，单单拥有金钱的人是空虚的，所以他们才会炫富。我们需要做的，应该是精神上的富足，而不仅仅是财富上的富裕。

第七章
心理学这样解读爱情

爱情，是人类永恒的话题；恋爱，是我们必修的课程。在恋爱这个课堂里，有的人是“优等生”，寻得最珍贵的感情；有的人是“差等生”，一直在寻寻觅觅；而大部分人是“中等生”，在爱情这片海洋中沉沉浮浮，尝尽爱恋的甜蜜与辛酸，慢慢明了恋爱中的百般滋味，最终遇到那个对的人，过上幸福而又平凡的生活。

一见钟情时大脑里发生了什么

一见钟情是卓文君和司马相如席间四目对视，琴瑟倾诉之间笃定对方，最终私奔；一见钟情是柳梦梅与杜丽娘月下偶遇，良辰美景之下私定终身；一见钟情是几百年前罗密欧与朱丽叶不顾家庭仇恨誓死坚持在一起……一见钟情不仅发生在远古时代，也发生在我们日常生活之中，甚至有些人只见一面就确定对方就是自己要找的人，几天之后便闪婚了。

一见钟情到底为何物，为何能够让人变得似乎“不太清醒”，曾有人这么描述一见钟情：“当你看到那个人，大脑瞬间空白，整个世界都安静了，你会自觉屏蔽周围的事物，好像全世界只剩下你和她两个人，你能看到他/她身上带着神圣的光环，觉得眼前的这个人就是自己一直苦苦寻觅的那个人，甚至这时候全身上下都有触电的感觉。”

让人如痴如醉的一见钟情真的那么神奇吗？不可否认，一见钟情所产生的身体反应和心理反应来源于我们人类内在的力量。从心理学来说，一见钟情的发生并不是随意的，事实上，奇妙的一见钟情只不过是你的梦中情人在现实中出现了！

一见钟情这样的事情并不会发生在所有人身上，有些人更喜欢细水长流的感情，而但凡能够一见钟情的人，其实心中早就有了一个爱慕者的理想形象，而刚好碰上了几乎是百分之百相似的人，于是在他们之间产生了神奇的化学反应，一见钟情。

而这个爱慕者的理想形象并不是一时半会能够产生的，而是人们在出生以来十几年或者更长时间的社会生活中，受到身边的亲人或朋友的影响，慢慢地在大脑中将理想的对象的模样、性格、气质等勾画出来，通过筛选、完善和填补不断固地定化、模型化，并一直把心目中理想的对象储存在大脑中。尽管这个理想对象一直在丰富化，但是最终形成的理想对象的形象却是模糊不清的，只是一个大概。因此当机缘巧合，一遇到那位他/她时，大脑中的那个理想的对象形象立刻浮现出来，并与之匹配，此时在心理上就认定了他/她。这时候大脑接收到这个激动人心的消息，变得兴奋起来，心跳开始加速、脸开始变红甚至整个人都激动到手舞足蹈、不知所措。

这时候如果一见钟情的男女双方进入恋爱状态，他们的丘脑的下部神经开始受到强烈的激发，促进血液循环，很容易马上陷入热恋状态，使人忘乎所以，甚至可以不顾世人的眼光。这就是为什么司马相如和卓文君可以一曲定情，决定私奔。

但是根据科学家考证，“一见钟情”的现象较多地发生在男性身上，这是不是可以从侧面说男性能够在不了解对方实际情况如品行、家境的条件下，而去喜欢对方，更容易“以貌取人”。

丑女在情人眼里怎么变西施

“情人眼里出西施”的例子在生活中很是常见，在娱乐圈更是屡见不鲜，比如熠熠生辉、全球享有名气的碧昂斯和名见不经传的 Jay-Z、“牙缝超模”石头姐劳拉·斯通和不够帅气的大卫·威廉姆斯，他们让人大跌眼镜，尤其是“大号模特”苏菲·达儿和矮小的杰米·卡伦的强烈身高对比，让人们感到他们在外貌上明显不匹配。可是，外貌上的缺陷，却不能够阻止他们相爱，这大概就是我们经常说的“情人眼里出西施”吧！

在19世纪40年代的英国，有一个著名的女诗人伊丽莎白·芭莉，她是个瘫痪病人，终年卧床不起，身躯娇小，瘦得皮包骨头，显得十分难看。到了40岁，她还没有出嫁，但是由于她写得一手好诗引得众多诗迷纷纷慕名前来，但她都拒之门外。其中，有一位比她小6岁的青年诗人叫罗伯特·白朗宁，坚持不懈的精神打动了她，于是他们结婚了。让伊丽莎白·芭莉接受他的原因是，他们第一次见面，白朗宁就说："你真美，比我想象的美多了！"世人的爱情总是让人惊叹，在情人眼里，丑女都可以变成那美丽的西施。

心理学却告诉我们，"情人眼里出西施"不过是"晕轮效应"的一种表现。晕轮是月亮周围有时候会出现的朦胧圆圈，也就是我们常说的"月亮打伞要下雨"。在心理学中，"晕轮效应"又叫作"光环效应"，特指当某个人或事物的某个特点、品质特别突出，就会"疵不掩瑕"或者"瑕不盖疵"，甚至会导致不能够正确全面地进行观察和了解，从而出现了心理错觉，认为就是完美无瑕或者是丑恶无比的。这种光环效应导致人们根据一个人的好恶程度，来形成对他人的认知判断，从而"由此及彼"推出认知对象的其他品质。一般来说，晕轮效应一般产生在不熟悉的人之间或者伴随有严重情感倾向的人之间。

其中外表第一印象的"首因效应"也是导致"晕轮效应"的一种外因，当然这涉及一个人的气质、性格、能力、个人修养。一个粗俗的举止，有可能会让人认为这是一个"不礼貌的人"，而一个优雅的举动会让人觉得是"阳春白雪"。所以在"晕轮效应"中，如果一个人被认为是"好"的，那么他就会被"好"的光圈笼罩着，他的所有的一切都是"好"的；而如果一个人被认为是"坏"的，那么他就会被"坏"的光环笼罩着，他所有的一切都会被认为是"坏"的。

在恋爱的"晕轮效应"中，这种"情人眼里出西施"的感觉就像月亮的光环一样，向周围弥漫、扩散，一旦认定自己的那个他/她，就会觉得他/她是完美的，从而忽视了他/她身上的缺点。尤其是在热恋的阶段，情人很难在对方身上找到缺点，很难分辨真实的好与坏。

约会地点能助爱情升温

曾经有一个作家交了一个知心的笔友，他们在信中互诉衷情，有一天中午作家约了这个女孩在湖边见面，但事与愿违的是，这次见面结束时两个人不欢而散，因为他们对对方都很失望。作家回来后很郁闷，开始反思此次约会。他明白了一个重要的原因，时间和地点都不对，中午的湖边波光粼粼，带有强烈的反光，照得人十分明亮，似乎对方可以看透自己的心思，使人特别不安和不自在，没有一点儿浪漫的气息。

作家总结了一下经验和教训，又重新写信向女孩道歉，并再次约她晚上去看一场新上映的电影。自然，他们这天晚上相处得十分愉快，并且在黑暗的“掩护”下，又开始有了那种写信时的认同感和自然亲切感。这场电影让两个人的距离越靠越近，没多久，他们就确立了恋爱关系。

我们从作家的这两次约会应该能发现一些约会的奥秘，比如约会时选择的地点十分重要。在心理学中，有两个著名的效应与约会地点的意境有关，那就是“黑暗效应”和“吊桥效应”。

心理学家告诉我们：人在黑暗中容易产生不安感，因此人越是在黑暗的时候，体内需要陪伴的本能意念就越强，就容易促使两个人之间的关系迅速发展，也就越容易产生爱恋行为。而且，在光线较暗的场所，因为双方看不清彼此的表情，仿佛戴上一个面具，也比较容易放松下来，对拉近双方的距离有很大帮助。同时，暗淡的光线能够遮掩自己和对方的不足，能够营造心理上的美感，如果选在白天约会，双方会比较在意自己身上的不足，遮遮掩掩，放不开，而且容易顾及不到对方，比较难以沟通，容易造成误解。

所以，在晚上约会成功的可能性要远高于白天在光线明亮的场所。心理学家把这叫作“黑暗效应”。因此，约会可以选在咖啡屋、酒吧、影院等昏暗的地方，在这些光线暗淡、气氛安静的地点约会，容易产生亲密接触，可以增加彼此的亲密度。

“吊桥效应”是指当一个人提心吊胆地过吊桥时，心跳就会不由自主地加快。而当这时候，碰巧有一个异性，那么他会误以为眼前出现的这个异性就是自己生命中的另一半，从而对其产生感情。事实上，这是由于在危险的情境里，人们会把这种不自觉的心跳加快误解为看到对方时的心动，从而滋生出爱情的情愫。

因此，我们常常会看到在小说和电视中，但凡出现“英雄救美”的情景，一般都会出现英俊的男主角与被救的漂亮女主角因险生情，并在共同经历苦难和险阻中将感情逐渐升华。“吊桥效应”告诉我们危险或刺激性的情境或事物可以促进恋爱双方的感情。所以，许多年轻的情侣们喜欢去游乐园玩过山车、或者喜欢一起看恐怖电影，在心跳加快、呼吸急促中，让彼此的心更加贴近。

男追女，隔座山；女追男，隔层纱

俗话说：“男追女，隔座山；女追男，隔层纱”。

男人追求女人，要过五关斩六将，历经艰难险阻，男女关系就如隔了一座大山，需要男人“上刀山下火海”，翻山越岭，是金岳霖终其一生追求林徽因，最终成了她的蓝颜知己，也是徐志摩多年疯狂追求女神林徽因最终的“不求结果，不求同行，不求曾经拥有，甚至不求对方爱他”。甚至在动物世界里，我们也能看到，雄性为了争夺雌性，打的头破血流。

而相反的是，女人追求男人却易如反掌，男女之间好似只隔一层纱甚至一层纸，轻轻一捅就破了。就像《何以笙箫默》中，顾漫笔下不漂亮的赵默笙只用了几个月便追到了法律系的大才子何以琛。当然，现实生活中，女人反过来追求男人，有可能用的时间比赵默笙还要短，一个星期甚至一两天都有可能。

为何反差会如此大？首先从生理上说，女性选择男性是十分谨慎的。主要是因为女性需要承担潜在的生育成本和风险，女人不但要承受怀胎十月的痛苦，还有哺育孩子的责任，而男人则不需要承担这么多生育的问题。

除此之外，女人还要付出很大的机会成本。十月怀胎的周期很长，因此女人一旦怀孕，这段时期内就再没有其他生育机会了，这也是女人一旦选定对象，就不太会变换的原因，因为生育成本很大，需要一个稳定可靠的男人。而男人相对而言，这个成本基本为零，他们追求女人时，往往只是出于本能。

所以，在生育之前，女性因为有生育交配权，是主动的，因此当女性追求男性时会少了很多阻力，而男人在追求女人时，就要先付出相应的成本，包括在动物界里，同样是雄性动物尽量展现美丽的一面去吸引雌性的青睐。所以，才有了“男追女，隔座山；女追男，隔层纱”这一说法。

而且，事实上，如果“男追女”成功了，也是女性默许的因素很大。根据研究表明，在求爱的过程中，有 90%的情况是女性首先发起攻势。但由于女人比较细腻，总是会通过一系列微妙的眼神、肢体语言和面部表情，向自己中意的男人发出邀请的信号。这就导致了我们常常看到男人主动走近女人，而实际上女人才是最隐秘的爱情定调者。

初恋到底牵动了你的哪根神经

“人生若只如初见”，相信不少人读到这句话时，在脑海里浮现的是自己的初恋情人以及初恋时一颦一笑的美好情愫，初恋，真是令人难以忘怀！

每个人的心中，都有很多个令人深刻的“第一次”，比如第一次独自外出旅游、第一次坐长途火车、第一次寄宿住校……初恋更是令人刻骨铭心。凡是第一次接触的事物，从无到有，慢慢一步步摸索、体会、反思、回忆……初恋是独一无二的特殊存在。那种情窦初开的怦然心动，那种一天之内能够尝尽酸甜苦辣，悲喜交替的感情初体验，仿佛打开了情感新世界的大门，感情的纷繁复杂纷涌而来，能够令人喜极而泣，也能让人沉醉于此，痴情成狂。

初恋明显不同于之后的任何恋爱，是因为恋爱也如同任何事情一样，第一次的体验才是最深刻的，再经历一次恋爱时，人们已经熟悉了恋爱的整个流程，经历过每个流程带来的奇妙感受，很容易觉得淡然无味，这也会让有些人产生“喜新厌旧”的心理。

心理学上把这种现象称为“幸福递减定律”，比如饥饿的人吃第一口馒头时，会觉得很香甜。当他再次吃到馒头时，虽然还是那个味道，但在心理上却少了那种欣喜和满足。人们所追加和重复获得的事物，会在不同的时间内有不同的感受，而这种获得物品的幸福感会随着物质条件的改善而不断降低。

恋爱也是如此，第一次恋爱所经历的种种，往往可以回味一生，每个人在经历第二次恋爱甚至更多恋爱的时候虽然经历的事情还是一样的，还是鲜花、电影各种浪漫，还是有人可以嘘寒问暖，有人陪伴，但是却少了第一次初恋时候的那种感觉。心理学家解释说，这有可能是人们在初恋过后，拥有了恋爱的心理抗体，变得有些麻木。不再拥有初恋时双目对视间脸红的感觉；也不再能够体会到第一次牵手时双手冒汗的紧张；那种第一次两个无关的人由于恋爱的关系，变得亲密无间的特殊情感已经不再强烈；而那种第一次失恋的分离、不习惯和痛苦，在以后也无法体会得如此深刻。

同时，“契可尼效应 ”提醒我们，人们对于没有完成的事情总是念念不忘，比如对于想去旅游的地方总是查看网页、图片。因此，这些最终没有一起走到终点的初恋，往往也是人们心中不可企及的念想。

初恋的可贵还在于，它总是那么地单纯而美好。第一次投入热恋的青年男女很少去计较现实的情况，比如家庭背景是否门当户对，对方是否能够百分之百地对自己好，反而只想着为对方付出，是恋爱双方全身心地投入。随着年龄的增长，人变得越来越现实，也越来越复杂，因此更加能够体现出感情的纯真。那种由于青春期时对异性的好奇而产生的本能反应，往往是最真实可贵的。

对于很多人而言，初恋只是深深地埋藏在心底，不再去触碰，但却是无时无刻不存在的。当现实的牵绊越来越多，无论是男人还是女人，都会将这份抹不掉的记忆变成一个美好的童话。

红颜知己与蓝颜知己

在心理学中有一个著名的“异性相吸”理论。在生活中，我们不可避免地和异性接触和交往，和异性相处更能发挥出自己的优势，比如“男女搭配，干活不累”。因此，通常的情况下，男人和女人有了心事，也会选择向异性诉说，也就有了所谓的红颜知己和蓝颜知己。

我们都知道，红颜用来指代女性，因此红颜知己指的是男人的倾诉对象；

而取其反义类推出女人的倾诉对象则是蓝颜知己。红颜知己和蓝颜知己有点类似我们今天所说的“女闺蜜”和“男闺蜜”。他们大多在人们伤心难过、无人倾听的时候出现，可以让人们用言语发泄出自己内心的情绪；他们大多温柔体贴、善良安静地陪伴在人们的身边，静静地倾听人们诉说。

为什么人们不选择向家人或朋友甚至恋人倾诉，而愿意跟红颜知己和蓝颜知己说心里话呢？从心理学的角度来说，一方面是因为“异性相吸”原理，另一方面是心理认同感。

在陌生人面前或者在不同的群体面前，人们更能够吐露心声，无拘无束地发泄出内心的委屈、不满甚至怨恨，能够得到在同性面前倾诉得不到的安慰。因此，红颜知己和蓝颜知己能够在生活中，帮助人们放松心理的戒备，不必考虑自己说出去的话会不会被议论和泄露，能得到安全的心理环境。异性相吸，带来的也是异性相惜，能够互相体谅和理解，这便是难能可贵的。

然而，一般来说红颜知己和蓝颜知己与自己有着较多的相似度。“相似的人适合互相欢闹，互补的人适合一起变老”，相似的人有着许多共同爱好，喜欢看同一部电影，喜欢某几个作家，喜欢一起摄影，甚至喜欢喝一样的咖啡。当恋人不能理解自己时，在红颜知己或蓝颜知己那里容易找到共同点，能够互相了解， 互相倾听对方的心声，得到更多的慰藉。因此，当受伤的男人和女人分别向红颜知己或蓝颜知己倾诉时，可以获得满足两性感情的弥散性需求，获得更多的心理满足感，重新燃起对生活和工作的热情。

与红颜知己或蓝颜知己之间的感情，是与恋人之间不一样的感情。恋人之间的感情是爱情，而与红颜或蓝颜之间的感情更多在于——“懂你”。因此，这也是一份源自思想共鸣的情感，抚慰人们受伤的心灵，是一种在情欲之爱之外的更深层次的情感，带有诚挚的感动和欢欣。“蒹葭苍苍，白露为霜，所谓伊人，在水一方”，遇到红颜知己或蓝颜知己，是一份可遇而不可求的机缘，但是应该知道恪守作为朋友的界限和距离，做一个朋友间的知己者，亲密、诚挚、默契。

闪婚并非一见钟情那么简单

有的人披荆斩棘，跋山涉水，通过数年的“马拉松式”的爱情长跑，才决定步入婚姻的殿堂；而有的人一见钟情，一个月甚至一个星期之内就闪电般领证结婚，完成了“闪婚”。无论是哪种方式，都有得有失：有坚持下来一起白头到老的；也有半路分家，一夜之间形同陌路的。我们不能说，闪婚就一定是不可靠的。在我们的潜意识里，一见钟情的感情往往是建立在双方没有长期接触的不稳固基础上，彼此间的相互了解还不够深入，这样的闪婚过于草率很容易导致不适合而离婚。然而，有些闪婚，并不是一见钟情那么简单。

在这样一个快节奏的快餐时代，闪婚并不少见，甚至还出现了所谓的“闪婚族”，他们宣称 2 小时内就可以确定终身伴侣。这种爱情速配的背后，除了双方一见钟情的满意和心动之外，更是对安全感和家庭的稳定追求。

对于一些男性或女性来讲，结婚是一个固定双方关系的事情，结婚代表的是对这段感情的认真程度。“不以结婚为目的的恋爱就是耍流氓”，既然认定了那个人，就应该接受他的优点和缺点。他们不喜欢花很长的时间来接触、了解一个人，并在漫长的时光中经历摩擦和分别，而且“长跑爱情”危险系数太高，稍有不慎两人便会劳燕分飞，不欢而散，认为这样会很浪费时间。

而闪婚的人中也不乏那些为了逃避孤单、寂寞的人，他们为了不再孤独，急迫地想要另一个人来跟他们一起分享快乐和痛苦。他们或者经历了种种感情创伤，不想再进行长时间的恋爱，想要加快恋爱的节奏，甚至想要跳过恋爱这个让他们觉得“痛苦”的步骤。

而在相亲盛行的时代里，闪婚有时候也是为了应付家里的催促，看到一个令自己心动的人，很容易就陷入恋爱之中。这时候不仅是他们自己，还有他们身后的家庭也开始策划结婚的事情。于是，他们很快就步入了婚姻的殿堂。因为互相介绍的人先根据他们的家庭情况、性格、外貌等进行了一定程度的筛选和匹配，才让他们见面，所以相亲也很容易闪婚。

当然“闪婚”无疑是一个大胆的风险投资，将自己一生的幸福投资到短时间所作出的抉择里。在这场婚姻的赌博中，不是每一个人都是幸运的。所以，在“闪婚“之前，也应该慎重想想自己是否做好了心理准备来迎接这场成本巨大的冒险，是否能够接受这场赌博带来的最坏结果。

要“闪婚”，也要擦亮眼睛。

有趣的恋爱吸引法则

“异性相吸”带来了男女互相接触、交往的吸引力，而最终导致男女双方进行恋爱，这是“万有引力”中的吸引法则。爱情，是感情上的互相吸引。

在恋爱心理学中，恋爱中男女双方真正被对方所吸引，这种强烈的吸引力推着双方一步步靠近，并激发出男女之间的激情。随着吸引法则越来越凸显，恋爱的男女双方一般在外貌、精神或者性格上都互相匹配，十分契合，以至于恋爱的男女愿意长相厮守一辈子。“颉眼容光忆见初，蔷薇新瓣浸醍醐”，在文学上有共同爱好和追求的钱钟书和杨绛互相被吸引了，他们在清华大学古月堂门前一见钟情，牵手步入幸福的“围城”。

反之，如果双方之间缺少吸引力，那么这种感情关系则存在诸多的不匹配，如果得不到改善，那么就会结束恋爱关系或者婚姻关系。有的人由于年龄大了等缘故而不得不选择步入婚姻，却始终对对方产生不了吸引力，最终导致婚姻的失败。

心理学家发现“一见钟情”发生时的吸引力是巨大的。这主要表现在人们对于外貌和气质的吸引力。我们往往会发现在男女双方互动活动中，外表漂亮的女孩子很容易吸引异性的追求，帅气的男孩子也容易受到女孩子的青睐和信赖。虽然第一印象和第一感觉并不可靠，相处的时间长了就会暴露许多问题，但是很多人还是难以抵挡住第一印象的吸引力。

然而，吸引原则并不只是“一见钟情”，有些人在刚开始见面的时候没有什么特别的感情，而是在相互的接触和交往中，慢慢产生了相互的吸引力。如果说“一见钟情”更多的是“以貌取胜”、“以气质取胜”，那么那种细水长流的吸引力则是随着时间的推移，男女双方慢慢发现对方内在的思想、想法或者性格正在吸引着自己，这时候吸引法开始起作用。这样的情感吸引，接受了时间的考验，更加容易成功。

心理学家们发现，爱情上存在着“罗密欧与朱丽叶效应”。也就是两个人在谈恋爱时，遇到来自外界如社会舆论压力尤其是父母的反对和阻拦时，反而更能够增加双方的吸引力，这时候他们更能在对方眼中感受到浓浓的爱意，于是他们更加强烈地反抗来自外界的阻力，诸如私奔、私定终身的例子屡见不鲜。正因为如此，牛郎织女即使遭到了玉帝的拆散，也仍然坚持一年一度的鹊桥会。

在男女的交往当中，我们需要通过较长时间的相处，去接触、去深入了解，“闪婚有风险”，情感赌博需谨慎。“青涩的果子是苦涩的，我们何不等它瓜熟蒂落的那一天”。慢慢来，对的人会一直在原地等你。

为何人人只说两段恋爱史

张小娴有条箴言是这样说的："任何时候，任何人问你有过多少次恋爱，答案是两次。一次是他爱我，我不爱他，一次是我爱他，他不爱我。"

如此精妙的回答，自然很有道理。男人都希望自己是女人的第一个爱人，而女人却希望自己是男人的最后一个爱人。很多人在交往的过程中，逐渐熟悉之后，往往会忍不住询问对方："你谈过几次恋爱?""你有过几个恋人?""你们为什么要分手?""能不能跟我说说你们的发展经历?"

不仅爱八卦的女人喜欢问男人这样的话，男人也十分渴望了解女人以前的经历。这是为什么？从心理学上看，这是源于一种强烈的个人占有欲，这种渴望在男性身上表现得尤其明显。

对于男性来说，强烈的占有欲是主要因素。因为作为男性而言，占有是他们潜意识的一个重要部分，他们往往更加具有战斗力和掠夺性。因此男人不但要占有女人的现在和未来，还想占有她的过去。所以，即使是相当大度的男人也会围着自己的女朋友问个不停。女性往往比较羞涩，不愿意提起以往的经历，同时也明白越跟男人说自己以前的经历，越容易激起男人的愤怒和火气，所以她们往往会闭口不谈，或者将自己恋爱的次数大大降低，所以也有人夸张地描述："女人的恋人数目需要乘以 3 才是实际数目。"

对于女性来说，了解男人的过去是十分必要的，甚至只是作为一种乐趣，像听故事一样。然而，男性却意外地总是愿意提起这些事情，甚至不怕女性有可能因此吃醋，给自己招惹麻烦，他们往往夸耀式地把自己的恋爱经历夸张化，往多里说。这是因为女性往往对以前的感情经历比较放得开，认为过去了就过去了，早就不重要了，好好珍惜现在和将来的生活才是最重要最实际的。这样看来，男性相比女性更有可能陷入自己对象究竟谈过几次恋爱这种纠结的漩涡中，因为他们往往会在潜意识里认为这关系到男子汉大丈夫的尊严。因此，也有人对此现象调侃道："把男人所说的恋爱次数除以3才是真实的恋爱次数。"

张小娴的话确实说得特别好，在恋爱和爱情之中，分手了感情结束了无非就是这两种理由：他爱我，我不爱他，所以我提出了分手；我爱他，他却不爱我，他提出了分手，结束后那就没有交集和后来的故事了。所以只说这两段恋爱史，确实也是在情理之中。

不过爱情的确是需要坦白、推心置腹和相互了解的，这样的互相信任能够消除潜在的隐患，不用在编造的谎言中一遍又一遍地圆谎。"好的爱情永远在下一次。别给同一个人两次伤害你的机会。"张小娴接着说道。其实，应该坦诚看待自己的恋爱经历，多少次恋爱事实上都无所谓，只要还有一颗不变的爱人之心，珍惜现在的感情，还是一样会拥有美好的爱情。

你相信"心电感应"吗

听说，如果两人真心相爱，会产生神奇的心电感应。我们经常在一些悲情的电视剧中看到，当男主角不幸遇难时，千里之外的女主角冥冥中总是可以感应到。比如，电视剧《战长沙》中，胡湘湘的姐夫在战场上牺牲时，在长沙城里苦苦等待好消息的姐姐似乎感应到了，悲伤地流下眼泪。在我们的日常生活中，也经常发生心电感应现象。例如，你在想他时，他正好给你电话或信息；又或者当你正想给他打电话时，他就给你打过来了。这是心有灵犀，也就是心电感应。

多数人认为心灵感应确实存在，他们认为人们拥有将某些信息通过神奇的途径悄悄传到另一个人的心中的能力。最近，科学家们对大脑进行了新的研究，他们认为真心相爱的情侣确实能够感受到、并分担彼此的痛苦。伦敦大学以塔妮亚博士为首的科研队伍，通过脑电波感应电极对16对情侣志愿者进行了一系列实验。科学家们兴奋地发现，当男方的某些部位在承受痛苦的刺激时，女方相应的部位竟然也有反应。

然而，现在还不能仅仅凭借塔妮亚博士的研究来科学地解释心电感应的现象，也不能对心电感应如何传递进行解释。当前，心电感应被归为形而上学的玄学领域，通常出现在历史传说、虚构的影视作品之中。对于心电感应的现象，科学的探索和研究仍然在继续。

试婚族到底在试验些什么

试婚，顾名思义就是以一种尝试的姿态去体验婚姻生活，因此试婚不是正式的婚姻形式。试婚可以称为正式婚姻的前奏部分，当然有可能试婚成功，欢欢喜喜地进入正式的婚姻阶段；也有可能试婚失败，双方觉得对方不是适合自己的那个人。实际上，试婚就是“先同居、后结婚”的婚姻缔结形式，并且由此催生出一批拥护试婚的年轻男女，他们被统称为“试婚族”。

试婚能够让男女双方通过模拟婚姻生活开始初体验，看看这样的婚姻生活，自己是否能够接受。试婚者总是试图在模拟婚姻生活中检验双方的婚姻感情，防止等到正式结婚时才发现双方存在重要的分歧，避免造成离婚的困扰。这大概就是试婚的意义所在吧。

为什么会出现试婚的现象呢？试婚族到底在试验些什么呢？恋爱的两个

人相对还是自由的，而且可以有自己的隐私和独立的空间。而如果两个人试婚了，那就要住在一起，住着同一间房子，一起洗衣 、做饭，一起生活；而在生活之中有可能会因为金钱、家庭、文化、价值观等差异，产生种种摩擦，从而严重影响两个人原本单纯的感情。比如我想吃重口味的红烧肉，而你却甘于清淡的青菜汤；比如你天天都要冲凉，而他却隔两三天才洗一次澡，比如他要人陪着一起玩游戏，而你却想安安静静地看书……

乍一看，这跟在宿舍和舍友一起生活不是一样的矛盾吗？确实，寄宿的学校生活必然会经历这种同居而产生的矛盾。你爱养花，我嫌弃浇水阳台湿了；我爱天天拖地板，你却懒于收拾……在同居生活中，面临来自不同地区、不同家庭环境和文化背景的人，总是会产生种种矛盾。而对于舍友和同学，产生矛盾了至少可以置之不理。

如果婚姻生活总是被这些鸡毛蒜皮的小事困扰，再加上情侣双方原本就存在对对方心理期望较高的现象，两个人一起生活了，才发现原来的“女神”也会抠脚、抠鼻子，卸妆之后皮肤也不好、脸色也很差，而原本看似干净的他也会睡前不刷牙不洗脚，于是双方都会产生一种类似理想破灭的沮丧感。因此，试婚可以让人们提前品尝“婚姻的坟墓”是什么滋味。

其实，短暂的试婚有时候也并不能够完全试验出两个人究竟会不会在婚姻中出现问题，因为试婚只是模拟婚姻，并不能够代表婚姻的真实状况。而且，两个不同的人走在一起，必然会出现摩擦和矛盾，如果仅仅是因为看到了问题就产生退缩的心理，那并不是婚姻的意义。相反，如果两个人爱得纯粹，坚定地要在未来的日子里一起走，根本就不需要担心对方会不包容在家里那个最真实的你；而你也必然会接受他身上不再遮掩的缺点。因为两个人在一起，不可能做到完全让对方满意，只要做到了相互包容，互相迁就，彼此尊重对方的习惯，并不断完善自己，在将来的日子里共同进步，不断及时调整两个人的相处模式，婚姻又有何难呢？

甜言蜜语说给左耳听

2015年在苏有朋导演的青春人气偶像电影《左耳》中，帅气的男主角张漾耍了小心思，故意在左耳失聪的女主角左耳边告白，说出“我爱你”。然而，神奇的是，李耳竟然听到了。于是，“甜言蜜语说给左耳听”，成为电影《左耳》的宣传标语。

对着左耳说甜言蜜语，是不是真的更加容易俘获佳人芳心，这个确实是有科学依据的。从生物生理学上说，人类的左脑半球是语言中枢，支配右半身的神经和器官，主要负责语言、分析、逻辑、代数的思考、认识和行为；而右脑半球只有接受音乐的中枢，支配左半身的神经和器官，是没有语言中枢的“哑脑”，负责可视、几何、绘画等形象思维。因此，我们人类的大脑左侧更加偏于逻辑，大脑右侧则侧重直觉，人类大脑拥有“右耳优势”。意大利基耶蒂大学的心理学家试验发现，人们的右耳接收到的信息优先被处理，我们更容易执行右耳听到的信息和行动。

但是甜言蜜语不一样。美国萨姆休斯敦州立大学科学家的研究显示，如果你对女友的左耳说甜言蜜语会更中听，会使你们的感情不断升温。与此相反的是，如果你想要传达一些理性的信息，比如命令和劝告，对着右耳说更奏效；而如果对着右耳说甜言蜜语，右耳有可能“听不懂”或者不理会，将导致效果不明显。

总的来说，左耳偏直觉，喜欢听感动温情的甜言蜜语；右耳偏理性，喜欢听逆耳忠言。美国心理生物学家斯佩里博士认为人类的左右脑分工明显不同，主要负责逻辑、分析、语言等功能的左脑，被称作“意识脑”、“学术脑”或“语言脑”；而负责艺术、想象和灵感的右脑又被称作“本能脑”、

"潜意识脑"或"艺术脑"。而左耳的信息进入的是浪漫主义色彩的右脑，右耳的信息进入的是理性主义分析的左脑。

虽然左右脑不是绝对地完全分工，也有很多联系，但是对于主管的信息还是很有针对性的，因此左耳听进去的甜言蜜语，更多的是进入右脑，得到右脑的优先处理。尤其是对于右脑开发得比较好的人来说，他们不仅能听得进甜言蜜语，有可能还是说甜言蜜语的高手呢！

遗忘，并不是真的忘记

失恋总是痛苦的。从生理上解释，是因为当初恋爱时非常活跃的多巴胺被抑制住了，于是人们开始产生绝望的情绪，并逐渐蔓延扩散，容易使人变得悲观消极、对生活失去动力和信心。于是，很多人选择把这段感情，这段伤深深地埋藏在内心深处，不再触碰。

都说爱情的第一堂课就是要学会受伤，因为爱情的本质本来就是危险无情的。在爱情里，会出现相互吸引的喜悦，同样也会出现不得不分离的悲伤。对于失恋者而言，遗忘曾经恋过的那个人、恋过的那些事，让时间来冲淡一切伤痛，让自己走出失恋的迷雾，逐渐面对现实，这样才能重拾自己，重新开始。

然而，随着时间的流逝真的能够遗忘曾经的所有吗？大概很多人都做不到。虽然理想和现实总是在打架，人们总是在不断地受伤害。虽然人们在不断地尝试忘记，但是完全忘记的方法是根本不存在的。我们聪明而诚恳的大脑，早已经老老实实地将这一切记录在案，长长久久地储存在记忆里。过了很多年，很多事情好像我们都已经不记得了，可是实际上它却从未离开过你的身体，甚至已经成为你身体的一部分。

当你在遇到类似的人或情景或事情时，你有可能会再次想起他/她，想起曾经经历过的那些事；而如果你没有碰到那些相似的人或事，你就处在似乎早已经忘记的状态，比如一个完完全全陌生的人与你擦肩而过，你都不会瞟他一眼，也不会在心里泛起涟漪。

但是，对于失恋以及之前的恋爱和恋人，我们应该学会面对现实，感情路上的分分合合所带来的痛苦在所难免，受伤是爱情必然经历的过程，忘记也罢，记得也罢，终究是要多摔几次，才能够历尽爱情路上的绚丽风景。

越相爱越容易吵架吗

“相爱相杀”，爱情里不光有电光石火般的激情，还有着惊天动地的吵架。“打是亲，骂是爱，没有吵过架不是真爱！”甚至有人说，如果你想和一个人在一起过一辈子，至少要看看他/她吵架的样子。那么，人们为什么在爱情里那么容易吵架呢？

“床头吵架，床尾和”，在恋爱的过程中，大部分吵架过后，都能够促进双方的了解，能够推进感情。因为吵架也是一种别样的沟通方式，恋爱的双方可以通过吵架把委屈、愤怒、伤心、不甘等情绪宣泄出来，以拿爱人出气的这一种“略激烈的方式”来告诉对方内心最真实的想法和感受，企图让对方更加了解你，认识你，以不断调整你们之间的关系，使得双方间的感情更加亲密无间。这种吵架只会让你们更爱对方，因为通过吵架你们更加了解对方，了解他/她内心最真实的需要，有效地加快双方之间的磨合，改善双方的关系。

所以，有时候吵架也是必需的，甚至是利大于弊，所以对于吵架应该客观看待，不用那么害怕担心。有时候看似平静的感情下面，实际上波涛暗涌，总有一天会不受控制，更加不利于双方之间的磨合和关系的改善。

但是吵架的时候要注意场合和情绪的控制，比如不要在熟悉的人面前甩脸色吵架，尤其不要在双方父母和朋友面前吵架，否则以后会很难堪，覆水难收，不好收场，选择一个僻静或者私人空间，两个人无论怎么吵都不会让别人干涉，等吵完了、闹完了还可以甜甜蜜蜜的。

同时在吵架的时候也要注意情绪的控制，不要使用暴力手段，不要无缘无故地不停争吵，不善罢甘休的气势只会让人更生气。发脾气也要有理由，吵架不同于往日无理取闹的小撒娇，应该根据事实情况把事情讲出来，即使是以比较激烈的方式。而且吵架最好是一下子吵完，不要动不动拖上好几天，这样子的冷战反而不利于两个人关系的缓和和问题的解决。

而且，我们常常会发现，有时候吵架，并不是因为对方做错了什么大事，而是由于你自己不安或者情绪不稳定，一看到一些鸡毛蒜皮的小事就用爆发的脾气来表达这种不安。因为是爱人，所以你会觉得发这种脾气是安全的，因为你在潜意识里会认为无论你怎么样闹，他都不会离开你。越是亲近的人，越容易受到伤害大概就是在于此吧。

如何拒绝不该来的爱

被人追求有时候是一种甜蜜的苦恼。对于十分优秀的人来说，经常要百般苦恼地处理“如何拒绝不该来的爱”。比如毕业季时，几乎每个学校都有毕业生趁着毕业前夕来到女神宿舍楼下表白，甚至求婚。当然，结果并不都是圆满的，表白的主角并非都是很乐意的，于是网络上出现了一个新的词语来表运女主角的心理活动——十动然拒，也就是十分感动，然后拒绝了这种表白。

如何处理这种令人哭笑不得的苦恼令人十分头疼，如果直接拒绝显得太冷血，而且也不一定能让对方死心，反而有可能更加激起对方的征服欲；而如果温和地跟对方讲清楚自己的想法，劝慰对方，也未必就能让对方彻底死心。

那么到底该怎么样拒绝别人的追求呢？对于普通同学的追求和告白，首先可以表现出一份感激之情，感谢他/她对自己的认可和喜欢。因为任何一种表白都是非常需要勇气的，对于勇敢地踏出了那一步的人应该给予表扬和肯定。但是这里需要抱歉地告诉他/她，是不是自己给了他/她不好的信号和回应，导致他/她认为我对他也是有意的。相信通过对表白的人的充分尊重和理解，他们会更好地接受这种善意的拒绝。

而如果是非常熟悉的异性朋友呢？如果不想失去这位可贵的朋友，不想在今后的日子里形同陌路，想要维持好关系，可以通过真诚的歉意来表示不能接受他的告白。因为自己确实只是把他/她当作一个很好的朋友来看待，并没有产生男女之情。如果他能够理解和接受，那么这份友谊可能还能长存；反之，则有可能因为伤了自尊心而“老死不相往来”了。

在拒绝不该来的爱时，不仅要考虑到直接拒绝可能比较伤人，考虑到告白者强烈的自尊心，还要考虑到能够有效地拒绝别人，不能收了别人的花再在转身的时候扔进垃圾桶，有时候通过恰当的方式向对方坦承自己的内心想法，比如有喜欢的人了，然后不接受他的花，可能会比较好一些。

走不出的网恋情节

网络全球化带来的信息便捷，让我们可以随时随地上网，了解各地的信息更新；也可以在网络平台上结交来自世界各地的网友，而有些人由此“一网情深”，发展出了网恋。

网恋的群体大致可以分为以下三种：一是隐藏了真实的身份，偷偷地在网上谈起另一种恋爱的人，比如对现实婚姻不满的已婚人士。二是在现实生活中不能光明正大谈恋爱的人，比如情窦初开的学生，在学校老师处处限制早恋，在家里家长时时看着不让随意出门游荡。三是在现实生活中没有勇气谈恋爱的人，他们有可能是恋爱的失意者或者是暗恋者，他们渴望爱情，却又自怨自艾，满怀自卑转战虚拟的网络。

固然有成功发展到现实生活中组成美满家庭的网恋存在，但是如果一味地沉迷于网络中的爱情，只说不做，慢慢发展成为走不出网恋的情节，便会成为一种病态。如果不能从病态的网恋中挣脱出来，沉浸于此不能自拔，那么后果可想而知。

为什么有些人会沉迷于网恋不可自拔，那是因为他们在现实生活中不敢去追求自己内心中理想的人。他们有的是害怕付出，担心自己放下自尊的追求会没有结果；而有些人是害怕受到拒绝，他们认为自己一无是处，配不上别人，也不知道如何去改变自己，只是放纵自己投入到网络的汪洋大海中，去寻找那虚拟的一根救命稻草。因为网络是一个虚拟的世界，在那个世界里，他可以变成另外一个人，自信、富足、健谈，很容易交到自己不断美化的另一端的网络女友。

现实中人际关系不理想或自己周围的人际交往资源不能满足自身的需要是沉迷于网恋的主要因素，同时网恋带来的便捷和简单，也使沉迷于网恋的人越来越采用消极回避的态度来面对现实生活中的恋爱，因此当他们待在网上的时间越长，就会越来越习惯网恋，而不愿意把时间和精力花在现实生活中的恋爱上。

当然，沉迷于网恋也不仅仅是不愿意在现实世界中付出感情、金钱和时间，也是缺乏安全感的一种表现，这种人把自己变成了套中人，只愿意相信网上的人，只愿意向网络中的人敞开心扉，慢慢地甚至不再愿意接触身边的人和事，脱离了真实的世界。这是一件比较可怕的事情，沉迷于网恋的人应该多走出来看看真实的世界，接触身边的人，扩大自己的交际圈，变得真实勇敢自信起来，这才是一个人活着的真正意义。

喜新厌旧，不过如此

古烈治是一位西方国家的总统，有一天，他和夫人科尼基一起去参观一家养鸡舍。夫人看见有一只公鸡在母鸡身上，就突发奇想地问陪同的农场主："你能否告诉我，这公鸡一天要在母鸡身上尽多少次'丈夫'的责任?"农场主回答道："每时每刻都尽责，一日十余次。"夫人一听就说："请你把结论告诉总统。"农场主过去给总统刚一说完，总统问道："每次都在同一只母鸡身上尽责任吗?"农场主回答："次次更换伴侣。"于是，总统说："请把结论转告给夫人。"

起初，古烈治的故事只是用来说明男女思维的差异，男女都有自己思考问题的角度。后来，古烈治效应演变成了男人喜欢见异思迁、喜新厌旧的著名心理学效应。雄性的这种习惯性见异思迁的换对象倾向被称为"古烈治效应"。

在当今社会，无论是婚外情还是婚外恋，婚姻出轨似乎已经成为一种司空见惯的社会现象。在围城里的人总是想逃出来，在围城外面的人总是想进去，婚姻到底是幸福的还是不幸的？而喜新厌旧，似乎是人的天性和天敌。

新鲜感可以触发本能的冲动，不仅是动物的本能，也是人类作为高等动物所具有的自然属性的本能。随着时间的慢慢推移，恋人之间由陌生到熟悉，那种原始的新鲜感慢慢消失，似乎恋人之间的所谓魅力也不复存在。“爱情不在了，却转换为亲情”，不得不说这也是“喜新厌旧”的本能表现。

而在爱情方面，人们总是会向往那抓不到、达不到的地方，得不到的东西永远是最好的。

“也许每一个男子全都有过这样的两个女人，至少两个。娶了红玫瑰，久而久之，红的变了墙上的一抹蚊子血，白的还是“床前明月光”；娶了白玫瑰，白的便是衣服上的一粒饭粒子，红的却是心口上的一颗朱砂痣。”张爱玲早已参透男人们“吃不到葡萄说葡萄酸”的渴望心理，男人心里始终有一个完美的梦中情人。

拿得起放得下的“刚柔定律”

曾经有一位心理学家做过这样一个实验：将 138 位年轻人分成两半，但都做着同一件事情，其中一半人在他们做到一半的时候让他们停止，而让另外一半人坚持把事情做完。几小时后，心理学家发现，那一半中途停止的人对没完成的事情还是耿耿于怀，心有不甘。

看，人们是多么不会“拿得起放得下”呀！人们面对想做而又没有完成的事情时，如果遭遇了阻力不能继续做下去，那么就会对这件事情念念不忘。甚至有的人会被这种执念所困扰，产生一种过度的欲望，极有可能走向一种极端，不顾客观的条件和自身的能力一味地硬干下去，以致自己走入死胡同，最终因为这种小事使自己在纠结和反复中，耽误很多事情。

对待爱情也是如此，有的人很偏执，死死抓住一个人念念不忘，死死抓住一段已失去的恋情不放手。比如，有的人分手了、失恋了，但是接受不了失恋的痛苦和对方的背叛，反而爱极生恨，以致采取极端行为，自己也锒铛入狱，最终造成两败俱伤的后果，这就是被爱情冲昏了头脑，拿得起却放不下。

爱情总是有分分合合，有热恋开始的真切和甜蜜，但也有失恋不舍、痛苦的隐患。对于爱恋中的种种，如果不合适而分开，对双方而言反而是好事，与其痛苦地折磨双方，还不如早些放手，给予自由。对于过去了的人和物，就应该懂得放下。如果太执着，作茧自缚的就会是自己，变成死死不肯丢下那一粒花生的“蜘蛛猴”。

亚马逊流域的原始深林中，有一种猴子酷似蜘蛛，个头很小，四肢又细又长，头部又小又圆，长得乖巧可爱，叫作蜘蛛猴。多年来，人们一直想捕捉这种猴子，但是他们生活在密林中最高的树上，一般不到地面上来活动。于是，有一位当地的土著人想出了一个十分简单的捕捉办法。

他在一个小小的透明玻璃瓶里装一粒花生，放到树下。当猎人离开后，蜘蛛猴就会从树上爬下，把手伸进瓶里抓住花生。但是，一旦握住花生，猴子的拳头就会变大，手就拔不出瓶口了，再也无法逃到树上，于是蜘蛛猴就成了猎物。猎人把它带回家后，发现这只蜘蛛猴还是死死地攥着瓶里的花生不放手，可它不知道正是因为不舍得丢下那一粒花生，它将要面临失去自由的代价。

蜘蛛猴与花生的故事在告诉那些偏执的人，如果不懂得放下，你失去的有可能会更多。对于一个人来讲，你有可能只谈一次恋爱，也有可能需要谈数次恋爱才能获得最终的幸福，因此只有懂得放下，才能摆脱旧伤，重获新生，才能掌握命运和自我。

人一生要走的路途是漫长的，学会“放下”，腾出更大的空间和时间去面对新的人和新的情。做一个拿得起放得下、伸缩有度、游刃有余的人，才会有更多的精力和时间去把生活过得五彩缤纷；而一个不顾一切、拘泥于以前恋情的人，会活得紧张、狭隘、痛苦。永远不想放下的人，是不能承受生命之重的。这样的人，就不可能遇到新的人、新的恋情、新的收获和新的体验。

那些痛苦的情绪和不愉快的记忆充斥在心里，就会变得更加痛苦和狭隘，很容易固步自封。因此，做好了“放下”的学问，好好地睡一觉，第二天起来你也许就会遇到对的人，这样才能收获真正快乐的人生和爱情！

示弱有时也是一种选择

“人一出生就会哭。”婴孩时期，还没有语言能力的婴儿，可以通过晶莹剔透的眼泪和大声的哭喊来述说内心的渴望。心理学家认为，婴儿哀叫的哭声往往能让大人产生怜爱以及保护的情感。

哭是人类的一种本能反应和情感反应，但是在后天的成长中，人们越来越不能够接受自己还需要哭来表达诉求的这一现象和本能。很多人认为，为了得到某一样东西而“哭”是一种懦弱的表现。因此，即使十分难过、伤心，很多人都会选择强忍，不想要自己在别人面前流泪，尤其是男性。但是，对于感性的女人而言，哭似乎是她们的秘密武器，他们经常通过哭来表达自己。比如，委屈时双眼会噙满眼泪，开心时喜极而泣也会大哭大笑，人们似乎很能接受“女人爱哭”这一现象。

在爱情里，女人用“哭”来表达自己天生脆弱，需要保护，这是一种“示弱”的表现。在感情生活中，向对方示弱，以柔化刚，何尝不是一种别样的选择。

在南美热带雨林中，有些公猴通过激烈的打斗获得猴王的宝座后，便不想再打斗了。但是往往有很多公猴会来向猴王挑战，猴王为了避免打斗，就会迅速地从母猴的怀中抢下一只幼猴抱在怀中亲昵。而前来挑战的公猴一看到猴王怀中的幼猴，就讪讪地走开了，因为一旦打斗起来，肯定会伤到幼猴。猴王没有直接地接受或拒绝挑战，而是通过示弱的方式让对手看到自己的想法，并保住了自己的猴王地位。

在感情里，尤其是女人，如果太过于要强，反而会让男人觉得咄咄逼人；太聪明而独立的女性会让男人感觉不到温情和浪漫。这样的女人往往有着过于强大的自尊心，在爱人面前也不例外。一旦产生矛盾，就会互不相让，斤斤计较，这样的女人往往会让男人觉得很累。女人的娇羞和善用眼泪，绝对是令男人怜惜到心底的法宝。

“铁娘子”撒切尔夫人与丈夫相处的故事家喻户晓。有一天，担任英国首相的撒切尔夫人参加完典礼回到家，“嘭嘭嘭”地敲着门，正在厨房忙碌的撒切尔先生喊道：“谁啊？”“英国首相撒切尔夫人”，撒切尔夫人随口回答。结果等了半天，没有人来开门也没有声音回应。这时候撒切尔夫人才回过神来，于是她清了清嗓子，温柔地说：“亲爱的，开门吧，我是你的太太。”这时候，撒切尔先生才回应了一声“来了”，开了门之后撒切尔夫人还赢得丈夫的一个热烈拥抱。

可见，强大的心理攻势很多时候并不能让人们作出让步。反而，适度的示弱，能够博得人们的谅解和同情。这也是为什么低声道歉更能够获得人们的原谅。而在两性生活中，作为女人在“哭”上享受种种绝对的特权，聪明智慧的女人会在适当的时候，选择默默流泪，这样不仅能够发泄自己的委屈情绪，还能够打动男人的心，获得他们的信任。

在平常的吵架中，如果不再针锋相对，互相低头，或许能够使濒临危险边缘的感情转危为安。因为，示弱也是一种选择。

你得了相思病吗

在进入一段恋情的稳定期时，有些人却似乎患上了相思病，尤其在女性群体中更为显著。发信息给对方，没有得到回应，就会从QQ、微信、微博私信各种方式和渠道寻求呼应，如果得到了就会很安心；如果得不到就会魂不守舍、心不在焉、闷闷不乐，甚至茶饭不思、坐卧难安，在想“他是不是不爱我了”。

又或者，单恋某一个人或者表白遭到拒绝以及失恋时，感觉整个人都失去了动力，在生活中无所适从，有的人甚至还沉迷于醉生梦死之中。

英国心理学家弗兰克·托里斯博士认为，由于爱情挫折，会让有的人出现暂时的癫狂、抑郁和迷茫，虽然这种症状经常被渲染上罗曼蒂克的色彩，叫上了一个好听的名字——“相思病”，听起来就是一种会让人伤感、感触的心病。当心病的思念之情越来越泛滥，“问世间情为何物，直教人生死相许”，严重的相思病有着致命的危险。

当然也有心理学家研究发现，短暂的相思可激发人们作诗抒情的灵感。中国上下五千年，多少文人墨客将相思寄在诗词之中。“还君明珠双泪垂，恨不相逢未嫁时”、“泪眼问花花不语，乱红飞过秋千去”、“明月楼高休独倚，酒入愁肠，化作相思泪”……但是，一个人若长时间沉迷于相思之中，不仅会病入膏肓，还会对社会和他人造成影响。

有些人因为相思过度导致幻觉出现，尤其是单恋者以为对方也在喜欢自己，对对方的行为和举动产生了误解，甚至会因爱生恨，最终酿成不可挽回的大错。

相思自古就有，梁祝二人经不住相思之苦，羽化成蝶，双双飞舞的传说故事早就道尽相思之痛。在现代生活中，单相思者常常陷入极其难堪、苦闷和烦恼的境地，不仅影响学业、事业，而且影响身心健康。那么如果真的患上了相思症，该怎么办呢？

俗话说，强扭的瓜不甜。尤其对于爱情来说，是万万不能强求的，更不能去乞求。即使得到了，也不是真心实意的，最终还是会出现问题。不适合自己的、不属于自己的就不要去强求，导致自己郁郁寡欢，最终失去理智。爱一个人，并不一定非要在一起。认清了这一点，勇于接受现实对自己的残酷考验，走出相思，也不是一件难事。

“喜欢是放肆，爱是克制”，真正的大爱，并不是占有，而是给对方自由。对于患有相思病的人来说，不如出去散散步、旅旅游，看看外面的世界远比你拘泥在自己情感小世界里要开阔许多。此外，强大的胸怀之中必然有一个骄傲的自我，爱人先爱己。学会自尊自爱，学会把握自己，认认真真地过好属于自己的每一天，充实自己的生活，这才是自己需要做的事情。

眉目到底是如何传情的

眉目能传情吗？当然！“暗送秋波”、“含情脉脉”、“一见钟情”……无需言语，感情就在四目对望之间越来越浓。眼睛是人类心灵的窗户，人类的很多情感都是由眼睛传达出来的，于是美妙的爱情在眼神交汇的一瞬间诞生了。

据《科学美国人》杂志报道的调查显示，如果一对男女对视不超过 1 秒钟，那么说明他们之间没有好感，互相看不上眼；如果他们能够对视 2 秒钟，说明还是存在一点点好感；而如果双方能够对视 3 秒钟，就表明两人可能已经暗生情愫；而能够对视 4 秒钟的，表明他们彼此之间感情深厚；那么能够对视 5 秒及其以上的两人，则已经产生爱恋，可以进入婚姻殿堂了。这足以可见，眉目传情是体会彼此感情的好方法。

眉目传情如果运用得好，在适当的时候通过眼神流露出自己的自然情感，有时候会比写 100 封情书还管用。韩剧以爱情剧著称，几乎每一部韩剧都会有那么一个个温情场景：男女主角解除误会，激动地寻找对方，最后在街头偶遇，含情脉脉地对视着。仿佛什么话都不用说，误会也不用解释，一切情感恩爱都在眼里，你我都明了在心。

从心理学上说，眉目传情确实是存在的。“一段伤春，都在眉间”，心理学家研究发现眉毛有着 20 多种的动态，分别表示不同的感情。比如“柳眉倒竖”则是愤怒的心理，“横眉冷对”是冷傲的轻蔑，“低眉顺眼”是顺从的心理。眉毛的一降一扬都在传递着内心的波动和情感符号，一个深皱眉头的人是纠结的，双眉上扬则有可能是遇到了什么惊讶的事情。而对于眼睛来说，瞳孔也能够表情传意。比如，当看到喜欢的人时，人们的瞳孔会扩大，这时候的心理是兴奋、开心的；而当不开心的时候，人们的瞳孔会收缩。而根据研究，当情侣们深情凝视时，会不知不觉地将瞳孔扩大到原来的三倍。

如果你想看看对方是不是对你有意思、有感情，可以观察他的瞳孔是否因为内心情感的波动而扩张。而在灯光微暗的地方，人们的瞳孔往往会不由自主地扩大，因此在灯光朦胧的地方，经常会给人一种“他（她）喜欢我”的错觉，有时候也能够促使彼此有意的两个人成就一段刻骨铭心的爱情。

通过眉目的深情对视能够增强彼此间的亲密感，所以在示爱的时候，我们也可以适当地学会用眼神去表达，盈盈一水间，脉脉不得语。在恰如其分的 7 分钟，深深地凝望对方的双眼，自信坦然，用眼睛告诉对方你爱他/她。

第八章 心理学这样解读生活

一大早出门排队等公交车，坐上了心仪的位置；下班后来到超市购买所需的东西，挑选着整齐码放好的商品；结完账却发现自己又多买了很多不必要的东西；一回到家，就听到妈妈又在不停地唠叨："哎哟，你看你看，你爸又开始抽烟了"；打开面包袋，却突然发现刚刚排了很久的队买来的面包没有想象中的好吃……这大概就是中国人最平常的一天的生活缩影吧。可是，就是这平常的生活，却事无巨细地透露出玄机，比如排队心理学、暗示效应等。透过生活的万花筒，我们也可以看到缤纷变幻的神奇心理世界。

为什么我排的队伍总是最慢的

在超市购物结账，弯弯曲曲的几个收银台都排满了人，你选择了其中看似比较快的队伍站定，过了一会儿会感觉到旁边的队伍似乎比较快，于是你又换到隔壁的队伍，然而这时你又发现这支队伍已经开始变慢，甚至没有刚才那个队伍快了，可是你已经不能再回去了。

不仅在超市，在火车站排队买票也是如此，总是会觉得别人的队伍要比自己排的队伍快一些，而换来换去的结果只能是浪费更多的时间和精力。

为什么人们总是觉得自己排的队伍是最慢的呢？心理学上有一条著名的“排队定律”，说的是当人们在超市排队结账时，总是会觉得自己在排的那个队伍速度最慢，而会觉得似乎身边的每一条队伍都比自己所在的队伍结账要快。

从心理上说，这是因为人们在等候的这段时间里，无所事事；而且队伍前面的速度以及何时才会排到自己结账都是未知的，所以在排队的过程中，人们往往会变得很没有耐心，情绪不佳，思维也会起伏不定，想法变来变去，不断地换队伍，最终越换越慢。

但是，事实上并不是这样的，究其根源，这只是一个数学概率引发的问题，不可能每次你排得队伍都是最慢的。假设有一个超市现在正有 5 个队伍在排队结账，那么从概率上讲，选择最快和最慢的队伍的概率都是 1/5，因此选择上结账队伍最慢的可能性也只是 1/5，不可能每次都会“中招”。

大多数人会觉得自己的队伍 “最慢”，那是因为他们会时不时发现队伍之中总有一条队伍要比自己进行得快，因为这个概率要大得多，达到 4/5。所以说，认为自己排的队伍总是最慢的，这是一个日常生活中十分常见的典型思维误区——其实不是最慢，而是有时候相对比较慢。如果有幸凭着1/5的概率选择对了最快的那条队伍，人们也丝毫感觉不出这个队伍到底有多快。在排队的厌烦心理的影响下，人们只看到了队伍有多慢，而看不到队伍有多快。

所以就经常会觉得自己总是排错队伍，事实上，排上最慢的队伍只是概率上的事情，也就是运气的问题。没有人总是一直很幸运，反之也没有谁会一直很倒霉。

同样的道理，人们往往只会看到别人身上光鲜的一面，却不知道他们光鲜的外表下其实也需要经历许多辛酸苦楚。比如高薪的人压力总是很大，或者几乎天天都要加班到深夜；而自由的人则需要承受来自内心的孤独与彷徨……朋友圈里晒得都是美化了的幸福，真实的生活总是有得有失的，想要过得好，唯有努力前行。

妈妈为什么爱唠叨

曾有人做过调查统计，发现男人最接受不了的就是女人的“啰嗦唠叨”。诚然，似乎女性身上总是带有爱说话、爱八卦的因子。“三个女人一台戏”，很早以来就有人总结出女人们非凡的“话唠”能力。根据研究，女人一天之内说的话，是男人说话的两倍之多。所以对于说话相对比较少的男人而言，家里有一个一直说个不停的女人似乎真的很可怕。

最为痛苦的是，对于一件小事，有的女人甚至可以说上一两个小时，甚至时不时提起。对于男人而言，最怕的应该是女人不停地要求男人做这做那，“我刚才不是让你出来的时候把厕所的灯给关了，你怎么又忘记了！说了你多少次了，一次都没有听进去，昨天也是这样，每次都这样，能不能把你的坏毛病改一改啊……”

对于孩子而言，妈妈有时是非常唠叨的，比如天气变冷的时候，会不断地叮嘱：“外边太冷了，要记得多穿衣服，出门一定要戴手套，穿上那双厚棉鞋，一定要保暖……”这样的话有可能会从打算出门说到出门之前，反驳不了甚至还插不上话。纵然这是关心和爱护，但是翻来覆去地啰嗦，也不免令人心烦。

为什么女人总是爱唠叨呢？当女人成为妻子、母亲时，要操劳的琐碎事务很多，往往会出现照顾不到的地方，于是就通过唠叨来提醒。所以从女人的角度来看，唠叨有时就是爱的一种表现。比如穿什么衣、吃什么饭、吃什么药、坐什么车、衣服洗了吗、家里需要添置什么、门窗锁好没有、煤气关好了吗……可以说衣食住行，作为一个细腻、体贴、周到的妻子和母亲，都不可避免的会重复传达信息，家里琐事繁多，生怕错漏了哪一点。不过这也正是她们无微不至的关心的表现。

从维护整个家庭的运转来看，唠叨本来就符合女性的天性。因为作为家庭的女主人，需要担负起照顾的责任，总是为家庭操碎了心。洗衣做饭、洗锅抹灶、打扫卫生，女人简直就是家庭里的一个苦工。现代社会的女人，不仅要在职场上闯出一片天地，回到家里还要拖着疲惫的身躯做家务。来自工作和生活的双重压力，死死压着女人。所以，唠叨成为了她们的发泄口，她们通过唠叨甚至哭泣来倾诉自己的委屈、愤懑，缓解内心的压力。

所以，作为丈夫和孩子，都应该看到妻子和妈妈在生活中承受的压力和痛苦，把胸怀放得开阔些，把肚量放得广大些，可以将妻子和妈妈的唠叨变为一种和谐的聊天方式，通过正确的对话方式了解她身上所背负的东西，深入内心去体谅她，并分担她肩上的担子，这样能够有效缓和双方之间的矛盾，让她活得更自在、更美好、更惬意。

妈妈虽然爱唠叨，可是她是爱我们的。

一点点添糖的售货员

有一个聪明的售货员，找她买糖的顾客总是很多，于是她卖的商品要比其他售货员多很多。这不仅仅是因为她长得亲切、和善、友好，还因为她有一个秘密武器——那就是她从顾客的心理角度出发，恰好地把握住“一点点添糖”的顾客心理。

比如，顾客要买一斤左右的糖果，她总是先抓到0.9斤左右的糖果上秤，然后再一粒一粒地添加，直至足够斤数为止。而一般的售货员，不管三七二十一，估摸着差不多的斤数就上称，少了再添加，多了就往外拿。

这两种销售方式会带来什么样的结果呢？这个聪明的售货员满足了人们希望可以买到更多的商品的心理；在没够斤数的时候，她一点点地往称上添加，每添加一粒，顾客就更加高兴，因为顾客产生了以同样的价格买到更多商品的心理愉悦感，以为自己得到了额外的便宜。这样的做法不仅让顾客满意，还能获得顾客的肯定，给自己增加越来越多的客源，达到了双赢的效果。

而其他的售货员，超过斤数再一点点地往外拿，这种做法只会让人心生不爽。因为如果售货员放到秤上的这一把糖果远远超过一斤，那么他肯定会将糖果往下拿走，每拿走一粒，顾客的心就会随之一紧，总觉得放在秤上的东西就是自己的，而眼睁睁地看着自己的东西被拿走，顾客肯定会不高兴，甚至会怀疑糖果不够斤数。

这个“一点点添糖”的故事启示了许多营销商家。给顾客带来“额外的便宜”，能够获得顾客的忠诚，为自己带来稳定的客源。所以很多商家通过在商品的包装上打上大大的“增量 20%”等广告语，直接明了地告诉顾客会给他们带来更多的实惠。而顾客购买商品时，确实比较倾向于购买那些带有“加量”、“增量”字眼的商品。

你有多少张 VIP 会员卡

VIP 会员卡大家都很熟悉。打开你们的钱包，各种各样的会员卡映入眼帘，它们有可能占了钱包的一大部分卡位空间，你甚至不知道自己究竟有多少张会员卡。

纵观整个商场，从百货商店到超市，从服装到鞋帽，从化妆品到电器，甚至包括饭店、粉面店、快餐店，会员卡无处不在。现在随着手机移动客户端的广泛应用，原本实体化的会员卡开始转为虚拟的会员卡制度，通过扫描二维码、手机号码便可以验证会员身份，几乎每个人都有不同的会员身份。

VIP 会员卡原本是一种高级身份识别卡，现在已经被广泛应用，成为一种普遍化的现象，对于顾客而言具有一定的吸引力。虽然现在 VIP 会员卡已经遍地开花，但是要想获得一些好的商家的 VIP 会员卡，还得需要首先消费满一定数额才可以办理，成为会员顾客相对普通顾客而言还是具有一定的尊贵意义的。

商家们为了吸引消费者，一直在变换着花样。从打折促销到买赠活动，再到会员积分兑换，这些营销战略层出不穷。超市就很会巧妙地利用和发展会员制度，比如北京华联、大润发等超市规定持会员卡可以享受优惠的会员价或者可以优先购买商品，让消费者从心理上感觉到了商家对于会员的优待和重视，得到了购物优惠以外的心理满足感。

此外，商家还通过累积一定数额的积分可以兑换相应的物品或者抵消金额等活动，促进消费者前往商场消费。有点商家甚至还通过积分来加大某一时段的客流量。例如南百超市，因为消费者一般都是在周末进行购物消费，周一周二购物的很少，于是南百超市推出“周二二十倍积分”的长期活动，以刺激星期二那天的消费。

事实上，VIP 会员卡是商家和消费者建立的心理契约，消费者加入会员制度，表明对于该商品或者该品牌的兴趣和认可，而商家可以通过会员制度定时向会员消费者提供优惠服务，同时商家还可以通过信息等方式定时向会员发布商品的新消息，加大广告和宣传的力度。总的来说，VIP 会员卡有利于提高顾客的忠诚度。

VIP 会员卡，越来越成为商家争抢顾客的一个噱头。随着竞争越来越激烈的市场的逐步发展，会员卡的普遍化使 VIP 的客户身份很容易就获得，甚至是免费赠送的。说不定，从哪一天起 VIP 会员卡会逐渐消失在人们的生活中呢。

让熊孩子乖乖听话的“奖励递减法”

首先来听一个小故事：以前有一位老人生病了，他来到一个小山村里休养。但是，老人住的地方附近有一群顽皮的“熊孩子”，天天追逐打闹玩追迷藏捉小鸡，还经常跑到老人家后面的一辆拖拉机上面蹦蹦跳跳。老人因为熊孩子们的吵闹声而不能好好休息，但是无论老人如何让他们停止叫喊，他们都不听话，依旧嘻嘻哈哈，越来越吵，好似对老人进行挑衅。头疼不已的老人家想出一个办法。

这一天，他把孩子们都叫到一起，并告诉他们谁叫的声音最大，谁蹦得最高，他就奖励谁一个玩具赛车。孩子们争相叫喊，大力蹦跳。老人果然信守承诺，把奖励给了优胜者。第二天，老人依旧如此，但是此次的奖励已经变为一瓶饮料，这时熊孩子们的热情已经开始减弱，无力叫喊蹦跳了；第三天，老人把奖励降到两粒糖果，熊孩子更加失望了。慢慢地，老人不断地减少奖励，孩子们开始接受不了奖励的减少，纷纷不再来了。最后，老人所住的房子附近恢复了平静和安宁。

这就是“奖励递减法”的奇妙心理效应。顾名思义，“奖励递减法”指的是虽然还是做同一件事，但是随着时间的推移，所获得赞扬和奖励越来越少。这样会导致人们丧失原先的工作或学习热情，对之后的学习和工作产生严重的消极影响。

在孩子的教育上，很多家长喜欢用奖励法来鼓励孩子好好学习，比如考试得第一名，就奖励玩具车或者出去旅游，甚至可以答应孩子的一切要求。这种方式不能说是错误，但是随着年龄的增长，孩子的要求会越来越高，一旦超出家长的能力范围就无法满足孩子的要求，很容易使孩子从小建立起来的奖励心理遭到严重打击，导致其不再有心思学习。所以，希望孩子能够努力学习的家长，逐渐累积的奖励法不一定能够保证孩子的好成绩，作为家长，更为重要的应该是培养孩子学习的兴趣。

“奖励递减效应”在企业和员工中的影响更为显著。往往刚入职的新人，都想要给领导和老同事留下一个勤快的好印象，他们总会提前到办公室，扫地擦桌，打水浇花，还经常主动要求加班。刚开始，领导和同事对此都会不吝赞扬。但是，如果不能一直坚持下去，那么很容易留下坏的印象，还会给领导和同事们一种很“装”的感觉。

而对于企业而言，一般给予员工的奖励都是循序渐进的。因为老板们都深谙“奖励递减法则”的危害，如果一开始就给予员工过多的奖励，那么之后奖励的减少会让员工心生失望，看不到前进和发展的劲头，反而容易使优秀的人才流失。

胎儿也有自己的想法吗

胎教，已经成为怀孕夫妇的日常活动。现在人们都认为胎教十分重要，对于孩子出生后智力的开发和培养是有用的，因此在市面上有关于胎教的书层出不穷，比如《胎教音乐》、《胎教的秘密》、《让我们一起来胎教》等等。然而，却有人对此提出质疑，还没有出生的婴孩，在子宫里真的就已经有想法了吗？胎教，真的有那么神奇吗？

可能很多人都不知道中国是胎教的发源地。2000多年前，《黄帝内经》就曾经论述过“胎病”，而西汉著名的文学家贾谊，在《新书·胎教》中正式提出并运用“胎教”这一词语。宋代的时候，名医陈自明专篇论述了“胎教”。在清代陈梦雷等人编辑《古今图书集成·医部全录》中，更是专门立了一个“小儿未生胎养门”专列，收集整理了历代关于胎教学说的内容，并位居儿科分卷之首。可见，古人对“胎教”是十分重视的。

美国著名的心理学家布卢姆发现人的智力在4岁以前就已经完成了50%，那么应该包含胎体时期在内。美国临床心理学家布赖思·萨特发现当父母给未出生的胎儿唱温柔动听的“胎歌”时，胎儿经常产生一种特有的活动方式。研究表明，大多数的父母确实可以用这种歌声使烦躁不安的胎儿平静下来。

腹中的胎儿是否真的有想法，目前还缺乏科学的论证。但是，胎儿确实与母亲的心理息息相关。日本学者七田真发现，在妊娠期间，母亲消极对待孩子，不理不睬，那么之后孩子可能也不愿意与母亲接触，敞开心扉地聊天；而如果母亲十分注意与胎儿的沟通，不断地跟他说话、唱歌给胎儿听，孩子生下来之后也会与母亲比较亲密。胎儿跟妈妈心灵相通，在母亲子宫中的胎儿完全能够感受妈妈的各种情绪。因此对于准妈妈而言，放松身心，乐观积极，减少负面情绪和能量，能够让胎儿减少负担，维持高活跃的心理能量。这也是胎教的一种。

其实最好的胎教来源于平常的生活，包括准妈妈们与丈夫的谈话，与周遭人的相处，还比如准妈妈们会经常抚摸着圆滚滚的肚皮，跟孩子耐心地对话，或者跟胎儿一起听音乐放松自己，看画展陶冶情操，逛超市感受生活。

从生理心理学上讲，胎教音乐确实可以通过对听觉神经器官的刺激，引起大脑细胞的兴奋，而改变准妈妈下丘脑递质的释放，分泌出酶和乙酰胆碱等有益于健康的激素，使身体保持极佳状态，对胎儿的健康成长也有所裨益。而且音乐可以净化心灵，郁闷时听一曲音乐，可以心旷神怡。孕妇与胎儿连为一体，孕妇的身体和精神状况，也影响着腹中的胎儿，所以当准妈妈不断使自己变得有想法，变得深刻起来，说不定腹中的胎儿也能够逐渐有了自己的想法和意识。

一个好消息和一个坏消息

“一个好消息，一个坏消息”，你想先听哪一个呢？不同的人有不同的选择，选择“先喜后悲”的人想要在情绪低落之前听到令人激动的好消息，惊喜完之后还希冀用好消息带来的心理建设来抵御坏消息的侵袭；而选择“先悲后喜”的人，却希望在全盘接受坏消息带来的痛苦时，下一个好消息能将坏消息中的自己拯救出来。

有研究发现，对于大部分人来说，先听坏消息比先听好消息更容易接受。在心理上，先听坏消息，那么人们的心理接受能力会变大；这时候再听到好消息，会破涕而笑，能够感受到更加强烈的愉悦感；反之，先听好消息，再听坏消息，有可能会让有些人不能接受。对于传递消息的人来说，无疑先说坏消息，再说好消息，能够增强传递信息的安全感和成就感。

心理学上有一个“免疫效果”的理论：对于一般人来说，无论先听到好消息还是坏消息，结果都是一样的。虽然如此，但是如果先听了坏消息，就会先给听者建立起心理预防和免疫体系，然后再听好消息就可以使人们的注意力更加集中，使人们更能够接受完整的信息。因此，现在很多广告都会利用这种“免疫效果”理论，首先要说一说当前情况下，自己产品及品牌存在的不足，但也会花费很多的时间和精力来说明公司克服种种困难，进行技术研发和应用，设计生产出产品，在广告的后面吹捧自己产品的优势和特点，企图利用这种看似客观实际的宣传来赢得消费者的认可和尝试。这种先抑后扬的广告，更能让消费者接受。

而如果广告颠倒顺序，先天花乱坠地告诉消费者自己的产品到底有多好，然后在广告的后边再提醒消费者使用本公司的产品也是有风险的，因为还不够完善、质量还有待提升，那么消费者肯定频频吐槽：“前面把自己说得那么好，为什么后面要自露马脚?”

一个好消息一个坏消息，总归起来就是两个消息而已。但是好多人却在上边大做文章，充分利用人们的心理作用。其实无论好坏消息，该来的总会来的，拥有一颗强大的内心，坚定的信念，是不会被坏消息所打垮的。

超市摆放的商业心思

不知你有没有发现，每次逛超市之前你可能只想买一两样东西，可是每当逛完超市，最后买的总比原先预想的多，甚至买了一些自己根本不需要的东西。“超市购物中有六成左右属于计划消费，四成左右属于冲动型购买”，我们真的很容易被超市的“心理战术”牵着鼻子走。

就超市的摆放来说，就十分有技巧，这可不是一件简单的事。现在，让我们来一一识破超市的摆放消费心理战术。

利润最大以及急需促销的东西往往放在人们最容易拿到手的地方。比如与顾客视线平行的地方，齐腰和齐膝的地方。比如，小孩子的糖果一般放的比较低，而成年人喜欢的糖果放在比较高的位置，因为这些位置都能够轻易地拿到商品。不要小看这些位置，它们能够增加销量。

商家最想卖的东西往往放在右边。因为我们绝大多数人都习惯用右手拿东西。所以超市花了一些小心思，将最想要销售的商品放在各种临时展柜和支架的右边，方便顾客拿取。

新鲜日期的商品总是在最里面。超市是一个流动的中转站，因此最先进来的东西肯定要先卖，要不然每次新进回来的商品都被先购买，慢慢地会自动留下离保质期时间越来越近的商品，对超市的运营十分不利。因此超市会把最新鲜的商品堆在最里面、压在最下面。

特价商品可能并不是最实惠的。一进入超市，就会看到许多特价商品堆积在超市门口的展柜上，许多顾客在兴奋地挑选着。然而，这些特价商品大多数是临期的，要保持冷静，考虑自己是否能在保质期内解决掉。

超市中的蔬果大多陈列在中心的显眼位置。一方面农产品是超市中能够获得利润比较多的产品，因此要放在中间部分，让人们在宽敞的领域自由选购；另一方面，超市蔬菜、水果等农产品要比菜市场的贵很多，超市要体现出的是优于菜市场的干净和舒适，营造出一种安全、绿色环保的购物环境和氛围。

此外，超市还专门在孩子的必经之路放置专门的玩具或小零食的展柜，企图吸引小孩子的目光，让任性的孩子带动冲动的消费。比如有些孩子明明家里已经有玩具，可是看到新的玩具时仍然会目不转睛，央求父母给自己买下来。

经过那么多道暗藏玄机的产品摆柜和展柜，超市对你的购物考验还没有结束，因为他们还在收银台附近放置零食、糖果、口香糖、纸巾等小物品。人们在排队等待结账的时候，时而会被这些小型产品所吸引，最后禁不住诱惑而买下了原本没有打算要买的东西。

乘车位置的小心思

首先来做一道心理测验题：

坐车时，你最喜欢坐在哪个位置？

A. 坐在司机后面。

B. 坐在车厢中间的窗户旁。

C. 坐在通道旁。

D. 坐在车厢尾部。

E. 坐在车门旁。

F. 坐在单人座位上。

G. 站着，即使有空座位。

人们的举动反映着自己的心理，连乘车时所选择的位置也能透露出一个人的心思。有的人喜欢靠前坐，甚至坐在司机后面的那个位置，这样的人如果排除掉晕车的可能性之外，他们相对比较缺乏自我主见，经常跟随着领导或他人做事，亦步亦趋。有的人喜欢坐在通道旁，觉得进出方便，这样的人有着比较强烈的自我保护意识，而且不愿意受到外界过多的约束，喜欢自由自在的感觉。有的人喜欢坐在中间车厢的靠窗位置，这样的人喜欢新鲜，但又比较爱思考，做事相对稳重。有的人喜欢坐在车尾位置，这样的人冷静有大局观。而有的人喜欢坐在车门位置，这样的人总是在看时机做事，一不对头马上撤下来。而有的人喜欢坐在单人座位上，他们在平时生活中多半都是踽踽独行，不喜欢和别人打交道，比较孤僻自我。而有的人则喜欢站着，这样的人往往容易引人注意，他们喜欢一些与众不同的事情，也渴望别人的关注。

英国索尔福德大学的心理学家汤姆·法塞特博士也曾经研究和分析过双层

公交车上选择不同位置的人透露出的不同性格特征。比如，喜欢上层前排位置的人，大多是思想前卫的年轻人；而喜欢上层中间座位的人大多比较沉默，各自听歌看报，是有独立见解的人；而喜欢坐在上层后面座位的人大多是叛逆的少年，总是发出激烈的言辞。

而喜欢坐在下层前排的人一般比较善于社交，容易跟别人建立起良好的关系；喜欢坐在下层中间位置的人则善于交流，他们能够“瞻前顾后”地与人交谈；而选择下层后排座位的人则是风险的承担者，他们认为这样会让他们感觉自己很重要，在生活中他们是敢于承担责任的好伙伴。而那些任何位置都无所谓的人，则是“变色龙”级的人物，他们可以根据环境改变自己的性格，来适应需要，并保护自己。

无论是坐公交车还是火车、飞机，我们都希望能够选到心仪的位置。从心理学上说，每个人都有自己独特的安全空间和安全距离。而公交车、火车和飞机都是一个公共的场所，身边流动着各色各样的人，人们的安全感距离遭到不同程度的破坏，所以会有不同的反应。

有的人安全距离比较小，喜欢和别人交谈，而让旅途不再枯燥；有的人没有安全感，他们通常都很谨慎，安全距离大，所以相对比较冷漠想要自己的独立安静的私人空间，不喜欢别人冒犯自己的空间。

排队长的面包不一定好吃

偶然路过一家面包店，每天门口都排着长长的队伍，挤满了人，看起来生意非常火爆。有那么多人排队，想必面包十分好吃，于是也跟着排队等候购买。好不容易拿到面包，一吃却发现还不如自己家楼下那家名不见经传的面包店里卖的面包好吃呢。

可是，为什么每天还是有很多人在排队呢？心理学上有一种行为叫作“同调行为”，大概是绝大多数的人不喜欢特立独行，想要跟大家保持一致的步调。当看到很多人在排队，就会想既然那么多人在排队，那我也跟着排好了，要不然会错过好东西呢？就像大街上突然看到好几个人在往楼上张望，路过的你肯定也会忍不住停下来往楼上张望，看看到底他们在看什么；而当你回过神来，会发现张望的人已经不只是几个而已，甚至发展成这片区域的人都在不明所以地张望着。

“从众心理”自我们出生以来就根深蒂固，是一种与生俱来的心理意识。比如在产房育婴室里，只要有一个小孩哭，其他的孩子听到了也会跟着哭。在社会生活中，别人的活动有可能影响到我们，而我们同样也会影响到别人。这就是为什么在闹市中宣扬“赶快逃跑”的谣言，会让整个闹市的人们都跟着跑起来。而在日常消费中，这种从众心理也值得我们注意。有时候我们的消费行为往往建立在“听说这家店里的东西很好吃”、“这里很多人排队，东西应该不错”的从众心理上。缺乏消费经验的消费者，往往会听从消费群体的选择，表现出从众的倾向，很容易造成冲动购买。

“托儿”即由此而来。有的商家正是利用了人们在消费购物时的这种从众心理，专门找一些“托儿”来排队，营造出一种“大家都来购买”的火爆购物氛围，推动自家产品的销售。

当然，有时候排了很久的队买到的东西却没有想象中的好吃，从另一种角度来说，并不是因为东西不好吃，而是因为“等得越久，期望越高”。从生物心理学上说，看到很多人排队，大脑会分泌出一种名为“多巴胺”的激素，这种激素能够让人产生兴奋的情绪，使人觉得那么多人排队肯定特别好吃，所以在排队的过程中对商品产生了浓烈的兴趣和期待，导致期望越高，对商品就越挑剔，如果发现买到的商品并不好吃，失望之情就会油然而生。因为人们本来就不喜欢这种耗费时间的排队，在排队时很容易没有耐心。人们忍住这种不耐烦，只是为了获得内心中最渴望的商品。随着队伍每前进一下，内心中的期望会增加一分，以至最后不那么完美的商品会引起反作用，觉得“也不过如此嘛，以后再也不去买了。”

因此，对于商家而言，“酒香不怕巷子深”，必要的宣传和广告固然是必需的手段，但是努力提升产品质量，提高顾客体验，才能获得顾客对产品的认可和忠诚。

拥挤的环境为什么会让你抓狂

汹涌的人潮，浑浊的空气，黏糊的气味，扰人的嘈杂，推攘的恼怒……看到这些字眼就已经足够让人抓狂，更不要说去亲身体会了。中国人口有近乎 14 亿之多，城市中上下班的高峰期、黄金节假日的旅游景点，可以说是摩肩接踵，人山人海。

拥挤的环境会给人的身心健康带来威胁和危害，也很容易让人情绪失控，陷入抓狂的境地，尤其是在夏天，拥挤的环境更是让人避而远之。从私密空间和安全距离这个角度来说，拥挤的环境让人十分抓狂，是因为拥挤带来的高密度，导致人们的负性情感的主观心理反应不断加强。比如，当人口集中的密度达到某种标准，与他人的距离越来越小，个人空间的需要无法得到满足时，人们的负面情绪就会逐渐累积，很容易爆发出来。所以，很多人容易在人多的环境中爆粗口，有时还会因为一点点无足挂齿的小事，如碰到、踩到、推到等等，与人吵架甚至打起来。

从心理学上讲，高密度人群对人造成的影响可以分为直接效应和累积效应，即短期影响和长期影响。直接效应指的是由于高密度带来的即时负性情感体验，如焦虑、紧张、烦躁、愤怒；累积效应指的是高密度对健康的损害，比如呼吸困难、窒息。

有趣的是，一般男性比女性更难以承受拥挤的环境带来的心理压力。这是源于高密度往往会带来或加重个体的消极情感状态，女性在社会交往中有更高的合群动机，比较喜欢与人交往，所以在近距离内有更大的亲和力，也不太会抗拒亲密的距离，在拥挤的环境内产生的消极情感比较少；然而，男性的竞争动机和竞争意识比较强烈，习惯与他人保持敌对和距离感，因而当和他人距离过近时，男性往往会产生较为强烈的威胁感。因此，在高密度的拥挤空间里，男性体验到的消极情感比女性更强烈。

而且，拥挤造成了气氛的紧张和情绪的烦躁，人们高度的注意力和清晰的思维能力受到极大的限制，很容易产生焦虑、烦躁的情绪。甚至会出现社会退缩行为，比如在超市买东西去结账时发现排队的人很长，许多人就会选择不买了。所以很多超市在高峰期开设更多收银台，以减少或避免这种情况发生，营造较好的顾客购买环境。

后悔购物，可一直都在购物

“这个月再也不买衣服了，再买就剁手！”随着淘宝的盛行，“剁手党”应运而生。“剁手党”往往是管不住自己的双手，总是忍不住浏览商品，总是能够发现自己心仪的商品，于是忍不住就又加入购物车，然后下单购买。但是，购买的东西往往并不是自己真的需要的，造成资金的浪费。比如，明明已经有了好几条长裙，可看到新的款式就会忍不住购买，实际上却没有穿多少次。于是后悔了，但是下次再看到，还是会忍不住购买。

“剁手党”和“购物狂”表示的都是同一类人，他们喜欢购物带来的那种刺激感和满足感，而且主要是女性。心理学家认为这种“一直在购物”的心理，体现了对琳琅满目的商品一种病态的占有欲。面对商品，她们总是能够找到符合自己心意的，哪怕是对自己毫无用处或重复购买，她们都会不假思索地大掏腰包。于是，“购物狂”经常去逛超市、逛商场，一旦去了就一定会买东西回来，不买的话心里就会不舒服。

从心理学上来说，“剁手党”和“购物狂”心理存在着巨大的压力、痛苦或者迷茫，面对身边的人他们无从倾诉，只能通过购物的方式将情绪发泄出来。所以，有的人心情不好时会去逛街购物，试图用物品的新鲜感来转移自己的注意力，使自己从低落的情绪中走出来。“当我失恋的时候，情绪特别不好，我就会买非常贵的东西，有时候甚至还会冲动地买房。”焦虑不安时，疯狂的购物确实能够使人心情变好。

但是，过度使用这种发泄方式，他们只会越陷越深，让购物成为他们生活中不可或缺的一部分，导致严重的消费依赖症，不可自拔，甚至发展到不购买东西就睡不着觉，必须下楼买一两样东西才能入睡的地步。

而且，不加节制的消费带来的经济压力也会使人崩溃。每次购物后，干瘪瘪的钱包和长长的信用卡对账单，只会给人们增添压力，于是“购物狂”开始为自己的经济状况担忧，但是这种压力过大时又会让他们陷入购物的狂欢，如此恶性循环，造成了“我知道我的收入和自己的开销不符，我总是入不敷出，但是我没办法去改善这种状况”的结果。

因此，对“购物狂”和“剁手党”而言，应该转换一种释放压力的方式，比如跑步、打球、骑行等运动方式，或者采用向他人倾述的方式，避免通过购物来达到自己内心的平衡，纠正过于强烈的购物欲望，保持平常的心态。当你的购物情绪出来的时候，要注意分辨是烦恼和压力迫使自己通过购物来释放，还是自己真的需要购物。记住，不要再让情绪控制你的钱包。

看优惠促销如何掏空你的钱包

每逢节假日，比如中秋、国庆、春节，各大商场总是推出一个个打折优惠促销活动。“满 200 送 100、满 300 送 200”，一到周末和假日，商场里往往人头攒动，人们对商场的优惠促销总是满心欢喜，觉得这时候去购买，能够得到很大的优惠，省下不少钱。可是，一逛回来，却发现钱包空了，该花的不该花的都花了，想省下来的却一点都没省下来。

精明的商家往往用“9”来营造一个便宜优惠的假象，衣服、鞋子不少都标着“99、199、299……”的价格，运用巧妙的心理战术让人们以为不到 100 元、200 元，真的很便宜。而且，商场有很多活动都是买满减或买满送，比如商场搞活动“买满 200 送 100”时，人们往往为了凑 1 元而买了不必要的东西。比如一件风衣 199 元，只买这一件那么就得不到优惠券，而商场中不可能有 1 块钱的商品，所以为了得到优惠券，只能再买一些零碎的东西，比如 30 多块钱的袜子来凑成整数，这样长久以来卖不出的袜子也卖了很多，而作为消费者却多买了一个自己不想要的东西。

每年的“双十一”都打着半价、最优惠的旗号。所有参加 11.11 官方活动的商品都打上了专门的“11.11 购物狂欢节”标识，表示最近 30 天内都可以用优惠的价格买到该商品，其中很多商品在双十一那天会有巨大的优惠。比如低价秒杀活动。“今天你抢了吗”，很多商家通过少量的秒杀来吸引众多的关注，抢到的人固然心生欢喜，而在秒杀中抢不到的人，有些就在网页下单直接购买了。商家看似为了消费者而大打折扣，实际上精明的商家根本不会做赔本的买卖，如何刺激消费者进行消费，并调动消费者的购买欲望，才是商家的“醉翁之意”。

低价带来的巨大吸引力，让消费者感到物超所值，激起消费者的购物欲望，拉动了本来没有的消费需求。促销就是使消费者购买商品的一个重要诱因，折价券、折扣优待、送赠品、抽奖等手段，让消费者觉得自己花了较少的钱却能买到一样的东西，或者花一样的钱却买到两样东西，支出的减少和赠品的增加，能明显让消费者在心理上感觉到比较划算，这样才会促进消费。而且，有些商家十分“狡诈”，本次消费获得的优惠券，下次购买才可以使用，这带动了消费者再次进店购买。

事实上，消费者是不可能在商家的优惠促销中获得很大利益的。比如“双十一节”之前，商家已经较大幅度地涨价；“8”和“9”的尾数定价法实际上距离整数只有一两块钱，并没有想象中的那么廉价实惠。对于商家而言，消费者行为越复杂，表示消费者投入其中的心力越深入，比如为了可以满额参加抽奖活动多买了口香糖，为了达到满额多买了一条短裤，买满 59 元可以换购 9 元的洗衣液实际上一点都不便宜。然而，促销优惠就是如此一步步掏空了你的钱包。

为什么说谎时容易断片儿

自从亚当听了毒蛇的谎言偷吃了智慧果，人类的世界便染上说谎的色彩。在我们的身边，无时无刻不充满着谎言，谎言无处不在。我们常常遇到这样的问候，“最近怎么样?”而不管是不是真的过得很好，即便此刻你还在为明天的房租困扰，我们都会回一句“都挺好的”。

从心理学上来说，说谎是出于一种自我保护的需要，生活中的“我”往往是经过伪装和包装的，所以人们可以根据不同的环境换上适当的面具，呈现出不同的“我”。谎言并不都是有害的，善意的谎言对于维护社会的和谐有序发展是十分必要的。

对于很多人来说，一生不可能不说谎。有些人是说谎的高手，因此有了“测谎仪”来识破谎言。而有些人则不善于说谎，一说谎就吞吞吐吐，舌头打结；他们在说谎的时候，话中带有较多停顿，而且停顿下来，经常假装清喉咙、频频吞咽；说话的表述也不清楚，“嗯”、“啊”、“呃”等语气词充斥其间。

事实上，谎话之中最不可靠的信息是语言部分，因为人们可以通过自我控制语言来更改事情的本来面貌，可以说言语中能够隐藏最大的谎言。然而，有些人却控制不了语言，一说谎话就会忍不住断片儿，说不下去。那么，为什么说谎时容易断片呢？

说谎的人在潜意识里就觉得说谎是不好的，即使是善意的，也认为是对他人的一种欺骗。因此，他们在说谎话时，一方面因为存在说谎话的负罪感，在说谎话时会表现得不自然，一说谎就会吞吞吐吐，欲言又止；另一方面，他们心思相对比较缜密，总是害怕说了谎话之后会引发一系列的矛盾，害怕这个谎话会被人抓到把柄，还需要继续说谎来圆这个谎。因此，说谎的人，往往会把一句话拆分成好几个小节来说，显然这样子说谎的迹象会更加明显。

珊吉达·欧康纳博士经过研究发现，男人撒谎加容易吞吞吐吐、出现断片的情况，而女人撒谎的水平则远远高于男人，因为女人有着较强的语言组织和表达能力，能够编造更为复杂的谎言。比如男人只会说“我昨晚睡着了，就没有接到你的电话”，而女人则会说“我昨天一整天都在工作，整个人都很累，回到家倒头就睡了，一觉到天亮，睡得太香了完全没有听到电话响”，女人往往能够用详尽的语言把谎话说得很圆满，可信度也很高。

当然，说谎高手即使能够在语言上骗过别人，但是在肢体语言上却难以逃过敏锐的人的察觉。说谎时候的小动作，比如瞳孔无意识地睁大、边说话边触摸鼻子、用手遮住嘴巴、眼神迷离、四处张望、耸耸肩……说谎者总是无意识地通过这些肢体语言，来掩饰自己内心的变化和紧张。

第九章 心理学这样解读困惑

在生活中，常常会发生一些让人很难弄明白的奇怪事情。比如，刚刚和同事在悄悄谈论领导的八卦，突然他就出现在眼前；比如，紧紧握住的金币，走着走着忽然就不见了？最神奇的大概是，每次看着别人打哈欠，自己也会忍不住打一个，甚至看到“打哈欠”这三个字也会自然而然地打起来。然而，这世间万物，固然奇妙，但也有迹可循。离奇的人和事都被固定在客观规律的轨道上运行，其实一点儿都不奇怪。那些看似奇怪的事情背后，往往是人们迥然各异的百态心理。让我们一起瞧一瞧，那些你弄不懂的人和事儿背后最真实的面貌。

越害怕的事情越容易发生

你去商场买了一部新手机，回来的路上总是怕被人盯着，总想去摸摸它还在不在。然而，这种谨慎而又反常的行为引起了小偷的注意，最后新手机还是被小偷偷走了。总是害怕自己第二天的面试表现不好，而频频失眠做恶梦惊醒；第二天早上你顶着一双熊猫眼，哈欠连天地参加面试，最终没有得到录用通知。总是怀疑自己有病，没想到检查出来真的生病了。抛硬币想抛到正面，却总是得到反面……似乎我们越害怕发生的事情，就越容易发生。

这就是著名的墨菲定律（Murphy´s Law），越怕出事，越会出事。如果事情有变得更加糟糕的可能，那么不管这种变坏的可能性出现的概率有多小，它总会发生。比如你今天上午决定和朋友一起去骑行爬山，但是听到天气预报说今天有可能会下雨。你出门前看着天气晴好，便决定按计划走，希望不要下雨。可是没想到，在半路的时候真的下雨了，你被淋了个落汤鸡。越不想要发生的事情，就越会发生。对于人的行为而言，有时候就是因为害怕错误发生，所以会非常在意。而注意力越集中于此，就越容易产生疏忽而犯下错误。比如切马铃薯的时候，越是害怕切到手，越是小心翼翼，越是容易使手指受伤。墨菲定律告诉我们，犯错误是人类与生俱来的弱点。没有人不会犯错误，在社会生活中，不论科技多发达，事故都会发生。小到物品丢失、文件漏发，大到大巴坠崖、飞机坠毁失联，而且越是复杂的事物越容易出现事故。2003 年，人类历史上最复杂的运输工具——美国“哥伦比亚”号航天飞机，返回时在得克萨斯州中部地区上空解体，机上 6 名美国宇航员和首位进入太空的以色列宇航员拉蒙全部遇难。

虽然说犯错误是必然的，但是我们不能“因噎废食”，不能因为错误和事故的存在而不做任何事情；毕竟意外总是小概率的。大大咧咧的人被偷手机的概率总比小心翼翼的人要大。而“墨菲定律”告诉我们最重要的一点正是：意识到人类自身存在的缺陷，所以做任何事情都应该更加全面周到一些。对可能存在的隐患和事故，保持一种如履薄冰的谨慎和小心。比如，你明明看到天气预报说要下雨，出门前最好带好雨具，以防被淋。

尤其对于安全管理者来说，更应该正确认识墨菲定律。对于存在的安全隐患，不能抱着一种安全事故迟早会发生的消极态度对待。“8·12”天津塘沽爆炸事件让人们痛定思痛，当安全生产的手段越来越高明的同时，所面临的危险和麻烦也越来越严重。面临容易发生的危险事件，防患于未然是十分必要的，大意总是会犯下大错的，不要因狂妄自大让我们吃尽苦头。

说曹操，曹操到

我们经常会遇到这样的神奇现象：正在谈论或者刚刚想到一个人的时候，这个人竟然就出现了。这就是所谓的“说曹操，曹操到!”大概每个人都遇到过吧?

“说曹操，曹操到”的故事发生在东汉末年。当时的汉献帝被李傕与郭汜包围。这时，有人献计让曹操前来救驾，因为曹操曾经平剿青州黄巾军，完全有能力前来相救。然而，传送消息的信使还没有出去，夏侯敦就奉曹操之命率军前来救驾，并将李郭联军击溃，将汉献帝救了下来。这对于汉献帝来说，真是最及时的“说曹操，曹操到”。

为什么会出现这样的现象呢？从心理学角度来看，这只不过是人们对这类巧合现象印象深刻，并喜欢“虚神弄鬼”地夸张化解释罢了。人们往往会轻易忘掉前一百次失败的预言，却总是把偶然一次成功的预言挂在嘴边。

我们对外界的感知是有选择的，人们似乎更愿意相信那些超出因果关系之外的奇特事物，因为它们显得奇妙而不可解释。这并不是因为预言多么准确，只是大多数人一厢情愿地记住证实这句话的经历。事实上，这只是因为我们对“说曹操，曹操到”的现象十分着迷，而在很多情况下，我们在谈论某人的时候，他并没有出现在面前。比如那个人远在天边，那是不可能立刻来到身边的。那种一说就出现的例子，也许会有很多次，但是按照概率来说，出现的概率是非常低的。

因此，“说曹操，曹操到”只不过是偶然事件。而且，在平常生活中，我们聊天中出现的对方无非就是身边的人，比如同事、领导、同学、老师等，所以正在被谈及的这个人出现也是在可控范围之内的。于是，一旦出现了，人们就会一条条地累积下来，形成这种看似很有“默契”的巧合。

我们并不知道，历史上是不是也有过汉献帝想让曹操来护驾，而曹操迟迟不到的情况。或者“说曹操，曹操到”，曹操本意就是想救汉献帝，他一早就谋划好了整件事。因此这个救驾让曹操名声大震，得以加官封爵。

生活中许多似乎无法用常规解释的“神奇之事”，有时候只是我们不够了解，事实上一点都不神秘。

你是不是也跟着旁人打了哈欠

工作累了，打一个哈欠，伸一个懒腰，然后你会发现身边的人也会跟着打了个哈欠，连环打哈欠的传染效应十分有趣。

当你看到打哈欠的图片时，你肯定忍不住要打一个哈欠；当你听到有人在旁边打哈欠时，你也会跟着一起打哈欠，甚至你在读这篇文章的时候，也有可能在打哈欠……反正，我现在正在边写边打哈欠，哈欠连连，可是事实上我并不累也不困。那么，打哈欠为什么会如此容易传染呢？

从心理学上来说，当看到别人打哈欠会得到一种心理暗示，就是“困了”；并且视觉会大大刺激大脑表层，紧接着刺激神经反射，于是我们也会跟着学起来，自动打起哈欠。这正是适应环境的一种群体效应的表现，也是一种本能的现象。打哈欠传染与感冒传染不同，它更多的是一种心理作用所引起的肢体动作。

大部分人都会控制不了打哈欠传染的侵袭，从这个方面来看，打哈欠传染正体现出心理学所说的马纳姆效应，人们从意识到身体都迷失在从众心理之中，以他人的行为作为参照，便形成强烈的心理暗示。

当然，并不是所有的哈欠都有可能形成。一般来说，感性、敏感的女性更容易受到别人的影响，而在家庭成员、同事、朋友、熟人或是刚刚认识的人之间，打哈欠的传染性更加强烈。心理学家同时放映打哈欠视频给实验者看，通过观察发现，不受打哈欠传染的人，一般都是比较理性、冷酷、坚定、独来独往、不善于沟通的人，因此不易受到他人影响。反之，容易接受打哈欠传染的人，比较善良敏感，因此心理学家认为心地善良的人更容易打哈欠，也容易被他人打哈欠的行为所影响。美国康涅狄格大学的研究者还发现，打哈欠传染不会发生在5岁或6岁之前，大部分的孩子要到4岁以后才会被别人的哈欠“传染”。

一般来说，打哈欠是大脑意识到需要补充氧气的一种反应。打哈欠是把体内的二氧化碳排放出去，从而吸入更多的氧气，驱散身体的疲倦，让精神再次振发。打哈欠传染不完全只是受周围氛围所影响，还与自身的精神状态和心理因素有关系。大家同在一个区域一起经过长时间的工作，本身已经很疲倦，只是身体忘记了“打哈欠”，因此当看到其他人打哈欠的时候，就会不由自主地打哈欠，就像看到别人吃好吃的东西，自己也会感到饿了一样。

所以说，你打哈欠也怪不得别人，因为事实上你自己也想打哈欠。

不吃却饱着，狂吃却饿着

在我们的社会生活中经常会出现一些矛盾现象，比如有时候明明没怎么吃饭，却觉得很饱了，吃不下了；有时候吃的东西已经远远超过了平时的分量，却觉得还是很饿。这种与现实矛盾的选择，屡次出现在日常生活中，尤其是在每次心情发生巨大变化时。

厌食症和贪食症都是一种进食障碍，有些人可能同时存在厌食和贪食现象，正是不吃时却饱着，狂吃时却饿着。厌食症主要表现为对食物提不起兴趣，没有胃口吃东西，或者有时候觉得有食欲，但是没吃几口就觉得胃里发胀吃不下去了。贪食症是明明已经饱了，却还在一直狂吃，根本停不下来，似乎都不知道什么时候才饱。

厌食症通常出现在想要减肥的年轻女性身上，为了追求瘦美而开始强迫自己少吃，最后导致出现了身体乏力、容易困倦的反作用，而常常会伴有不想吃饭，也没有饥饿感。轻微的厌食症，有时候也与心情好坏有关。当压力大时，人们往往会产生消极情绪，对什么都漠不关心，甚至最基本的吃饭都没有兴趣。“衣带渐宽终不悔，为伊消得人憔悴”，当感情受挫时，也会出现不想吃的情况。

而暴食症则是因为心情不好、抑郁或者无聊，找不到发泄的途径，因此总会吃好多的东西，不吃到吃不下绝不罢休；甚至有人吃到身体已经感觉到不适，还是停不下来。为了避免负面情绪的爆发，他们试图通过食物来发泄情绪，获得心里的满足感。而且，“明明已经很饱，还要不停的吃”的人，心理上有一定的强迫倾向，吃不再是为了吃，而是完成一定的任务。

我们生活在一个压力沉重的社会中，上班要努力工作养家糊口，下班还要忙碌家务、人际经营。因此在重重压力之下，人们会通过各种有意或无意的方式来发泄自己的情绪，比如“吃”这种很简单的方式。当你在情绪低落时，大口吃冰淇淋、一勺又一勺地往嘴里送蛋糕等甜点，在味蕾的刺激下，你会发现压力就像变成了美食，一口又一口地被吞噬掉。

只要找到这些情绪问题的根源，你就会找到合适的发泄渠道，改变这种折腾自己肠胃的发泄方式。因为往往会发现，当你晚上大汗淋漓地解决掉麻辣火锅时，第二天很有可能要饱受上火喉咙疼、拉肚子的风险。稍有不慎，在情绪不佳的时候，不吃饭或者暴饮暴食会给身体带来无穷的后患。

邻居老太太的烂苹果

隔壁邻居老太太总是在吃烂苹果。每次她买回一筐苹果，总是先找到烂的苹果吃掉，好的苹果留到以后再吃。就这样，明天、后天、大后天，她都是先找烂的苹果吃，好的就往后边留。这样就导致她不断地吃烂苹果，最后吃的还是烂掉的苹果。

对于老太太来说，她们小的时候，物资十分匮乏，很难吃得上苹果，因为那时候能填饱肚子就已经很不错了。对于穷怕了的老人们来说，囤积食物已经成为他们的习惯。

“强迫性囤积症”（compulsivehoarding）俗称“囤积癖”、“囤积狂”，是指喜欢购买、收藏、囤积一切有价值或者无价值的东西，把房子塞得满满当当的一类人，他们通常有强烈的占有欲，即使是最普通的东西也舍不得使用，更舍不得丢掉，尽管这些物品已经妨碍了他们的正常生活。

然而，在今天不愁吃穿的幸福时代，仍然有很多人喜欢囤积食物，甚至囤积成瘾、囤积成狂，在家里囤积下包括米、肉等食物，然后慢慢地一点点消化掉。在美国，有600万-1500万人是囤积狂，占了美国总人口的5%，而在澳洲，也有100多万人患有囤积癖。囤积症患者普遍地存在全球各地。

“为什么喜欢囤积食物?”、“你的冰箱和衣柜是不是都塞得满满的?”、“你会不会从不舍得丢弃不好的物品，甚至它已经腐烂了?”囤积者总是在不停地添置新的东西，甚至不舍得扔掉大量没用的东西，因为扔掉东西让他们感觉到十分痛苦。当囤积的东西越来越多，超过可以承受的空间和时间范围，严重影响到正常的生活，将会产生一种心理疾病——“囤积狂”。

从心理学上来说，囤积狂一方面是因为痴迷于囤积物品的快感。他们的占有欲十分强大，渴望拥有这世界上的每一个物品。他们可能经历过痛苦的过去，生活在脏乱差的环境，吃的食物不干净甚至很少，因此当他们有了一定能力之后，仍对食物或物品严重依恋，总是强迫性地囤积物品，以给自己带来安全感。

另一方面，囤积症患者在心理上患有十分强烈的丧失感，尤其对于中年人来说，如果在工作上达不到一定高度，他们将面临着严重的危机。一步入中年，人们的身体机能就明显不如年轻的时候，身体上的危机严重影响到对自身未来走向和发展的认识。这时候很多中年人开始害怕自己现在所暂时拥有的一切将会失去。因此，在现代社会，这些囤积狂都不是老年人，他们之中大部分是40岁以上的中年人。

小心就能驶得万年船吗

“小心驶得万年船”，在工作中，小心谨慎才不容易出错误，才能够长久平稳的发展下去。历史上很多事情都告诉我们，谨小慎微能够维持稳定和安全的生存。司马懿对诸葛亮一直都抱着畏惧的心理，甚至诸葛亮用一个“空城计”就将他给吓跑了。然而，在街亭一战中，司马懿却战胜了诸葛亮。正是司马懿特别害怕诸葛亮的计谋，一直不敢大胆行动，能不战就不战，能拖延就拖延，而这正击中诸葛亮的软肋，用水磨功夫战胜了诸葛亮。

在娱乐圈中，一味靠吵绯闻蹿红的明星撑不过几年便悄无声息了，而对于小心行事的明星来说，现在还稳稳当当地走红在娱乐圈，他们既不得罪媒体也不得罪粉丝，比如刘德华。但是小心一定就能驶得万年船吗？历史也同样告诉我们未必如此。

那些成功的人士，没有一个是不冒险的。有时，只有“孤注一掷”的“赌博”精神，才能够在关键时刻赢得大局。比如，当前中国的首富阿里巴巴的创始人马云，在互联网市场还没有兴起的时候，开创了淘宝网，免费提供销售平台给卖家。这个史无前例的运作抓住了先机，取得了巨大的成功，现在淘宝仍是最大的 O2O 网站。

从心理上来说，小心驶得万年船，实质上是一种以牺牲发展进步来规避可能面临的风险，达到维持现状和保持稳定的行为方式。如果因为驾驶船前行存在风险，而不再前行的话，那驾驶船就没有意义了。世上很少有百分之百把握能办成的事，如果一个人一点风险也不敢冒、不想冒，那么这个人也难成大事。

认识风险和规避风险事实上并不矛盾，就如同胆大心细才能成就大业。一味地规避风险，就像清朝时期的闭关锁国，最后落后于世界遭受了沉重的打击。当你需要进一步发展的时候，就必然要冒风险。要完全规避这些风险是不可能的，越是谨慎小心，前进的步伐就越慢。冒险过程中，损失和付出都是不可避免的。过度的小心只会影响进步和发展，这往往是得不偿失的。

“爱拼才会赢。”太小心，止步不前，如果向前走的路上有鸿沟，如履薄冰的小步伐只会给自己带来更大的危险，有可能会坠入深渊；而在鸿沟面前，大胆的助跑，或许能够成就巨大的飞越。

当怒气找到出气筒

经常听到有朋友抱怨想辞职跳槽，因为和领导相处得很不好，“领导总是拿我当出气筒，他被上级批评了就到处找我的茬，转过来把我劈头盖脸地骂一顿!”

在有些家庭中似乎也能看到父母在单位受了气，回到家看到孩子调皮捣蛋，顿时暴怒起来，甚至动手教育。

而情侣、夫妻之间的吵架，往往不是因为对方做错了事，而是因为自己受了气，心里不痛快，就到处撒气，互相撒到对方身上，把对方当作出气筒。

我们会发现，坏的情绪似乎需要发泄出来，并让人来承担才行。这在心理学上被称为踢猫效应，也被叫做踢猫理论。顾名思义，当我们染上坏情绪回到家的时候，那只猫如同往常一样过来蹭脚跟，自然而然地找到了情绪的发泄口，心情一不爽，就一脚把猫给狠狠地踢走。这是一种典型的坏情绪的传染过程。

我们生活在社会中，要工作，要生活，会遇到不同的人和事，要处理各种各样的关系，难免会产生形形色色的不满情绪和糟糕心情。而奇怪的是，我们总要为不良情绪和心情找一个发泄口和疏通渠道，这条渠道通常会随着社会关系链条依次传递，由地位高的传向地位低的，由强者传向弱者。最后，无处发泄的最弱小者便成了最终的牺牲品。

所以，一个人在工作中被上级批评了，然后他会把这个愤怒的情绪转输给下属，下属无处可发，受了一肚子气，则会将这个情绪带回家，转移给家中的孩子，对孩子大发雷霆，而孩子又会把这种情绪愤怒地发泄给弟弟或妹妹，最后的最小者只能莫名其妙地接受怒骂和发火。在“踢猫效应”这条长长的链条上，只要遇到比自己低一个等级的人，我们都有将愤怒转移出去的倾向。

当怒气找到出气筒，最终伤到的是最底层的无辜者。反过来想想，这些怒气如果不无缘无故转移到别人身上，可以减少很多矛盾，比如可以搞好和下属的关系，对今后的工作和人际关系的缓和都有着很大的益处，无端的发泄只能让下属备受委屈。

我们中的多数人，都生活在权力金字塔的中间层，大多数时候是怒火的承担者。因此对于愤怒的承担者来说，要充分理解“对事不对人”这句话的意思，很多时候别人对你的愤怒可能不是因为你没做好，只是因为他们正好“很生气”。所以，当你充分理解的时候，自然而然会把自己作为愤怒的出气筒这回事淡化，也就不会带着一身的怒气回到温馨的家中，破坏自己和妻子、孩子之间的关系。

有些怒气一旦自私地发泄出来，就会造成严重的后果。比如有些孩子从小就莫名其妙地被下班回来的父亲打骂，对父亲心生畏惧和怨恨，导致和父亲的关系紧张，无法缓和。长大之后，孩子极有可能对父亲不闻不问，虽然父亲实际上是爱他的，然而由于从小造成的心理阴影过大，孩子会选择远离父亲。

超市“捏捏族”的小心思

“如果心情不好，就去超市捏捏方便面!”、“不开心去超市转转，转完就变开心了。每次去都要捏十几包方便面。捏完统一，捏康师傅，再去捏今麦郎，手感都是不一样的……”不知从何时起，年轻人染上了心情不好时就去超市专门“搞破坏”的癖好。随着这个群体的逐渐增大，“捏捏族”应运而生。

快节奏的现代都市生活，高效率的工作节奏，对年轻的白领们来说都是严峻的考验。然而，对于工作和生活上的压力，他们无从诉说，因为大家的圈子都一样，都在默默承受着各种压力。有一天，有一位备受折磨的年轻人下班后无处可去，便在超市里闲逛，突然发现自己不小心捏碎方便面而发出的“咔擦咔擦”的清脆声竟然如此动听，似乎自己心中绷着的那根线也随着那“咔擦”声断掉了，压力似乎少了很多。“看来，捏方便面也能够让人心情变好呀！”于是，他又忍不住捏碎了许多方便面块。

听说了这个释放压力的“好方法”，很多年轻人纷涌而来，到超市以“虐待”食品来宣泄情绪、释放压力。他们不仅仅捏碎方便面，还去折断饼干、挤压蛋糕使它们变形，甚至还打开饮料的瓶盖，就只是为了听到“呲”的一声响。

他们的压力确实得到了释放，缓和了情绪，但却给超市带来了麻烦，几乎每个超市都存在食品被虐待的现象。有些商品由于被损害程度比较严重，只能作为赠品处理。而对于捏碎了的方便面来说，就不会有人购买了，超市只能返回生产工厂。甚至有些人为了好玩有趣，获得心理极大的满足感，而去用针扎破充气的膨化食品袋，使食品变质，如果有人买了这样的食品食用，有可能会造成腹泻。所以说，“捏捏族”的这种行为很自私，已经给社会造成了危害。

可以说“这些人多半有病”——他们确实患有严重的退行心理和不成熟心态。当面对日益激烈的生存环境，他们缺乏成熟的心态来进行自我调节，容易受到外界的影响而产生情绪波动，造成一种试图通过破坏来舒缓自己情绪的主动心理。从心理学上看，“捏捏族”的行为是一种自觉或不自觉的“退行”行为。当他们无力应对外界带来的压力时，会把自己退行到孩童时期，任性地采取小孩子不成熟的行为来转移焦虑和压力。

其实减压的方式有很多，通过聊天倾诉，或者下班后去健身进行体育锻炼，既可以将内心积压的情绪发泄出来，又可以锻炼身体，保持体形。这种两全其美的事情，“捏捏族”们可以考虑一下。

疯狂的咬耳朵之战

1997年6月28日，那场疯狂的咬耳朵之战始终令人记忆犹新。

那天本是拳王泰森在与老对手霍利菲尔德争夺WBA冠军之日。“老滑头”的霍利菲尔德巧妙地应用自己臂展长的优势，屡次通过搂抱和头撞化解了泰森的进攻。泰森十分不满霍利菲尔德的这种“狡猾迂回”的躲避行为，眼看就要失去夺得冠军的机会，因此气急败坏地两次怒咬对手的耳朵，并咬下了霍利菲尔德的一小块耳朵。最终霍利菲尔德赢得这场比赛，成为1997年的WBA冠军。而泰森则被美国内华达州运动委员会吊销了拳赛执照，并被罚款300万美元。

这场闹剧更让人们知道泰森不仅拳头迅速凶猛，力量惊人，性格也是十分火爆急躁，做事往往不拘小节，任性妄为。“我本来想咬他的头，可是他的头又硬又滑”，下台后泰森还对记者如此说道，诚实而又坦率地坦陈自己的冲动。这场“咬耳朵之战”如此激烈，当泰森咬伤了霍利菲尔德的耳朵时已经严重犯规，致以这种“闹剧”的任性方式输掉了这场比赛。

这也让人们看出，即使是讲究爆发力和迅猛的拳击，单纯地硬拼实干，也是抵不过有技巧的参赛者的。霍利菲尔德就是这样的战术大师，霍利菲尔德的组合拳进攻非常出色地化解了泰森神化的右手上勾拳，并成功激怒了泰森。在这场战斗中，霍利菲尔德完全凭借巧妙的搂抱渐进有序地化解了拳王泰森的强力进攻，最终霍利菲尔德不战而胜。

从心理素质上来说，泰森远没有霍利菲尔德的心态好。“我其实是个好人，不过当时已经发疯了。”事后，泰森坦诚自己在比赛中恼羞成怒，迷失了自己，干了一件蠢事，“如果我现在与当年那个家伙待在一个房间里，我肯定会吓死的”。

除了看戏之外，人们应该可以从这场血淋淋的世纪咬耳之战中得出一些启示。霍利菲尔德用巧妙的战术不让泰森近距离攻击，直拳控制距离，最终赢得比赛。如果在这场比赛中，重量级拳王泰森将心态放平衡，努力地找出霍利菲尔德的攻击弱点，凭借他那无人可以抵御的强有力的近距离进攻，还是可以卫冕这场 WBC 比赛的。

俗话说，“心急吃不了热豆腐”。尤其是对于比赛来说，更加应该沉下心来，通过技巧巧妙地寻找赢得比赛的支点和机会。无论做什么事，都需要有平静的心、进取的态度和永不放弃的恒心，谦虚谨慎，步步为营，不任性不随性。或许，这就是这场比赛要告诉我们的道理吧。

只缘身在此山中的困惑

我们都知道，北宋著名的豪放派词人苏轼不仅能够饮酒作诗，还能下厨做菜。却不知道，心理学上有一个效应还以他的名字来命名——“苏东坡效应”。这是源于他的那首《题西林壁》中最著名的两句诗：“不识庐山真面目，只缘身在此山中。”

先来看看一个冷笑话：在古代，有位解差押解一位犯事的和尚前去县城。在旅馆吃饭的时候，和尚把解差灌醉，把他的头发剃光后逃走了。等解差昏昏沉沉地醒来时，发现少了一个人，他大吃一惊，可是当他一摸自己的光头时，立刻转惊为喜：“幸好和尚还在。”这时，他却为自己感到困惑了：“那我去了哪里呢?”

这则笑话恰好与苏东坡的那两句诗——“不识庐山真面目，只缘身在此山中”相印证。古往今来，人们一直都难以认识自己，一方面人们想了解自己，但另一方面人们又最难以了解和认识自己。就好比，如果没有镜子，我们就无法看到整体的自我，因为你无法站在另一面来观察你自己。因此，这种因为自己就站在这个山中，所以看不到山的整体真实面目的现象，从心理学上说就是所谓的“苏东坡效应”。

俗话说得好，“人贵有自知之明”，可见人是多么难以正确地认识真正的自己。曾经有一位美国心理学家做过一个测试，他让25个彼此了解的老朋友根据爱交际、讲卫生、文雅、粗鲁、幽默、美丽、自大、聪明、势利等9个标准，按照每个人的好坏印象，分别对包括自己在内的所有人进行这9个标准的排序。比如在“美丽”一列，认为谁最美丽，就将他放在第一位。结果显示，这25个人都在不同程度上把自己的优点放大，而把自己的缺点弱化。例如，有一个人把自己排在“幽默”的第一位，而其他24个人却认为他不够幽默，因为他在幽默上的平均排名倒数第三个。大概他平时讲的都是大家听不懂的冷笑话吧。

“苏东坡效应”告诉我们，“当局者迷，旁观者清”。绝大多数人虽然比较自信，但事实上并不能客观正确地认识自己，不清楚自己的不足。因此，谦虚谨慎是十分必要的，应不骄不躁地与周围各种各样的人接触，谦虚地从别人的评价中发现自己的缺点。当然，认识自己，既要看到自己的长处，长别人之长；又要看到自己的短处，短别人之短，才能正确地全面认清自我。

只有对自我有一个全局的认识，才能对自己的改变有所指引，只有不断完善自己，改变坏的习惯，才能提升自己的竞争力，激发进取的信心，坚定地迎接未来的挑战，最后得以站在最高峰上，“会当凌绝顶，一览众山小”。

隐藏在网络背后的怀旧病

“李雷”和“韩梅梅”是80后初中英语书上固定的男女主角，有人写了一首歌《李雷和韩梅梅》，掀起了80后对当年的怀念。李雷和韩梅梅开始在网络上走红，各种段子、感情鸡汤甚至再次以他们为主角。之后，国民床单、国民脸盆、国民口罩相继在网络上走红，这些早已远去的儿时物件，一件一件地被人们晒在网上，那些曾经的记忆温暖而又熟悉，对以前单纯岁月的怀念涌上80后的心头。80后的怀旧热潮一浪高过一浪，似乎在网络上，80后集体患上了“怀旧病”。

“怀旧”在英文中是“nostalgia”，具有“返回家园”之意。中国从不缺少怀旧的情怀，40、50后的“建设情怀”，60、70后怀念曾经的“的确良”衬衫，到如今的80后……怀旧总是与过去的时光相连，好似与之比较，现在过得并“不好”。

所谓的不好并不是物质生活的不好。与以前比起来，过去的生活没有方便快捷的网络和交通，没有随时随地的电话和信息交流，生活条件远不如现在。然而，人们怀念的不是当时的现实生活，而是当时那份无忧无虑的单纯和美好。

80后已经步入而立之年，快节奏的现代生活给予他们过多的压力，因此怀旧是他们排解现实压力、寻求群体认同的渠道。80后一代是最辛苦的一代，他们不再有体制的保护，需要自己找工作，承担着狂飙的房价。作为独生子女，他们还要面临巨大的养老压力。80后一代，他们是“房奴”，是“蚁族”，被残酷的社会压迫的他们，再也不能享受青年时代的无忧无虑，这种巨大的反差只能让他们在旧物中寻得曾经的回忆。

此外，对于80后来说，他们没有自己的理想和信仰，他们是迷惘的一代。在童年时期还被灌输传统的革命信仰的他们，在中学时代受到高效率和高发展的社会变化的影响，逐渐消失了对信仰的培养和强化。他们的内心和理想很复杂，因此他们不知道自己的信仰究竟在何方，只能通过怀旧来缓解信仰危机，寻找来自80后这个群体自己该有的共鸣，获得认可。从这个角度上说，怀旧情愫是他们的一种自我保护。

“记忆不光是过去的时间在我们脑海里打下的印记；它还是一个看护人，守护着那些我们最深切的希望和最深切的恐惧。”20世纪著名心理学家罗洛梅如此说道。只有缅怀过去的诗意，才能更好地重温当年的情怀和理想，才能更好地前行。

网上网下的双重人格

什么是双重人格？心理学上对此的定义是：“一个个体在不同的场景中，分别具有彼此独立、相对完整的人格，并且两者在情感、态度、知觉和行为方面都表现得有所不同，有时甚至处于剧烈的对立面。”以前，双重人格的现象并不多见；现在随着互联网的发展，网上网下的双重人格逐渐显露出来，引起人们的注意。

网络是使用计算机和互联网构建起来的信息交换系统，在这个虚拟的系统中，人们可以随心所欲地将图片、文字、声音通过网络的作用，传递到无数的计算机上，让更多的人一起分享喜怒哀乐。

也正是因为网络有着极强的高效性、隐蔽性和广泛性，所以网络上的信息是经过包装或者伪装的。“网络最大的魅力就在于它的虚拟性”。人们在网络上可以掩藏自己的真实身份，隐藏自己的姓名、年龄、性别、身份、地位、学历、职业、外貌和家庭，在网络上你可以随时出现也可以随时消失。

人们也可以隐藏现实生活中的自己，可以通过刻意包装自己去赢取网友的支持和信任，刻意夸大自己的优点、隐瞒自己的缺陷来获得他人的欣赏和自我的心理满足感。此外，网络还提供了能够完完全全地根据自己的想法来表达自己的广阔平台。现实中温文尔雅的人，在网络中有可能是个激进的小“愤青”；而现实世界中那个暴躁的人有可能在网络上对他人嘘寒问暖，关心备至；有的人沉默寡言，而在网络上却异常活跃，具有十足的幽默感。所以，在网络上，人们有可能表现出与现实人格完全冲突的、截然不同的另一种人格，这就是被人们所称的“网络双重人格”。

为什么会出现网上网下双重性格呢？一方面是因为网络中的道德约束力小，人们可以随意地抒发自己的感情和观点，不再受到现实生活中道德的束缚，每个人都有自己的阴暗面，在网络中表现出来的虚拟人格，其实就是人们自己的真实人格，只是平时在社会的道德和文化的约束下，人们的潜意识人格没有出现罢了。在网络中，现实生活中的男神女神都释放出自己的人格，变成抠脚大汉和抠脚女汉子。

另一方面，自由和现实的冲突，让人们在网络中寻找到了一个发泄的出口。日新月异的现代社会对每一个人提出了越来越多也越高的要求，而竞争的压力越来越大。在现实世界中，人们往往因为某些因素比如要面子、自尊心太强等，无法找到适合的人来倾诉；而在网络世界中，可以通过聊天或者发帖的方式，随意找到愿意倾听的陌生人，得到他们的支持和鼓励；支撑自己走出心理的困境和迷茫。

在这个个性张扬的时代，人人都有自我实现的最高需求。而在残酷的现实生活中，自我实现的需要往往得不到适当的满足。于是，人们自我实现的目光转向自由开放的网络空间，在这片天地中，人们可以自由地进行自我设计、自我体验、自我关注、自我评价、自我发展，充分张扬被压抑的个性。

“网络是把双刃剑”，只有驾驭好这把剑，才能真正享受网络带来的好处和乐趣。

为什么咬着笔让你更快乐

咬笔是一种很常见的行为，不少成年人也有这样的习惯，这个习惯跟咬指甲是一种类型的。

事实上，这种爱咬东西的习惯经常发生在小孩子身上，甚至他们会把铅笔咬得坑坑洼洼。对于成年人来讲，更多的是因为有些人实在看不惯指甲长出来，还没有等长长就不知不觉地咬短了。

虽然，心理学认为咬笔头或咬指甲的这种行为，带有一种强迫症的症状，属于儿童时期较为轻微的心理障碍。但是，对于成年人来讲，似乎咬笔头和咬手指，会让人感觉比以前更快乐了。因此有些成年人还一直在这样做，不仅仅是因为习惯，还因为咬完之后有一种小小的成就感，好像心里也不紧张不焦虑了，似乎心理变得更快乐了。

从心理学上来说，咬笔头和咬指甲的这种行为主要发生在孩童时期。孩子们大多比较喜欢无拘无束的活动，对周围的世界充满好奇，想要自己去触碰和感知。而在家长和老师看来，孩子太任性，总是想要管教，因此从那时候起，不愿意受到约束的孩童内心就产生了顺从还是反抗的冲突，这种矛盾的冲突使儿童出现了一定的反叛心理，他们不知道如何舒缓这种焦虑和矛盾；他们想要用言语反抗，却遭到了拥有绝对权力的家长或老师的喝止，所以只能通过咬指甲和笔头来发泄心中的委屈、愤恨。

之所以有些成年人也有这些习惯，或许是他们从小习惯了这种发泄方式。有些人紧张时会咬铅笔，似乎焦虑、紧张和压力可以从嘴里释放到铅笔中，很自然地，人也就变得快乐起来。这就是为什么咬着铅笔会让人觉得快乐。

心理学家还指出，舒缓心理压力，抖擞精神还可以通过日常生活来进行。比如早餐吃些巧克力水果、接触点花草、沐浴阳光、喝喝咖啡、慢跑一圈，都能迅速提高身体的敏感度，释放压力，振奋精神，也可以让人们快乐地享受每一天。

微博的跟风为什么那么多

随着网络的日益发达和对人们生活的渗透，移动客户端成为人们交往交际、发表言论的重要方式。微博是人们发表或者转载信息、观点的地方。然而，微博虽然能够让人们接受越来越多的信息，却也会带来越来越多的暴民言论，网络跟风现象十分严重。

且不说微博上人云亦云的谩骂和赞扬，就连这种“转这条鲤鱼，这个月一切平安顺利”的微博都有着成千上万的网友跟着一起转发。人们总是根据网站的评论、微博的点赞，来决定自己的行为。评论、转发和点赞越多，越受到人们的关注和跟风。新浪微博还专门开辟出热门话题和热门微博的版块，方便人们跟风追踪。

为什么微博上的跟风那么多呢？

有个成语叫“三人成虎”，意思是有三个人谎称街上有老虎乱窜，听者就会相信了。这种人在社会群体中容易不加分析地接受大多数人认同的观点或行为的心理倾向，在心理学上被称为“从众效应”。人们总是习惯放弃自己的意见和行为，而采取与群体中大多数人相一致的意见和行为方式，也就是我们常说的“随大流”。“随大流”的人总是那些意志不坚定的“墙头草”、自信心比较差的自卑者以及胆小顾虑多的谨慎者。

微博等网络跟风表现的不仅是个人的辨别能力和自我思考能力的强弱，还从整体上反映出整个国家的网民风貌。在热门微博下面的评论，充斥着各种段子的复制粘贴，网民们总是为了得到格外的关注和点赞而坚持不懈地跟风写段子，制造评论新亮点。

实际上，网络上的跟风现象就是典型的“中国制造”，不加思量，自以为是地认为占绝大多数的就是对的。以致在某些明星的微博下面，要么就是一味地表示喜欢和祝福；要么就全部都是谩骂。每一次引爆娱乐热点，都会吸引一群跟风者。

微博的初衷是为了方便人们发布消息，以及方便查阅最新最热门的消息。当微博成为人们肆意跟风攻击、人肉的地方，就已经失去它的本意。跟风没有错，但是应该停下盲目转发的脚步，仔细想想自己是不是真的认同这个观点，有没有想过对与错、真实与虚假。网络跟风并不可怕，可怕的是毫无思想的人心。

“御宅族”的神奇世界

1980年左右，“御宅族”（Otaku）这个词语在日本出现。这个词语刚开始是用来指那些偏执、痴狂地热衷于动画、漫画和电子游戏的动漫精英，他们在进行游戏体验和创作的时候，往往拒绝与现实世界接轨。

随着网络时代、电子信息时代的到来和迅猛发展，中国的年轻人尤其是青少年，开始喜欢待在家里沉迷于网络、玩游戏、聊天、看电子小说等等，这时候“御宅族”成为那些足不出户，依赖网络而生存的群体的代名词。一色的“宅男宅女”，大门不出二门不迈，吃饭定外卖，购物找电商，“宅生活”甚至成为一种流行时尚。比如，经常看到有人在朋友圈发着自拍，并加上描述：“今天哪儿也不去，就宅在家里了。”以前人们总是想往外走，多看看外边的世界，然而现在有些“御宅族”可以两三天都不出门，甚至会有连续一个多月都不出门、死宅在家的情况。

过着“宅生活”的大多是“80后”、“90后”的青少年。家里的空间那么小，无非就是几间房子，一台电脑一个网络，为什么那么多年轻人那么喜欢宅在家里呢？在“御宅族”的世界里究竟装着什么东西，会让他们如此着迷地安安静静地坐着、躺着、看着呢？

绝大部分的青少年“御宅族”选择通过微博、QQ、微信、博客来轻松获得信息，而信息流通的加快能够让青少年们随时随地掌握到信息，但往往也会使青少年“消化不良”。在神奇的网络世界中，信息总是实时更新的，你看的速度绝对赶不上信息更新的速度。这个世界和社会每时每刻都在发生事情，而网络世界几乎都是在同步更新，因此信息世界就是当今“御宅族”的一大消遣。

此外，网络世界为“御宅族”提供了更便捷、更轻松、更自由的平台和空间，他们可以在这个网络世界中构建起自己的独立小空间，畅所欲言。比如可以在QQ空间、博客发表说说和日志，将自己的想法通过文字表现出来。“御宅族”们大多比较内向，在现实世界中不爱与人交谈交往，因此他们更喜欢在网络虚拟世界中聊天、交友，因为面对网络的无限扩大，他们能够摆脱面对面的尴尬和无措，敢于表露出真实的自己和想法。同时在现实生活中遇到压力和挫折时，他们会选择在网上倾诉出来，缓解自己对现实生活的无奈和挫败感。网络世界带给他们的是一个情绪的收容所，一个心灵的释放场所，也是一个让他们自由自在的私人领域。

虽然“御宅族”有着自己独特的世界，但是这种逃避现实的现象其实是与社会脱节的。每当现实生活中压力过大，或者不愿意面对复杂的人际关系时，“御宅族”就会选择一个“避难所”来逃避现实中的压力和挫折，从此过上自由自在的足不出“户”的“宅”生活。

然而，这个暂时的“避难所”会使人性格更加内向，更容易缺乏与人沟通的能力，因此对于“御宅族”来说，网络世界固然是极好的，但是外面的世界更精彩，多出来走走看看，你会发现真实的世界远远要比虚拟的网络世界可靠得多。

第十章 心理学这样解读恐惧

尽管人类已经“征服”了地球，成为整个世界的主宰，然而很奇怪的是，人类作为地球上最聪明、最具有智慧的物种，却始终害怕许多事物和事情。比如天上霹雳的闪电、轰鸣的雷响，地上爬的无腿的蛇，多腿的蜘蛛、蜈蚣和蟑螂；甚至有些人克服不了自身的害怕和恐惧，产生诸多难以抗拒的恐惧症，比如恐飞症、恐高症、老板恐惧症。然而，这些恐惧都是可以克服的。在历史的长河里，我们会看到，无论经历了多么刁钻离奇的恐惧，在尖叫和紧张之后，人类仍然坚强、无所畏惧地生活着、创造着、努力着。这大概就是人类能够不断前进的原因吧。

密集恐惧症到底在怕什么

几乎人人都有“密集恐惧症”，但实际上这并不是一种心理疾病，而是人类的一种本能反应。大多数人都有过这样的经历：看着排列得密密麻麻的事物比如莲蓬、发酵面团中形成的密集空洞或者蚂蚁、瓢虫等小爬虫，会产生心理排斥感，严重的甚至会出现头皮发麻、头晕、呕吐的现象。

“密集恐惧症”首先在网上频频被网友提起，那是因为网上流传着各种各样的合成图片，为了测试网友对“密集”的忍耐性和恐惧程度，图片刻意放大了那种密密麻麻的感觉。而且这种密集恐惧症似乎还有传染性，人们在网络上看到其他人在惊呼评论转发“太恐怖了”，于是忍不住点击了图片，一看之下，即使原来自己觉得不恐惧的东西也变得恐惧起来。比如莲蓬，生活在水泽之乡的人对莲蓬并不陌生，甚至知道莲蓬里面有美味可口的莲子而心生欢喜，可是当莲蓬作为密集恐惧对象之一出现时，似乎也让人反感起来。

心理学上并没有“密集恐惧症”这一心理疾病。对于为什么会出现“密集恐惧症”，这大概可以追溯到人类起源或者童年时期的遭遇。

从进化心理学角度来看，人类心理出现恐惧的原因是因为觉得危险。而当物体开始出现腐烂时，肉体逐渐被大量的细菌分解，因此这种腐烂总是会以一种密集的状态呈现出来。所以，在人们的潜意识里，密集就代表着死亡和消失。从人类形成以来，人们就会自觉地认为，人的肉体一旦出现密集的异样，比如受伤发炎时的白色密集物，可能就有腐烂的危险，而如果肉体腐烂，会导致死亡，从此消失不见。所以，人们对密集物建立了一种自然的排斥，认为麻子般的小点是不正常的危险信号，于是激起了强烈的反感，从而想去躲避那些带洞的东西。

例如，我们出现皮肤感染、受伤时，或被蜜蜂蛰了、蚊子咬了时，肿起的皮肤上往往可以看到那一个个清晰的毛孔或者一排排的小包，会让人觉得难受甚至不舒服、恶心反胃。

有些人的密集恐惧可以追溯到孩提时代，比如小时候进入向日葵田，却发现向日葵的花盘上长满了蠕动的虫子，密密麻麻地涌动着，从此留下心理阴影，一看到向日葵上整齐排列的葵子就会心里发麻，觉得很恐怖。

“密集恐惧症”在心理医学上没有相关的研究。这种恐惧症，一般是对密集物的一种焦虑、紧张所致，从心理治疗法上看，“森田疗法”可以适当缓解对于密集恐惧物的害怕。其实，这些密集恐惧物并没有对人们造成很大的危害，也没有什么危险性，顺其自然地看待它们，把它们当作一个平常的事物来看待，接受它们的存在，这样就可以打破人们对于密集恐惧物的精神交互作用，克服掉“密集恐惧症”的心理障碍。

多腿动物和无腿动物可怕在哪儿

一提到蛇、蜘蛛、蜈蚣，很多人鸡皮疙瘩立马就会起来了。迅速滑动扭曲的躯体，伴着“咝咝”的声响，人们看见蛇就有一股寒意，即使是没有亲眼见过蛇的人，也会自然而然地对这种可怕的生物不可抗拒地产生讨厌、憎恶，甚至毛骨悚然的情绪。因此，蛇一般都作为恐惧的化身，敢于接触蛇已经成为勇敢的代名词。有些动物园为了吸引游客，甚至在蛇园设立与蛇亲密接触的游戏，敢于喂蛇、玩蛇的人可以免门票。即使有这样的诱惑，大部分的人还是抵抗不住内心的恐惧，而不敢去尝试。

可以说，怕蛇是最普遍的恐惧症之一，除此之外，还有蜘蛛、蜈蚣等多腿动物，也会让人们心生恐惧。甚至仅仅是看到图片人们都会转移视线，因为“实在太恐怖”了。那些红的、绿的、黄的蛇，那些攀爬在墙壁上的蜘蛛、壁虎，那些数不清有多少只脚的蜈蚣，都让人忍不住想要逃跑。

害怕多腿或无腿的爬行动物，这似乎是人类与生俱来的本能。美国弗吉尼亚大学心理学研究者做了一项试验，他们在受试者周围摆满了青蛙、鲜花、树木、毛毛虫、蛇的图片，让他们找到最引起他们注意的图片。结果发现，受试者总是最先认出蛇的图片，并且十分厌恶和恐惧。

美国弗吉尼亚大学心理学博士后瓦内萨·罗布认为，那些最快意识到蛇的存在的人类，更容易发现蛇带来的危险，因此他们总是能够最快地提防蛇对人类的伤害，所以他们能够比其他人类幸存下来，并繁衍后代。因此，这种能够快速地发现蛇的存在的人类遗传基因，就更容易地在人类的进化中传承下来。

在几千年前的原始社会，人类的祖先还住在山洞和密林中与大自然抗争。那时的自然界中充满着蛇、蜘蛛等各种多腿动物和无腿动物，他们的行动十分隐秘，带有毒性，行动起来迅猛而且没有声音，往往会让人类措手不及而屡屡受到伤害，甚至因此受到死亡的威胁。为了获得生存优势和繁衍后代，人类往往会趋利避害。

“物竞天择，适者生存”，只有那些能够迅速发现具有危害性的多腿动物和无腿动物的人才能得以繁衍生息。因而，这种对蜘蛛和蛇等爬行动物的恐惧基因也沿袭了下来，成为人们天生的习性。

而到了现代社会，即使这些东西已经不再能够对人类产生威胁，但是随着基因与生俱来的恐惧感还没有消失，就像人们对有苦味的东西都厌恶和害怕一样，因为发苦的东西往往不是变质坏掉了就是带有毒性，会使人生病甚至死亡。

看来，多腿动物和无腿动物的可怕，不仅仅在于它们确实具有攻击力，而且更多的在于人类直觉性的害怕，这种对于危险的恐惧是不可避免的。

蜘蛛有那么可怕吗

据说，世界上超过一半的人患有不同程度的蜘蛛恐惧症。有人看到房门上有一只蜘蛛在结网而不敢出门，有人看到蜘蛛会有窒息的感觉，甚至有人看到或者听到“蜘蛛”两个字就会心里发毛，连汗毛都会立起来。

为什么他们会觉得蜘蛛很可怕呢？“蜘蛛长得太丑陋了，它有那么多只脚，跑得那么快，看上去心里觉得毛毛的”，有的人因为觉得蜘蛛看上去太丑恶而害怕，有的人因为蜘蛛的伤害性而害怕，因为有些蜘蛛的尿液能够使人的皮肤腐蚀，导致发炎，因此对于人类而言，蜘蛛是具有攻击性的。对于潜在的危险，敏锐的人们不得不心生提防和恐惧，总会想要远离这种危险。

有些蜘蛛确实是有毒性的，被它们咬了会有致命的危险，比如蜘蛛中最丑陋的巴西漫游蜘蛛，全身都长满细毛，10 毫米的毒腺分泌的毒液就可以杀死 225 只老鼠。但是事实上，世界上的大部分蜘蛛是没有毒性的，而且蜘蛛吃蟑螂、蚊子、苍蝇之类的害虫，从这个角度上看它还算是一种益虫。我们只要不主动去招惹它，它基本上不会主动攻击比自己大的物体。

世界上大多数蜘蛛其实没有毒更不会咬人，但是为什么人们还是对蜘蛛心存恐惧呢?从心理学上来分析，一方面是因为人类的祖先在丛林中常常因蜘蛛的叮咬而死亡，因此将这种对蜘蛛的恐惧通过基因遗传了下去；另一方面是因为蜘蛛的样貌很丑陋，而且人们对蜘蛛存在很大的误解，很多影视作品中通常把蜘蛛刻画成可怕的怪物，比如《西游记》里面的蜘蛛精，在耳濡目染之下，人们对蜘蛛越来越害怕。

所以说，人们对蜘蛛心生恐惧，通常是因为对蜘蛛不够了解，虽然它们的外表难看、恐怖，但并不会对我们造成太大的影响。害怕蜘蛛的人，往往把蜘蛛想象得很恐怖，想要躲避蜘蛛。而正是这种越害怕越是躲避的畏惧心理，加剧了内心的恐惧感，形成一种恶性循环。

对于患有“蜘蛛恐惧症”的人来说，暴露疗法无疑是一种有效减轻这种恐惧的好方法。如果一个人害怕什么，就让他/她多去接触多去体验，慢慢地熟悉这种东西和那种恐怖的情绪，最终有可能消除恐惧。对于“蜘蛛恐惧症”者来说，正确地认识蜘蛛的本性，看清楚他们丑恶外表之下的“无害人之心”，能逐渐消除内心的恐惧感。比如可以让“蜘蛛恐惧症”者参观蜘蛛，仔细观察蜘蛛，通过不断地与蜘蛛接触，逐渐减轻对蜘蛛的恐惧心理。

征服恐高症的秘诀

现代人中有91%的人出现过恐高心理，其中有10%的人患有恐高症，他们每时每刻都在逃避高空、高距离，他们害怕坐电梯，总是担心电梯会出事故，害怕自己会从高高的楼层摔下，而商场那种透明的电梯对于他们来说简直就是噩梦；他们甚至不敢站在阳台上，也不敢去爬山，更不用说坐缆车，就连摩天轮那种看起来很浪漫的游乐设施都与他们绝缘。

对于现代人来说，偶尔的恐高是正常的。随着社会的发展和进步，城市中的人口越来越多，需要的建筑物也越来越多。然而城市的面积是无法无限扩大的，这样就只有把楼建得越来越高，而且为了弥补由于间距变小带来的光线缺失，大多数建筑物都用上了昼夜都强烈反光的玻璃幕墙。现代人越来越容易出现高层的眩晕现象。

而对于有恐高症的人来说，怕高的原因更多的是与生俱来的自我防御机制。因为恐高的人一般都比较敏感，比如站在高楼上，他们会觉得这座大楼不够坚固，随时都有崩塌的可能，因此他们选择逃避高处。对于患有恐高症的人来说，站得越高，他们眩晕、心慌、害怕的症状就会越强烈。严重的恐高症患者甚至不愿意到高楼层的公司上班。

从心理学上说，这往往是因为恐高症患者没有得到正确的视觉信息，比如认为透明的玻璃太过于脆弱，会破裂，从而引起心理的担心和恐惧。他们总是过高地估计自己所处的高处与垂直方向的距离，比如站在一个 10 米的楼顶上，他们往往觉得这远远不止 10 米，从而引起心里的恐惧感。而且他们站在高处的时候，觉得心里不踏实，觉得高处会让人有一种无法依靠的不安全感。

当然，恐高症也并非不可克服。从心理学上讲，通过系统脱敏可以摆脱对于高度的恐惧。通过由低级到高级，逐级慢慢体会，感受恐怖感对自己的刺激，并使自己去接受这种刺激，逐渐增强对恐怖刺激的耐受性，直至恐怖反应完全消失为止。在平时的生活中，可以通过多爬山、上楼梯，有意识地让自己俯视脚下，随着能够接受的程度来不断递增自己能够承受的高度，从而慢慢适应高处。而对于儿童来说，可以让他们多走独木桥、翻筋斗、跳跃、转圈，锻炼他们的平衡能力，这对于克服恐高症很有效果。

他就是不肯坐飞机

这世界上有很多人渴望坐飞机，体会在天上俯视大好河山的感觉；然而，也有这么一部分人患有“恐飞症”，他们无论如何都不肯坐飞机。

影帝葛优自曝有“恐飞症”，因此他从不坐飞机，谁劝都没有用。在娱乐圈，明星的时间就是大把大把的钞票，为了抢时间，大多数明星选择坐飞机出行，甚至在飞机上吃饭和睡觉，一下飞机马上进行工作。然而，葛大爷却与众不同，他“打死也不坐飞机”，无论去哪儿，都会选择汽车或者火车。

葛优不坐飞机在娱乐圈内已经是人尽皆知的事情，听说葛优去参加戛纳电影节时，倒了20多趟火车，历经几天几夜才到达目的地。在拍摄冯小刚的电影《非诚勿扰》时，因为冯小刚说不通他坐飞机，两个月的拍摄时间，单单等待葛优坐火车转场的时间就有半个多月。

爷们的葛优，竟然害怕坐飞机，这种“恐飞症”的症状被他表现得淋漓尽致。同样，在娱乐圈里，不喜欢坐飞机的还有张国荣。去榆林拍《东邪西毒》时，张国荣因为害怕坐飞机硬是让人开车送他过去，这趟路途整整开了10多个小时才到。而香港著名女星关之琳一坐飞机就会出冷汗，因此她坐飞机时从来不向窗外望而选择睡觉。

心理学家认为患有“恐飞症”的人，就像患有空旷恐惧一样。对旷野恐怖的人，认为在空旷的地方自己无处可以躲藏，很容易被敌人发现，而面临生存威胁。对于“恐飞症”的人来说，他们觉得在天上飞，很不安全，如果发生了事故，他们将会无处可逃，必死无疑。由此也可以看出，他们是一群十分惜命的人，甚至如此小心翼翼地躲掉所有潜在的危险。因为飞机坠毁事故通常都是无一生还，那种恐怖的惨状，给他们留下无法磨灭的印象。

事实上，根据历年的资料显示，飞机失事的比例在各类交通事故中是最低的。在空难中丧生的几率是1:90000，而在公路事故中丧生的概率是1:6200，约为飞机事故的63倍；飞机失事的概率远小于其他交通工具。

一般恐飞症的人都患有恐高症，他们畏惧高处，对于他们来说在2000米高的地方待几个小时，简直就是生不如死。在高空中的飞机上往下看时，有时能看到磅礴的大山和宽阔的河流，但是更多的时候只能面对虚无缥缈的云雾，如此没有实体的支撑，让视觉信息大减，这时身体的平衡力和定向能力很大程度上随着飞机而运动，在心理意识上，人们只能依靠飞行中的飞机，甚至会感觉自己无法控制自己的命运，安全感在坐上飞机飞上天空的瞬间顿时缺失了，因此会害怕坐飞机。

密闭空间恐惧症是怎么来的

这世上，有一些人一进入封闭的空间如电梯、机舱、汽车地铁，就会变得十分焦虑、紧张。他们往往会控制不住地走来走去，坐立不安，总是想要迫切地离开座位，想出去呼吸新鲜空气、透透气。有时候不仅觉得心里不舒服，而且还会有呼吸困难、头晕恶心的症状，严重的话还会出现晕厥致死。

让他们自己待在一个独立的空间，那对他们来说是一种痛苦的折磨。对于有些密闭恐惧症患者来说，就连乘坐那种封闭式的空调公交车都是不能接受的，因此他们往往会选择在公交站一直等下去，一定要等到那种可以开窗的老式公交车，才欣然上车。

这样的人都患有一种叫作“幽闭恐惧症”的心理疾病。对于他们来说，如果待在封闭的空间当中，他们就会不自觉地产生恐慌，他们总是因为觉得无法逃离这样的场所而感到十足的恐惧。密闭空间恐惧症的产生机制，表现出来的就是因为情景的变化，人们的躯体功能表现出不合理或过分的害怕。在正常人看来，这些封闭的场所并没有什么危险，甚至有些人会觉得舒服安全，根本不会焦虑紧张。这就是心理学上所说的“幽闭恐惧症”。对于他们来说，待在封闭空间里是一件煎熬难耐的事情。一旦进入幽闭的区域，尤其是独自一人时，他们总是会不自觉地恐慌。在他们的潜意识里，似乎下一秒出口就会封闭，甚至无法再走出去，所以他们总是有一种无法逃离的心理错觉和恐惧感。这种幽闭恐惧症的产生，是由于对安全的封闭式环境如电梯、地下室等不合理、过分地害怕和惊慌。

心理学家认为，人类几乎所有的心理问题都与童年的经历有关，那些不愉快的经历储存在患者的记忆里，潜移默化地影响着今后的成长和发展。一旦遇到类似的事物，就会回忆起童年时经历的痛苦和恐惧。这时候人们记得清楚的不是事情，反而是当时的情绪。因此，幽闭恐惧症患者有可能是在童年时期经常被上班的父母反锁在家，自己在空荡荡的房间里独自等待，只有父母回家才得以解放而产生的心理恐惧，因此他们不愿意面对封闭式的空间。

那种被反锁在家的童年经历会让人感觉非常糟糕，即使成年以后那种心理阴影也会一直存在，想要去逃避它、摆脱它，不想再去经历那种感觉。但是在现实生活中，封闭式的空间无处不在，当逃无可逃的时候，对于封闭空间的恐惧和抵抗心理就会表露出来。

密闭空间恐惧症并不可怕，这是可以解决的。最简单的方法就是去面对它，比如害怕地铁，那就继续乘坐它，并体会那种恐惧袭来的滋味，把它们慢慢消化掉。这样的方式，即使开始时会感觉非常糟糕，但是随着你慢慢地去适应环境，恐惧也会慢慢地减少以至完全消失。

密闭空间在生活中处处存在，为了正常的生活，密闭空间恐惧症患者应该坚持不停地给自己心理暗示，转移注意力，减少恐惧的想法，逐步克服心里的恐惧。

晕血晕针是不是装的

“我不能看见血，我晕血。”“一般去医院看病，我都不敢看针，并不是因为怕，而是一看就晕了。”看到这里，你或许会想，这是不是看电视看小说看多了，晕血晕针？装的吧？

事实上确实存在这样的病症，晕血或晕针都属于血管迷失性晕厥的表现。这是一种最常见的晕厥，主要发生在年轻的女性身上。她们往往看不得血和针，因为一般来说一见到血会引起血管迷失神经反射，这种反射会导致一种情景性的晕厥，而晕针则是因为人们对针导致的疼痛感知过于强烈，引起过于激烈的紧张、恐惧，从而导致血管迷失性晕厥。

当然，晕血和晕针主要还是由于心理情绪上的刺激而引起的身体心理反应，过度的紧张和痛苦意识而使迷失神经过于兴奋，导致脑供血过度，冲击身体使意识丧失。因此，有些人一进入注射室就头晕，心跳加速，感觉要晕倒了，甚至有时候护士刚擦酒精就晕倒了，导致以后再不敢去打针输血了。

晕血和晕针都属于比较典型的特殊恐惧症。血液和针头引起的恐慌发作，往往能够引发头晕、血压降低的症状。至于为什么会对血液和针头那么恐惧，一方面与自身经历有关。比如曾经严重受伤，而导致失血过多，甚至眼睁睁地看着自己的血液往外流淌而无法控制；或者以前目睹过鲜血淋淋的残忍画面，在心里形成了条件反射，导致后来一看到流血的画面，哪怕是一点点血液，也会条件反射，从而产生那种无能为力的恐惧，用晕厥来逃避那种痛苦的感受。

从进化心理学角度来看，见血晕厥也不无道理。在原始社会早期，人类还没有学会种植和驯养动物，大多需要外出打猎来获得食物。在与动物的搏斗中，人们少不了负伤流血。在遇到凶猛的动物时，有时装死对于身负重伤的人类来说也是一个很好的选择。因为有些动物只是因为受到了挑衅，所以才会与人类搏斗。这种晕倒装死来获得生存的心理基因还存留在一部分人的血液里，逐渐发展成为一种本能。

晕血晕针这种恐惧症大多发生在女人和儿童身上，晕血晕针事实上是一种癔症，是由于闻到或者看到血液或针头，而引起的一种恐怖危险的潜意识，从而刺激身体产生过激反应。对于儿童和女人来说，他们在心理上容易受到别人的暗示。当然，刚出生的孩子几乎没有晕血晕针的症状，这也表明晕血晕针大多是后天环境和经历造生的不良影响。

对雷电的恐惧来自哪儿

轰隆隆的雷鸣由远而近，仿佛在耳边炸开；天际的闪电瞬间来到眼前，似乎想要把人也劈成两半。对于雷鸣和闪电，我们很多人都很害怕。一碰到这种恶劣的天气，就要关闭电脑、电视等一切的电源，甚至连手机都不敢用。闪电使房间里纤毫可见，雷鸣阵阵地回响在耳边，于是害怕的情绪在蔓延，有人尖叫，有人哭泣。

小时候，经常听说雷雨天有人在外面被雷电活活劈死。新闻中也报道过有人在下雨天洗澡，正好被雷电击中，不幸身亡。在历史的传说中，雷电是具有思想的神物，能够惩处坏人，做了坏事，就会受到电劈雷轰。因此，我们常常听到有人用雷电来发誓，例如“我对天发誓，如若负你，天打雷劈”。

当雷鸣和闪电出现时，带着异常强烈的闪光和高分贝的响声，给人们的视觉、听觉造成剧烈的影响。人们往往在这种高强度的声光刺激下，产生神经反射，会对雷电不寒而栗。雷电确实很危险，根据研究表明，闪电瞬间释放的电压甚至能够达到十亿伏。而据统计，全球死于闪电的人数每年大概有2000多人。

从进化心理学的角度看，人类祖先把雷电当做一种不可控制的超自然现象，产生了一种极大的恐惧和敬畏，这种害怕雷电的特性以基因的形式遗传下来，以至今天虽然避雷工序和手段已经逐渐完善，但大多数人还是很害怕雷电会造成致命的伤害。在人类亿万年的进化过程中，正是由于“恐惧”心理，人类才能够谨慎地规避掉所有风险而活到今天，恐惧正是生物的本能，因此恐惧雷电也不例外。

大多数人对雷电很害怕是因为对雷电防御知识不了解，总是觉得雷电来了就很危险，要停止一切的活动，直到雷电消失。事实上，雷电直接劈中人的概率是很小的。如果我们学会了如何正确避雨，如何正确规避雷电，增强自己在雷雨天的防护，是可以避免雷电的伤害的。

实际上，我们不能没有雷电。人们很少知道，雷电交作时，空气中的部分氧气会激变成臭氧，而且闪电中的高温可以杀死空气中90%以上的细菌和微生物。这就是为什么雷雨天之后，空气通常都会变得更加纯净、清新宜人。

所以雷电其实并不可怕，可怕的只是我们不知道如何去避免这种自然现象带来的危险。

好吧，我们都有老板恐惧症

人类似乎无所不能，但又如惊弓之鸟，不是恐惧蛇、蜘蛛，就是害怕电闪雷鸣，甚至对于身边的人还会心存恐惧，比如自己的上司、领导或者老板。

对于患有“老板恐惧症”的人来说，老板的电话总是让人心惊肉跳，每次看到老板的来电，总是浑身一惊，要深呼吸之后才敢接通。甚至在公司里，一听到老板的声音或者像老板的声音，都会神经紧张。

与渴望得到表现和重视的有心人不同，有的人却生怕被老板发现或者引起老板的注意，因此他们总是把自己淹没在员工群体之中，比如，不敢走过老板的办公室；开会的时候，也尽量选择离老板最远的位置；始终低着头，从不敢抬头直视领导，也不敢发表自己的观点和见解。即使老板主动与之交流，也始终不能改变他们对老板的恐惧，往往使努力付诸流水。在工作中，这种对老板持着一种能不见就不要见的恐惧心理，就是所谓的“老板恐惧症”。这种恐惧的心理表现在学校里，就是对老师的畏惧，有些学生对老师所说的话言听计从，从不敢违背和反抗，即使老师是错的。而在家庭中 ，这样的人对父母或者亲人也是如此，心存恐惧，不敢与父母撒娇、亲热。

通常来说，患有“老板恐惧症”的人，十分害怕受到他人的严厉批评和教训。如果老板责骂了他一下，他以后再见到老板就觉得浑身不自在，开始想要躲避老板。一遇到实在躲不过的时候就会撒谎称病，不来上班，即使来上班也整天顾虑老板，因此注意力无法集中，导致出现了“上班恐惧症”，完全不想去上班。

从心理学上来说，老板恐惧症就是一种情绪障碍。这与患者小时候的人生经历有关，比如自卑、敏感、隐忍，习惯自我压抑，常常“委屈自己成全别人”。这样的人表现得都很乖巧，在小的时候怕家长，读书期间怕老师，工作了就比较容易变成怕领导、怕上级。

要解决这种恐惧症，唯有患者正确面对自己和他人的关系。每个人都是平等的，都有各自的权利和义务，“老板恐惧症”患者缺乏的是正确的人际关系意识，总认为老板是自己的领导者，只有老板能够炒员工，而从来没想过员工也可以把老板炒了。这种单向的隐忍和付出，只会让自己陷入更加自卑的境地，不可自拔。而且，“老板恐惧症”患者应该正确看待每一次来自家长、老师和老板的批评和否定，这些对于我们个人的成长有益无害。

回避领导、回避交往、回避任务，人的社会功能就会受到损害。如不恰当地调整，就会产生跳槽、休假甚至辞职等退缩行为。由此可见，恐惧上级虽不是病，真病起来也要命。

那些年，一听就害怕的“别人家的孩子”

“从小我就有个夙敌叫‘别人家的孩子’。

这个孩子嘴甜人人夸。

这个孩子不玩游戏，不聊 QQ，天天就知道学习，回回考年级第一。

这个孩子考清华，上北大，能考硕士、博士。

这个孩子不看星座，不看漫画，一直在学习。

这个孩子琴棋书画样样精通，参加比赛就获奖。

这个孩子工作好、待遇高、福利多、不辛苦。

这个孩子早就成家立业，孝敬父母……”

一个“别人家的孩子”的帖子引起广大网友的认同和转发。在成长的路上，我们一直在和“别人家的孩子”战斗，“他”是我们的敌人，也是我们密不可分的小伙伴。在父母的口中，“别人家的孩子”总是那么完美，他总是会在爸爸妈妈批评你的时候适时地出现，将自己陷入更加“不好好学习”、“不够优秀”的境地。“你看看你，就你自己在玩，人家都在好好看书写作业，怪不得人家总能考第一。”“哎，人家又得了奖学金，你就知道花我的钱补课！”“别人都早早起床读书了，你竟然还在睡觉！”……诸如此类的话，从小到大，父母百说不厌，不绝于耳。

家长总是希望通过对比，让自己的孩子看到自身存在的很多问题，比如贪玩、成绩不好、不努力……希望通过这种方式为他们树立一个优秀的榜样，激发他们改正自己的缺点，知耻而后勇，变得更好。然而，这往往会适得其反。很多孩子因为看到“对手”太优秀了，而自觉自己很差，远远跟不上，于是反而不想学不想努力，而自甘堕落。

心理学上有一个专有名词可以解释这一种现象——习得性无助，指的是通过学习形成一种对现实的绝望和无可奈何。由于家庭背景、成长经历以及孩子的个人情智的不同，每个孩子的认知能力、生活经验、学习方式等都不相同，每个孩子之间是没有可比性的，也没有优劣之分。家长在表扬“别人家的孩子”的时候，有可能会给自己的孩子带来更为强烈的不自信和自卑。因为在对自我的正确认识还没有形成的孩童时期，孩子的自我意识最初是通过成年人的评价间接获得的，如果就连自己最亲近的人都觉得自己时时事事不如别的小孩子，那么自己真的是很差劲了。

长此以往，这些无助的情绪累积起来，孩子就会产生“破罐子破摔”的消极无助心理，在遇到暂时的困难时，缺乏独立、坚强的意志力，习惯性地依赖他人。

最好的教育应该是尊重孩子的差异和个性。每个孩子，无论是开朗还是内向，无论是动手能力强还是语言能力强，都可以按照自己喜欢和擅长的方式来学习和成长。对于家长和老师而言，要善于发现孩子的独特能力，比如画画很有灵性、对音乐节奏特别敏感，给予适当的肯定和表扬。让他们能够感受到来自外界的爱和欣赏，这样，孩子也会受到鼓舞，从而在不断得到肯定的兴奋中，形成自我努力的意识。

聪明的家长表扬孩子时，从不将其与另一个孩子做比较，但是会和孩子的过去比，让孩子看到自己真的在“退步”，让孩子正确面对自己所犯下的错误， 并为自己的错误导致的后果认真思考，从而形成对自己的正确认识。

疯狂的洁癖症

洁癖，顾名思义就是有一种特别爱干净的癖好。本来一个人爱干净、注重卫生和细节是好事，但是有些人却将这种“爱干净”过度化，过于注重清洁，心理已经带有一定的扭曲和强迫，给身边的人带来极大的不便，严重影响了自己和他人的关系。

曾经有这样一个女人，因为工作的需要，她的丈夫经常要在家里接待客人，为了迎接客人她一天不停地打扫卫生，把家里打扫得干干净净、一尘不染，连地面都铿亮铿亮地反光。然而，当来客人的时候并没有因为这种重视而觉得宾至如归。因为，这个患有洁癖症的女人一看到别人把沙发上的坐垫坐歪了，马上就要整理好，甚至会要求客人起身；看到茶几上有垃圾和水迹了，马上拿湿布擦掉，不让留下一点点灰尘。这似乎在警告家里的客人——你们弄脏了我的家，我不欢迎你们。于是，慢慢地家里的客人少了，到后来几乎没有客人再去她们家了。更疯狂的是，每次丈夫从厕所出来，她都要用酒精棉球擦拭他的双手。这种事情越来越多，越来越妨碍丈夫的正常生活，最后导致丈夫都受不了，于是就和她离婚了。而她，却没有因离婚而伤心难过，反而乐得，因为再也没有人来打扰她的干净了。

这种患有洁癖症的人，在心理上有着一种不可抗拒的强迫症，虽然有时候他们知道如此爱好清洁毫无意义，但是那种无法抗拒的强烈的焦虑和恐惧，逼迫他们以不停的清洁工作来应对这种潜在的危险。比如，他们总觉得在外边餐馆吃饭很不卫生，餐具不干净、餐桌很油腻，于是不停地用开水涮洗之后才吃，而且觉得很脏、吃不下，即使请客的主人并不乐意。

研究发现，产生洁癖的很大部分原因来自遗传。此外，洁癖症患者多半具有强迫性的人格，当在现实生活中遇到不可承受的突发事件或者过于严重的压力时，他们的洁癖强迫症就被引发了。比如亲人的亡故、离异、失业等。有的人因为过重的工作压力，造成精神紧张得一直绷着，下班回家后就不停地擦地板，一直擦到精疲力尽为止。

也有心理学家认为，家庭教育（比如父母具有强迫性人格），也是造成洁癖的原因之一。土耳其心理病学教授巴津指出，如果一个人在儿童时期受到家长的严厉管制，无法适时表达个人喜怒哀乐等情绪，会很容易形成洁癖。因此如果一个家庭从小就要求孩子反复洗手才能上餐桌吃饭，克制孩子的天性，要求孩子做事井井有条、一丝不苟，很容易造成孩子的焦虑不安，形成强烈的心理暗示和后天影响。

她为什么要逃婚

在《逃跑新娘》中，年轻的玛琪独立坚强，虽然她一直都很希望有一个属于自己的幸福美满的家庭，也曾经三次和准新郎踏上红毯，却又因为内心的恐惧而害怕走进婚姻的殿堂，于是她总是在逃婚。

恋爱、结婚、生孩子原本是人生三大喜事，尤其是浪漫的结婚。可是很多人在随着婚期临近的同时，却患上了一种“结婚恐惧症”。当真的要缔结两个人的关系的时候，许多准新人会有一种莫名的恐惧，担心自己不能适应婚姻生活，害怕自己不能够建立好一个新的家庭，所以会产生一种回避心理，甚至会逃婚。

你有结婚恐惧症吗？

“结婚恐惧症”实际上是一种心理疾病，大多会发生在女性身上。从心理学上说，发生逃婚想法的新人，他们父母的婚姻大多数是不幸福的。他们从小就对不稳定的婚姻生活产生恐惧，因为他们的父母总是在吵架、在互相打骂，甚至父母本身就是离异的。所以，他们长大后对婚姻和家庭一直有一种抵触的情绪，他们害怕自己的婚后生活也会像父母一样不和谐、不稳定，严重的话有可能会选择一辈子都不结婚。

甚至有的父母在自己的婚姻中出现了问题，而把悲观、偏激的情绪传达给孩子，比如有些母亲因为自己的丈夫出轨而导致离婚，她有可能会向女儿倾诉她的父亲如何地绝情，并灌输“全世界的男人都是偷腥的猫，没有一个是好的”的绝对批判心理，这样女儿长大后，有可能会对男人产生抵触、敌对的心理，从而不敢与男人接触，更不用说结婚了。

不过也有一些新人，即使父母婚姻美满、家庭幸福，也会出现结婚恐惧症。这有可能是因为社会的广泛不良舆论以及自己给自己带来的压力造成的。许多年轻人担心结了婚要承担更多的责任，尤其是来自家庭的责任，柴米油盐醋，所有的琐事纷涌而来。而许多都市青年长期被父母照顾得过多，独立生活能力也较差，他们不懂得如何独自生活，不懂得照顾他人，因此他们害怕自己不能组织好、经营好家庭。

尤其对于女人来说，婚后的琐碎家务事如洗衣、做饭、打扫卫生，每天都要做，简直都要让人崩溃。此外，对于女人来讲，结婚还意味着要面临复杂紧张的婆媳关系。电视剧里上演了太多的“恶”婆婆，如何处理好婆媳关系也是一个令人头疼的问题。

而且，有时候人们会害怕结婚是因为他们在质疑为什么要结婚。“谈恋爱的感觉挺好，很轻松，何必要用一纸结婚证书把两个人绑在一起呢？”恋爱的激情逐渐消退，最后只剩下亲情，这是他们最害怕的地方。因此，他们始终对婚姻保持一种观望的态度，“婚姻是恋爱的坟墓”，对于他们来讲，婚姻是否能在漫长的时光中维持幸福和甜蜜，是一个值得怀疑的问题。所以，他们迟迟不愿意踏上婚姻的红地毯。

为什么每次考试前都生病

“每逢大考必生病”，考试对于有些孩子而言，不仅仅是精神上的考验，还存在身体上的不可控制的痛苦。有些孩子一到考试之前就发烧、感冒、头痛或者拉肚子，会莫明其妙地生病，有时候还会严重到参加不了考试，等到考试一结束就会不治自愈。但是成绩却受到了影响，一直在滑落。为什么有些人会陷入每逢考试就生病的怪圈呢?

当然，有可能吃坏了肚子、肠胃不好。但是如果平时身体不错，每次考试前都会生病，那么从心理上看，可能是因为“考试恐惧症”。从心理学上讲，如果人们对某些事情太过于紧张、害怕，比如对考试怀有一种莫名的恐惧，就会引发身体上的一系列反应。心理素质和心理应对能力不足，就造成了这种身体不佳的本能反应。

这种由恐惧症引发的生病，很有可能与从小的家庭环境有关。“望子成龙、望女成凤”，许多家长对自己的子女期望很高，总是会提出很多很高的要求。很多孩子为了让自己的父母满意，老是想着要考好试，争取拿到第一名，要不然回到家就会被父母骂，因此在考试之前往往求胜心切，从而导致过度紧张、压力过大、过度焦虑而生病。这是一种身体的自我防护，当他们面对考试表现出不够自信的时候，身体就会无意识地开启自我防御模式，而导致生病受伤。根据心理调查发现，自尊心强、争强好胜的人，往往很容易在每次大考前生病。

另外，有的孩子知道以自己的水平和能力，实在无法达到父母的要求，所以选择故意装病，从而降低父母对自己的责怪或惩罚的风险。长此以往，他们选择不对自己的父母说真话，成年之后有了自己的主见和选择权，更加不愿意与自己的父母交流。因为他们真的很畏惧父母，尤其是严厉的父亲，他们总是把考试放在首位，特别看重考试成绩，用成绩来衡量子女的能力和水平。他们经常挂在嘴边的一句话是："你怎么那么笨，这么简单的题目都不会，都考不到第一名。"

对于因为恐惧考试而生病的人来说，心理辅导不失为一种好的方法。对于焦虑失眠较为严重的人来说，放松心情、释放压力能够有效地缓解考试前紧张的心情。在每次考试之前，其实不必熬夜看书，尽自己最大的能力考试就行，否则就会适得其反。睡觉前，美美地洗个澡，高高兴兴地聊聊天，通过交流互动的方式，可以舒缓自己的压力。此外，不管在平时还是考试期间，都应该注重劳逸结合，适当的运动可以有效的消除学习性疲劳。

"身体是革命的本钱"，无论是个人还是父母都应该以身体健康为重，考试并不是证明能力的唯一出路，在心理上"藐视"它，才能够解开心结和枷锁，解放身心。

第十一章 心理学这样解读思维

我们生活的平凡世界，总是发生着一些令人意想不到的事情。有时候，我们发现那些理所当然是对的事情，却出现了反转，似乎也不是那么正确了。比如不仅“1+1”不一定等于“2”，“1+1+1”还有可能等于“0”。这些让我们百思不得其解的意料之外，往往是因为我们很多时候会用惯性思维去思考问题，却没有想到其实还有另外的解答。那些意想不到的事实，其实在柳暗花明、病树前头的背后，隐藏着亘古不变的永恒真理。“存在即合理”，万事万物，意想不到之外，必有道理。

“人多力量大”未必正确

在日常生活中，我们常常听到许多俗语，“三个臭皮匠，顶个诸葛亮”、“天下乌鸦一般黑”、“一个巴掌拍不响”。很多俗语听起来是那么一回事，但是到了具体的环境中，却又是另外一回事。这次，就拿“人多力量大”来说吧。第一次见到“人多力量大”还是在小学课本上——我们要折断一根筷子很容易，但是要折断几十根筷子就很难了。诚然，当我们需要搬东西、打扫街道、抬重物时，确实是“人多力量大”。

但是，有时候“人多力量未必大”，人多了，反而因为结构繁冗互相推脱，力量也许就消失了。一个办公室有3个人，一直都是新人小刘打扫卫生，后来公司来了两个实习生，刚开始大家都抢着打扫卫生，办公室干干净净、一尘不染的。到后来，这两个实习生都以为对方会打扫卫生，都等着对方拿起扫把，竟然没有人主动承担卫生责任了，导致办公室一片狼藉。

在一个集体中，如果没有统一的组织和领导，人再多也是一盘散沙，严重的还会出现相互倾轧诋毁、扯皮推诿，更不用说什么“人多力量大了”。我们都听过“三个和尚没水喝”的故事，它讲的就是这个道理。

人多并不一定比人少强，现实生活中以少胜多的例子不胜枚举。著名的赤壁之战发生在魏蜀吴三国鼎立的特殊时代。公元208年的一个冬天，曹操率领20多万兵马攻打孙权。孙权联合刘备，利用曹军长途征战的疲劳，再加上不习水性的弱点，火攻曹军，只出兵5万便把曹操打了个落花流水，曹操20万大军浩浩荡荡而来，却因骄傲轻敌，大败而归。

人多是不是真的力量小呢？法国心理学家林格尔曼针对这个疑问，做了一个“拔河”实验，来验证“人多力量小”。林格尔曼组织了一些年轻人，将他们分为一人组、两人组、三人组和八人组，测量他们在不同群体下用力的情况。得出的结果是两人组的拉力只是两人拉力总和的95%，三人组的拉力只是三人拉力总和的85%，八人组的拉力只是八人拉力总和的45%，这个结果引人深思：群体力量的总数低于单个力量叠加的总和。

林格尔曼据此提出了“责任分散”理论：如果一个人独自完成一件事情，那么他会积极应对、尽力去做；而当以团体为单位去完成一件事情的时候，往往都会有所退缩和保留。因为前者只能独自承担责任，而后者则可以互相推脱。在有些单位中就是如此，人多未必“好办事”，尤其是在机关单位中，部门大并不能提高工作效率，只会造成机构重叠、人浮于事。往往会因为“负责”的人多了，导致职责不明确，反而不干事，干不成事了。因此，我们不能简单地以人多力量大来自欺欺人，质量才是最根本的东西。

一个机构的设置如果过于庞大冗杂，在没有良好的管理和协作机制的情况下，就很难真正有效率地做事。震惊全美的尤克公园谋杀案引发了对于“旁观者效应”的思考：一个年轻的女人在回家的路上被谋杀了，在这个过程中很多人听到了求救声，甚至还有人在阳台上看着她活活被捅死。但是在她死亡之前，竟然没有一个人跑来救她，甚至没有人及时给警察打电话，因为大家都以为那么多人都看到了，肯定会有人去救她或者打电话了。惨剧之所以会发生，却是因为大家的“责任分散”，一个指望另一个去做，反而什么都没做成。

在人多的情况下，只有每个人都怀着高度的责任感，用心做好事，齐心协力地身体力行，才能将事情完成得非常完美，才能真正实现“人多力量大”。

选择多带来的困扰

看过电影《购物狂》的人应该对刘青云饰演的李简仁各种纠结的选择印象深刻。在茶餐厅里，李简仁正在为吃什么午餐而发愁："咖喱角上火，烧春鸡麻烦，迷你干炒牛河又太油腻，三明治又吃不饱……烧味有叉烧、烧鹅、烧肉、油鸡、切鸡、烧排骨、单拼、双拼、三拼还有四宝，怎么选?"甚至面对着雪菜肉丝面和红烧牛肉面，他都不知道选什么比较好。你也有过这样的经历吗？你是不是也有着喝雪碧还是喝可乐的"困难选择症"?

在现实生活中，我们经常要作出选择，在餐厅选择吃米饭还是吃面，在学校纠结选哪个课程，而工作了也要选择去哪里工作、做什么比较好，甚至要选择什么样的婚姻生活？就连出门都要选择是坐电梯还是走楼梯。有选择并不是坏事，总比没得选好，但可供选择的东西太多，尤其是当这些东西差别很小、各有利弊时更加折磨人，更容易使人患得患失。

很多人永远不确定自己要的是什么，他们缺乏明确的目标，优柔寡断。在阿拉丁神灯的故事中，主人公来到满是宝藏的地下室，对每一件宝藏都爱不释手、无法放弃，最后却空手而归。这个故事告诉我们，如果你什么都想得到，最终什么都得不到。

现实生活中的我们，很容易被"阿拉丁情结"所困扰，而最根本的原因就是认不清现实，不知道自己究竟最想要什么，什么是最需要的、最必要的。比如根据你现在的身体状况，如果你觉得自己内热、有火气，就应该放弃麻辣的火锅，而选择清淡可口的炖汤；如果你是高血糖患者，就要和甜美精致的蛋糕说再见。

"选择困难症"还在于总是患得患失。"鱼和熊掌不可兼得"，但是他们都不舍得放弃，所以不知道选哪一个好，害怕做了选择，自己会后悔。从另外一个层面上看，也是因为他们害怕承担选择之后的责任，害怕自己不能接受错误的选择带来的坏结果。比如，国庆节想看美丽的秋色，不知道去九寨沟好还是新疆好，去九寨沟怕人挤人破坏美感，而去新疆又担心人身安全问题。他们总是会在前进的路上，对于自己所面临的选择纠结不已，终日惶恐不安，怀疑自己的选择是否正确。

“患得患失”的背后是没有认清事物的两面性。不可能所有事情都是完美无缺的，所以对于“选择困难症”的人来说，试着去放松身心，对所有事情不要太紧张、太在乎，相信自己的选择，要有“有舍才有得”的决心。

对于完美主义者来说，选择是他们一生的纠结，让极度苛刻的他们作出一个选择比登天还难，因为他们总是找不到最为理想的那一个，比如去面试时，他们认为穿正装太死板、穿休闲装太不正式，然后可能为了选择衣服而耽误了面试时间，最后导致面试失败。

精神医学认为，选择恐惧症其实也是对自我不满的表现。他们认为自己不够好，因此把这种不满的心理变相地“投射”到工作、恋人或者物品当中，变相地通过“选择”来折磨自己，逃避现实。然而，没有任何一个选择是完美的，因此在选择之前，果断地放下心中对生活的苛求，放下尽善尽美的责难，在心中怀着一点点冒险的精神，向未知的生活勇敢地前行，这大概才是生活的意义所在吧。

越完美，越容易出现问题

很多“完美主义者”一直在孜孜不倦甚至不惜一切代价地想成为一个人人称赞的“好人”，或者竭尽全力想把事情完成得完美无缺，这本来是无可厚非的，但事实上没有什么是十全十美的，有时越是追求完美，越容易出现问题。

在工作中精益求精的态度是要提倡的，但是如果总盯着一些小细节不放过，那么你会发现需要改进的地方越来越多，最终导致耽误了工作进度，甚至有可能永远都完成不了工作。比如有的人总是花大量的时间不断返工，只为了达到他自己设定的目标。这种对于完美的苛求已经不是正常的工作态度，而是一种病态的心理表现。

从心理学上来说，过于追求完美很大一部分原因是因为孩童时期的严格教育。他们的童年并不是灿烂、自由的，而是在一个个任务中不断摸索和前行，而这些目标和任务往往是他们严厉的父母设定的。为了达到这些难以企及的目标，这些孩子不断地学习并学会要求自己。而父母总是以成年人的眼光来打量他们的所作所为，不断地提出更为细致的要求，于是他们从小就习惯把每个细节都做到最好，即使这些细节有时真的无关紧要。这样，不仅给自己带来了繁琐的任务和巨大的工作压力，还会给身边的人带来影响，甚至会苛求他们也跟自己一样，追求完美。

追求完美不仅容易劳累，还会因为熬夜、赶工等原因给自己的身体带来损害。更为严重的是，越是追求完美，压力就越大；越是在细节上下功夫，越耽误最主要的事情。所以这样的人非常容易焦躁，一边看着自己因为细节而耽误了很多时间，一边又放不下这些细枝末节。但是越焦躁越不能沉下心来完成事情，往往会使事情越做越糟糕。事实上，真正的完美是不可能实现的，过度追求完美，很容易出现更多问题。

追求完美的人在心理上渴望别人通过肯定他的成就来认可、接受和关爱他，但是因为他对一切的细节都苛求完美而无法作出成绩，所以他们永远也成为不了那个人人口中喜欢、尊敬、爱护的人，永远也感受不到被爱。反而，有时候这样的人会被人厌恶。比如曾经有一个教授对自己所带的研究生要求特别多，从不认可学生提出来的观点，对学生所写的论文大也是百般挑剔，最后导致论文迟迟完成不了，学生只得延迟毕业，耽误了工作，使师生关系产生不可调和的矛盾。

所以，放下完美主义，放过自己和他人，忘掉那种对于细节的强迫症。比如，允许自己几次不能按计划完成工作；允许自己为了大局考虑，放下工作中无关痛痒的不完美细节；同样也可以暂时允许自己的办公桌和家里弄得一团糟，沉沉地睡上一觉，然后你会发现，即使你并不完美，地球还是会继续转，生活还是会继续，而没有了琐事和细节的纠缠，你似乎变得更加快乐。所以，放下你那过于苛求的“完美主义”吧，在工作之余好好享受来自生活的善意！

能力越低越自信吗

听过这么一个有趣的故事：以前有一个抢劫犯去抢劫银行，但奇怪的是他没有蒙面，也没有伪装自己，大摇大摆地进入银行洗劫一空。然而，不到几个小时，他就被警察缉拿归案了。原来，他以为在在脸上涂柠檬汁，现场的监控就看不到他了，也就不能拍下他了。因为在儿童的游戏中，涂柠檬汁就能够隐形。这个愚蠢的抢劫犯戏剧化地告诉我们不聪明的人反而更加自信。

“越低能越无知”，人在最没能力的时候，往往表现出过度的自信。所以，我们经常能够看到，那些没有能力的人总是喜欢吹嘘自己、自命不凡，只是没有遇到伯乐；而真正的能者和精英，从来不会夸耀自己的能力有多强大，只会谦逊低调地表示自己需要提高的地方还有很多。

达尔文发现，低能力的人更容易比高能力的人高估自己，从而产生了“自信错觉”。然而，这种“自信错觉”是大多数人都容易犯的错误。例如，一项全美调查显示，71%的男性受访者相信自己比常人聪明得多；57%的女性受访者则认为自己的头脑非同寻常地聪明。国际象棋评分系统的测试发现，只有21%的人认为分数代表自己的实际水平，75%的人认为自己被低估了。这种自我欣赏和肯定的心理错觉不仅仅在能力上，还表现在外表的认定上。20世纪80年代一项调查研究发现，70%的人认为自己的外貌要强于他人。所以说，无论何时何地，人们总是习惯性地高估自己的能力，心理学称之为“自信错觉”。

从心理学上看，这种“自信错觉”大多数是发生在无意识的状态之下的，他们从来没有意识到自己能力很差，甚至低于常人的平均水平，反而会将自己的能力一遍又一遍地夸大，这不是自信，而是自大。

这也可以看出，能力与信心的发展是一个不平衡的过程，往往呈现的是负相关的关系。例如，当人们开始学习一项新技能，还没有熟练掌握，能力还比较低的时候，往往会“无知者无畏”，自信心爆棚，认为自己无所不能，到自己的技术水平得到长足进步后，反而更加谦虚谨慎，因为他在实际工作中已经有了教训，明白自己的能力和水平还远远不能解决所有的问题，自大只会影响自己的进步。

只有对自己现有的水平有足够清醒的认识，才能让“自信错觉”的干扰减到最小。真正的有识之士总是能够清楚地看到自己的不足之处和应该改进的地方，并且发自内心地渴望改变自己，使自己变得更加优秀。

孩子越早上幼儿园，问题越多

现代生活节奏快，人们的工作压力十分大，很多父母都会选择让孩子早点去上幼儿园，这样不仅可以让父母有空闲的时间去做自己的事情，还可以早点培养孩子的学习意识，开发智力。

但是事与愿违，孩子越早上幼儿园，表现出来的问题往往就越多。例如有些孩子上幼儿园后回家和父母不再亲昵玩耍了、一个人不说话、光看动画片等等。此外，妈妈们会发现孩子上了幼儿园后经常会生病——头痛、感冒、发烧、恶心呕吐等，这不仅仅是因为在幼儿园里，孩子们接触的是大面积的公共区域，由于自身抵抗力很弱，很有可能会感染了什么，从而引发一系列的身体反应。还有可能是因为孩子在与父母分离时，感觉很焦虑，他们不愿意和父母分开，所以通过不自觉地引起身体反应比如不吃饭，来吸引父母的关注，这样就不需要去幼儿园了。

我们都知道，在3岁以前，孩童的个体人格还没有完全形成。如果在这之前把孩子放到幼儿园，只会给孩子带来心理伤害，让他以为是故意跟他分开，并且总是害怕分离，会出现严重的分离焦虑状况，因为他们在情感上还处于较为严重的依恋期。当这种情绪累积在孩子的心里久而久之可能会成为一个“心结”，可能会使孩子变得胆小、害怕、脆弱和敏感，总是有一种被“抛弃”的感觉，做什么事情都畏首畏尾，担惊受怕。

此外，强行分离会使有些孩子产生恐惧心理，造成情绪不稳定，容易变得暴躁，养成易怒的性格。他们并不知道这只是暂时的分开，所以他们缺乏安全感，很容易情绪不稳、不受控制，比如会撒泼、耍赖在地上打滚、哭闹，打砸东西，有可能将来以暴力的方式应对遇到的事情，变成人人谈之色变的“熊孩子”。

6个月–2岁是孩子与父母的特殊情感连接阶段，这个时候尤其不适合进入幼儿园学习。从心理学上看，3岁以后上幼儿园比较合适。因为这个年龄段的孩子心理上已经发展到能够接受与父母分离，尤其到4岁以上的时候，他们有一种渴望同伴朋友的心理，会主动地寻找玩伴，也懂得与同伴交往。更为重要的是，3岁以上的孩子在思维上也能接受上幼儿园，这个时候他们已经有了自己独立的意识，知道上幼儿园只是短暂的分离，所以大多数不会出现哭闹不停的现象。

为什么越奖励越懒惰

“从小到大，只要她考得好，就给她奖励。考入市重点高中后，我们奖励给她心爱的韩国旅游。但是，开学后，她好像不怎么热爱学习了，期中考试后成绩一落千丈，都快要倒数了。”王先生对自己女儿晓月的变化很焦急，再怎么奖励，孩子不为所动，不再用心学习了。很多家长喜欢通过物质奖励来鼓励孩子学习，PSP，电脑，苹果手机，境内、境外游等丰厚的奖励屡见不鲜。但是，这种奖励效应，只能短时间内提高孩子的成绩，实际上降低了孩子的学习兴趣。

因为他们会认为自己努力学习就是为了获得奖励，而不是发自内心地喜欢学习。这种奖励方法作为一种外力驱动，并不能够真正激发孩子的学习热情，反而使他们面临一旦愿望被满足就放弃学习的潜在危险。因此，家长一旦提供超过一定程度的奖励，反而使孩子感觉到满足，从而得过且过，彻底不把学习当回事。

在心理学上，这种现象叫作“过度理由效应”，指的是有时外在动机，例如金钱或物质奖励，会降低一个人工作表现的内部动机。从心理学上的自我知觉理论上看，这种现象的出现是因为当外在动机出现时，人们会将注意更多地放在外在动机的奖励上，而减少甚至忽略了对活动本身的享受和对满足感的关心。“过度理由效应”会导致人们工作和努力的动机开始转为外部的因素，从而削弱了本来存在的内部动机。

1973 年，心理学家马克·兰博等人对这种现象进行试验验证。他们将一群 3–5 岁的孩子分成三组，让他们在一个有很多玩具的房间里游戏。其中第一组的孩子只要用毡头笔画画，就会得到一条“干得棒”的缎带；第二组的孩子则会随机地不定时地收到奖励；第三组的孩子则无论做什么都不给任何奖励。之后，他们让所有的孩子都进行自由游戏，却不再发给奖励。最后的结果发现，之前每次画画都会得到奖励的孩子明显比其他人使用毡头笔画画的概率要小得多。过度的奖励会损害人们活动的内部动机。

“强化原则”认为奖励可以使人更加努力、上进，然而“过度理由效应”似乎却显示出这并不是完全正确的。这给了家长一个很好的启示，一味的物质奖励并不能够真正带动孩子好好学习。金钱等有形的奖励有可能会降低人们的自我决定感，削弱人们的内部动机。但是相对而言，无形的精神奖励，例如褒扬，则会提升人们的自我决定感。

其实，精神上的激励更能让人们得到认可和肯定，这样能让人们感觉自己很有能力，并不会损坏人们的内在动机，反而能够促进人们上进。比如，口头的表扬如“你很棒”“你很聪明”“你很有主见”等，可以从内在的角度让孩子感觉自己做得是对的，因为得到了肯定和认可，孩子会觉得这样做是有价值的，也会慢慢树立起学习的自我意识。

当然，外部的奖励也有存在的必要，但是这个奖励应该是不定时的，不能让奖励成为孩子意识之中必然存在的，否则当愿望都达成的时候，就没有再进步的欲望。如果缺乏自控力，孩子只会“越奖励越懒惰”。

铜牌得主比银牌得主更高兴

获得银牌和获得铜牌哪一个更让人高兴？很多人一看这个问题，就会觉得，银牌获得者肯定会比铜牌获得者更快乐些，因为毕竟银牌还是比铜牌更高一级，然而事实上并非如此。虽然铜牌获得者站得比较低，但与苦着一张脸的银牌获得者来说，洋溢着笑容的他们却表现得要开心得多。

不信你可以仔细观察一下颁奖仪式上运动员的表情。如果你认真看了，应该能够发现银牌获得者往往笑得很牵强，似乎不怎么开心；而金牌和铜牌得主却似乎都是发自内心地在微笑。获得金牌的运动员高兴之情溢于言表的理由自然不用说，获得铜牌的运动员为什么比获得银牌的运动员更加高兴呢？

2006年，美国旧金山大学心理学家大卫·松本观察了2004年雅典夏季奥运会柔道比赛运动员的面部表情，收集了35个国家84名运动员在比赛结束后、颁奖典礼时和获奖感言时三个不同时间点的面部表情情况，结果发现没有一个银牌得主比赛结束后微笑，甚至还出现了悲伤、蔑视的表情。而26个铜牌得主中有18个微笑了。

在运动员比赛后接受采访的录像中，大多数银牌得主都不太愿意进行访谈，或者会直接表明自己很遗憾，就是一步之遥，再努力一点点就可以得到金牌了。而铜牌得主却对自己的成绩很满意，总觉得自己是幸运儿，再差一点就什么牌都得不到了。

所以，心理学家得出的结论是：“从运动员的幸福感而言，金银铜牌真正的排序是：金牌、铜牌、银牌。”尤其在奥运会中，高手云集，各个运动员水平不相上下，经常会出现银牌得主只比金牌得主差一点点的情况（比如游泳比赛）。有时候，因为心理素质、比赛现场环境等的影响，银牌运动员会觉得因为内在和外在的原因，而没有得到金牌，这是相当遗憾的事情。

从心理学上来说，这是因为银牌获得者的基准是金牌，而铜牌获得者的基准是没有奖牌。所以银牌得主总是在纠结为什么不多努力一点点，要不然金牌就在自己手中了；而对于铜牌得主来说，他很庆幸自己拿到了奖牌，他的关注点是如果自己没有努力，就差点没有奖牌了。对于银牌得主来说，他的内心有世界第一和世界第二的比较；而对于铜牌得主来说，他完全没有第二和第三名之间的比较，他看到的是自己从无到有的进步。

就像学生生涯时的我们偶然一次数学考了94分，这个成绩是原本一直徘徊在80分左右的自己完全想不到的，因此拿到成绩的时候兴奋不已。但是，当我们看到与自己同一水平线的同桌竟然考了98分，肯定开心不起来了。因为我们发现自己所获得的成就，与别人比起来还有一定的距离。如果我们能够像别人一样努力，肯定也能够跟他们一样。所以对于很多人来说，对自己的不满意是因为给自己设立的参照标准比较高。当我们在不断追求的同时，沮丧和挫折从来没有停止过。

“有些人仅因为自己是世界第二的拳击选手或世界第二的划桨手而羞愧自杀。他即便击败了整个世界唯独一人无法超越，在他看来，也一文不值；他强迫自己打败那个人，只要一天屈居第二，他的世界便没有精彩”，心理学家威廉·詹姆如此说道。人们往往不容易放过自己，虽然自己明明取得了较大的成就。有时候失去也是一种得到，可是银牌选手们大多想到的只是得到，因为金牌是他们毕生追求的梦想。

那个热心人指的路是错的

我们都有过在外地旅游、行走的经历，每次独自到一个陌生的城市，都有可能碰到没有地图或者看不懂，找不到正确方向的时候，这时只有去问当地人。当然，肯定会找到那个热情给你指路的人，但是很遗憾的是，那个热心人给你指的路却是错的，甚至有时候一直走一直问，然后绕了很多圈又回到了原地。这时，你忍不住会怀疑，问路是不是可靠的？为什么那些给我们指路的人说的都是错的，甚至问了十几二十个人还是没有找到目的地。

问路存在风险，我们得到的答案未必都是正确的。因为有时候指路的人告诉你往左走可能是指手左边，也可能是指店的左边，如果参照物不一样就有可能相差十万八千里了。所以有时候即使那个帮忙指路的人没有指错路，自己也有可能理解错误走错方向。

再加上现在城市很大，很多人只知道大概的地方，对于具体的小区名字、大楼名字或者酒店名字也不可能全部知道。语言上的偏差也会给指路造成困难，比如在成都，立交桥特别多，十字路口也特别多，名字还很像，有时候指路的人听错一个字或者说错、说多一个字就会导致问路人迷茫。此外，指路人一般都是按照自己脑子里面的地图来指路的，会用上很多地名比如春熙路、走马街等，问路人对这些地名一无所知，只好满头雾水地边走边问，这种疑惑和不解逐渐累积起来更加不容易找到要找的地方。

而对于问路人来讲，在陌生的地方从心理上对陌生人有一种不由自主的抗拒心理和怀疑心理，即使人家指出了路线，也会以自己熟悉的方式来找地方。但是最熟悉的方式有时候是不适用的，比如北方来的人总是会迷失在重庆这座城市当中。因为重庆是山城，用许多高架桥连接着城市的交通，因此在重庆人的“地图”意识里，不分东南西北，只分上坡下坡，往上走和往下走，问路的人可能听不懂什么是往上走、什么是往下走。

而且，中国的方言很多，对于当地人来说，当地方言是他们经常使用的语言，尤其对于地名，他们更习惯使用方言说法。因此有可能误解问路者所问的路，或者问路人听不懂或者听错了指路人所说的地方，弄巧成拙，而导致了错误。

无论如何，那些热情指路的人都是出于好心。对于我们来说，手中的地图和手机的电子地图也是走到目的地的武器。首次到陌生的地方应该提前做好准备工作，了解当地的风土人情，熟悉自己要去的地方附近的街道名称，方便在问路的时候，给指路人正确的信息，对指路人提供的信息也能够很快明了于心，这样才能让我们很快找到要找的地方。

最重要的事情也会忘记

虽然“闪光灯记忆”认为我们往往会对重要事件记忆深刻，比如发生震撼人心的重大事件如汶川大地震、伟人逝世、“9·11”恐怖袭击、南斯拉夫大使馆轰炸等，人的大脑很容易对这些重大新闻事件记忆犹新，并且能够在很多年之后仍然记住很多细节和感受。

但是，对于重要事件的记忆，人们大多会受到记忆错觉的很大影响，也就是说，通常人们认为自己的记忆能力很好，对某些事件一直保留有清晰的记忆。但事实上并非如此，那只不过是“闪光灯记忆”让人们一直以为自己所记忆的是真的、对的，实际记忆本身已经不准确了。

为什么会这样呢？这是因为我们的记忆一直在消退。虽然有时候自己得到了十分清晰逼真的记忆画面，但是这些记忆已经不准确。因为“闪光灯记忆”，信息可以被迅速激活，这样大脑随时处理和“随时打印”重大事件。这些“随时打印”闪光灯记忆信息已经被重新定义，与原来的记忆出现了偏差，但是大脑却不由自主地“即时相信”了这些信息的准确性。所以我们总觉得对那些特殊大事的记忆永远不会随着时间消逝，事实上，这些记忆一直在更新和变化。

然而，并不是离现在越远的事情越容易忘记，反而是离自己越近的事情越容易忘记，特别是这件事情跟我们这几天内做的事情完全不一样的时候。与对过去的记忆不同的是，在现实生活中，我们常常要记的是将来的事情，比如过两天要去拿体检报告、25 号要开例会等等。有时候，当我们正在聚精会神地工作，反而容易忽视自己原本惦记着要去做的事情。比如，过两天朋友要来，让你下班之后帮忙去酒店订一个房间，有可能你在忙碌的加班之后，就会自然而然地把这件事情给忘记了。

在心理学上，对这些未来某个时间点要做的事情的记忆，叫作“前瞻性记忆”。与“闪光灯记忆”对过去重大事件的“特殊永久记忆”不同，我们很容易忘记“前瞻性记忆”。因此，我们常常需要通过笔和纸条，将这些未来时间内重要的事情一一记录下来，谨防自己忘记。

对于“前瞻性记忆”的“忘记”，在日常生活中，我们会有所体验。有人曾经做过这样一个实验：分别让两组学生在每个星期寄出一张贺卡，连续寄七周；其中一组学生可以选择随机在一个星期中的任意一天寄出卡片，而另外一组学生则需要在每个星期三固定寄出卡片。结果发现前者基本可以做到每周寄出一张卡片，而后者更有可能忘记了寄卡片。

因此，我们也可以看出，当你想要记住你未来几天内要去做的重要事情，你却有可能因为心不在焉、忙碌、过重的压力而忘记了这个事情，即使它是最重要的。所以，随着社会节奏的加快和人们压力的增大，对于很多人来讲，忘记了心中认为最重要的事情，这样的情况时有发生。

结婚越早，婚姻质量越高

现代社会，虽然生活节奏变快了，但是结婚的年龄却不断地往后推迟。在建国初期人们是早婚早育的，为此国家还颁布《婚姻法》规定最低结婚年龄，并鼓励晚婚晚育。但是现在越来越多的年轻人更加倾向晚结婚，认为晚结婚不仅能够拥有较为稳定的经济基础（比如买了房和车），还能够进一步培养感情，使两个人在久经考验的年月中不断加深对对方的了解，明确双方的真心实意，认为在等待中一步步走入婚姻才是最可靠的方式。

然而，大量的心理学研究发现，结婚越早，婚姻质量越高。研究表明，等待婚姻只对22岁以下的人有意义。因为早于22岁结婚，还远远不够成熟，因此会导致婚姻成功率下降。但是22岁以后，大多数的年轻人已经拥有独立的自我思考能力，拥有独立自主的经济能力，并且对自己的发展方向有了清晰的认识，可以说22岁以后的年轻人大多是成熟的，因此22岁之后的婚姻无需再等待。并且，研究结果还显示，30岁以后结婚的人，他们婚姻的失败率也在上升。所以并不是等待的时间越长，结果越好。

俗话说："站得高看得远。"随着年龄的"高度"不断增长，"婚姻视野"也越来越高远。年龄越大，结婚时考虑的现实因素越多，感情因素越少。

而结婚越早，在婚姻里更容易增加同甘共苦的感情。虽然刚开始建立婚姻家庭时比较辛苦，但是碰到困难时可以互相倾诉和帮助，一旦受到伤害，可以感受到另外一半的关心和保护；如果犯了错误，有另一半来提醒和开导……就这样，两个人可以一起进步，一起成熟，从思想和心理上说，两个人是同步的，这些共同经历的困难时光只会给两个人留下共进退的美好回忆。而且，结婚越早，越能够包容对方，关系也会更加融洽自然，婚姻生活也会更加自在。而两个大龄青年在结婚后因为各自有自己的奋斗经历，不容易产生共鸣，也很难容忍对方长期以来养成的习惯。

对于一个男人来讲，结婚越早，就越容易成熟。现在大多数年轻人心态比较浮躁，而结了婚的人会慢慢培养出责任感来，慢慢懂得付出和承担，甚至会改掉以前改不掉的缺点和毛病，不断完善自己，使自己逐渐变得踏实稳重起来，去承担家庭责任。

成熟的心态带来的强烈责任心，会在事业上助自己一臂之力，所以早结婚的人将会拥有更多机会。早结婚的人必须早早地承担起一个家庭的责任，考虑的事情多了，目光也会放得更加远大，也会更加上进、努力，会把工作看得很重，为了提高自身竞争力还会有意识地在工作之余给自己充电。而没有结婚的人“一人吃饱全家不饿”，往往会在下班之后，跟朋友吃喝玩乐，对将来完全没有一个明确的打算和计划。

所以说，结婚早并不可怕。有时候，在适当的时机早早地结婚，也不失为一件好事。因此，如果觅得良人，择日就嫁娶吧！

谁说玩电子游戏让人变胖

在今时今日网络游戏横行的时代，电子游戏造就了一个空前庞大的宅男宅女群体，也影响了人们的身心健康，尤其对青少年的影响十分严重。例如各种X光线、紫外线、红外线和声电辐射很容易引起视觉疲劳，电子游戏中不断滚动和变换的画面也很容易刺激眼睛造成视力下降。

不加节制的电子游戏，严重影响着身体健康，尤其影响了青少年学生的正常学习和生活。四川省一名13岁的初中生暑假期间趁父母不在家，连续在网吧通宵玩电子游戏，最后猝死在网吧。网络游戏所造成的强烈刺激和惊心动魄的打斗，使这名初中生心跳加速，精力消耗过大，再加上过度疲劳，惨剧就这样发生了。

虽然电子游戏受到家长和老师的猛烈抨击，但是对于有自控力的成年人来说，适度地玩玩电子游戏有益无害。美国迈阿密大学的科学家们发现，人们在玩电子游戏时，会随着游戏的渐入佳境而注意力高度集中，血液流动加速、心跳加快、呼吸急促，人的体力和精力消耗很大，因此身体能够消耗掉更多的能量。阿莱特·佩里博士认为，如果成年人不喜欢或者不能够真正地参与到体育锻炼中去，那么不妨打打游戏，这样也可以减轻身体负担，或许能够帮着减肥。因为相对整天坐在沙发上吃薯条看电视而言，玩玩电子游戏能够帮助人们减轻体重。因此适度的玩电子游戏不会使人变胖，反而能够使人变瘦。在现实生活中还曾出现过有些学生为了玩游戏在网吧一坐就是十几个小时，忘记吃饭，饮食不规律而导致狂瘦40斤的极端例子。

当然，电子游戏不能长时间地玩，过长时间的玩电子游戏只会让人沉迷其中，严重的会造成死亡。而且深宅在家或网吧玩电子游戏，有可能会造成畸形的物理性伤害。比如持续长时间使用鼠标形成的手指关节僵硬、手腕酸疼的“鼠标手”，而且长时间待在臭氧气体浓度较高的地方，会导致肺部发生病变。

因此，虽然玩电子游戏不会使人变胖，但是过度玩电子游戏会带来更多的身体和精神上的危害。在放松自己或者空闲无聊的时候可以玩电子游戏，但是不能忘记自己当前阶段应该做的重要事情，比如看书学习、完成工作。电子游戏不是锻炼身体的方式，不过当你一闲下来就忍不住坐在沙发上吃零食的话，你可以选择玩玩电子游戏。

粗话让疼痛“放肆”

英国基尔大学的心理学研究院的心理学家理查德·史蒂文斯，在陪伴妻子分娩时发现，他的妻子一边用力地生产，一边歇斯底里地喊出一连串的脏话，似乎这样可以缓解她的痛苦。“我认为咒骂有助于人们应对疼痛，因为人不会无缘无故的就做这事。”为此，史蒂芬斯专门做了一个实验，来测试说粗话是否让人们更能忍受疼痛。

他和英国基尔大学心理学院研究人员组织64名志愿者进行了一个很简单的实验，将他们的手浸没在冰水中，尽量坚持最长的时间。结果发现，如果志愿者重复咒骂词语，比重复普通词语的能多坚持40秒钟，而且对冰水的刺激带来的痛苦感觉较小。因此，我们发现，咒骂、说脏话可以有效缓解痛苦的情绪，帮助人们将苦闷不堪的情绪发泄出来。

我们从出生那一刻起，只要感到疼痛，就会本能地发出叫喊。不仅说粗话有助于我们抵御疼痛，一些简单的叫喊也能够起到这样的作用，

新加坡国立大学的研究者们发现，发出声音也有助于人类抵御疼痛，即使一声“哎呦”也能够降低疼痛感。他们也组织实验者分别做了几组单独的试验：在将手放入冰水中时，他们将分别自己说“哎呦”、听自己说“哎呦”的录音、听别人说“哎呦”的录音，看看最多能坚持多久。结果发现，当实验者自己说“哎呦”时，他们平均能忍受30秒的疼痛，而听到别人说“哎呦”时，平均只能忍受23秒。

在人类进化的过程中，总是免不了遭遇凶猛动物的攻击和伤害。一方面，有时候大喊大叫也是战斗的一种武器，于是人类的祖先有可能用大声咒骂脏话来惊扰正在发起攻击的动物，吓蒙甚至吓跑它们，这样有利于人类祖先的逃跑。另一方面，这种咒骂的方式，可以使人心率增加，使人变得有攻击性和战斗力，在集中精力攻击时，人们往往忘记了攻击中所受的伤的疼痛。因此，通过叫喊咒骂的方式发泄，可以抵御动物的攻击和减少疼痛感，有利于人类的生存和发展。

虽然说粗话可以缓解疼痛、发泄郁闷的心情，但是它仍然是令人不齿的坏习惯。这样的行为一方面很不文明，特别是容易带坏小孩子;另一方面则很容易导致矛盾升级,给社会带来不稳定因素。

偷懒不叠被子的健康

我们大部分人每天早上起床后都会把被子叠得整整齐齐的，这无疑是个好习惯，因为这样子显得整齐不凌乱，能够保持环境的干净和卫生。但是，现在却有科学家认为，早上一起来偷个小懒不叠被子，反而更加有利于身心健康。

因为乱七八糟的床铺虽然显得过于凌乱，但却可以有效地限制被褥螨虫以及尘螨的生长，从而有效地减少灰尘过敏和哮喘的发生。

科学家们的研究发现，即使是新被褥，螨虫和尘埃螨虫也至少有1500万只。我们看不见的这些螨虫隐藏在被子里，悄悄食用人体自然脱落的皮肤，并分泌出使人体过敏的各种物质。那么我们怎么杀死它们呢？当然，拿被子出去晒晒太阳是最好不过的了，但是由于天气和时间的限制，我们不可能天天都拿被子出去晒。

于是科学家们发现了一个既可以偷懒又可以杀死螨虫的好方法——起床后不要马上叠被子，我们可以通过这种偷懒的方式来达到减少螨虫们存活率的目的。螨虫生长需要被褥间的潮湿水分，人在一夜的睡眠中，由于呼吸作用和分布全身的毛孔，会排出多种气体和汗液，而被子会吸收或吸附水分和气体而受潮。如果起床后立即把被子叠好，被子中吸收或吸附的水分和气体便无法散发，形成一个利于螨虫生长的环境。因此正确的做法是：起床后随手将被子翻个面，并且把门窗打开，让被子中的水分、气体自然散发。

当然，最好的方法是经常晒被子，因为阳光中有紫外线，可杀死细菌，又可将被褥中的水分晒干。

虽然不叠被子只能偷个小懒，但是我们会发现,不时地偷个小懒能够大大减轻工作的压力。因为省了叠被子这个小活，能让人们感觉少做了一件事情，心里就不由得略为轻松，感觉每天的必要任务会减少一点，压力当然就会因此减少了。看来，不叠被子的“坏习惯”不仅仅能够带来杀死螨虫的健康，还能够减轻每天的心理负担，使人变得轻松积极一些。

所以，早上起床后请尽情地不叠被子吧!

喝碳酸饮料也不是一无是处

在耳濡目染的养在健康“宣传”中，我们都知道喝碳酸饮料不好。2012年英国医学杂志《柳叶刀》的研究报告甚至还明确指出，每个孩子平均每天喝一听软饮料，体重超重几率就会增加60%。可以说碳酸饮料是导致肥胖的主要原因。

此外，碳酸饮料对牙也不好。碳酸饮料当中的酸性物质及有酸性糖类副产品会软化牙釉质，有可能形成牙齿龋洞。以前有一个人天天把碳酸饮料当水喝，到最后她的牙齿只要风一吹就痛，本来坚固完整的牙釉质已经变成了马蜂窝。而且，碳酸饮料含有的酸性糖类对胃不好，大量的二氧化碳也容易引起肠胃功能紊乱，影响身体健康。同时，一罐375毫升的罐装可乐所含的热量约为147卡路里，几罐下去，摄入的热量就大大的超标，很容易导致肥胖。最为重要的是，碳酸饮料对孩子的发育成长也很不利。比如，长期饮用会导致缺钙，一方面是因为碳酸饮料会影响钙离子的吸收，另一方面是因为碳酸饮料含有酸性物质，会溶蚀身体的钙质。

从以上这些方面看来，碳酸饮料对身体健康似乎没有益处。但是，格拉斯哥大学神经学专家利·里比发现，每天喝两罐碳酸饮料能将人的记忆力提高20%，有效预防老年痴呆。因为大脑中的海马区域在血糖上升的刺激下，会变得非常活跃，而老年痴呆患者的海马区域功能衰退，海马体萎缩。因此，喝碳酸饮料有助于老年人抵抗短期记忆丢失，原因可能在于饮料中的糖分。

除此之外，甜味的碳酸饮料还能够减压。澳大利亚昆士兰大学与新南威尔士大学研究人员让一些志愿者喝下加糖柠檬汁，另一些喝下加人工甜味剂的柠檬汁。然后，研究人员让这些志愿者去完成一系列充满压力与挑战的任务，比如当众演讲。在演讲过后，研究人员试图通过一些激烈的言语来刺激、激怒其中的一些志愿者，比如说他们的演讲很无聊、让人听了昏昏欲睡、讲得太烂了。结果很奇怪的是，喝了加糖柠檬汁的志愿者并没有对这些所谓的“挑衅”感到非常愤怒，也没有想要阻止研究员说的话。而那些喝下加人工甜味剂的柠檬汁的人，他们会感觉到更多的愤怒，甚至有些志愿者还因此不想继续做这个实验。研究人员认为，这是因为柠檬汁中的糖起了很大的作用。大脑的运转需要葡萄糖，提高血液中的葡萄糖水平能够增加提供给大脑的能量，使我们的大脑能够根据我们的需要来执行功能。所以当人们感觉到愤怒的时候，如果有足够的葡萄糖来帮助抑制冲动，就可以增加人们的自控力。而在人工甜味剂中没有糖，所以喝下加人工甜味剂的柠檬汁的志愿者明明知道只是研究人员的实验，但是他们还是会控制不住地燃起怒气。

因此我们可以发现，碳酸饮料也不是一无是处。对于很多人来讲，碳酸饮料很好喝；对于一些人来讲，碳酸饮料有害健康；对于老年人来讲，碳酸饮料有可能能够预防老年痴呆症。所以，碳酸饮料既是好的，也是坏的。你可以喝，也可以不喝，它就在这里。

保守秘密是一种重要能力

你有秘密吗？你能够保守自己和别人的秘密吗？要知道，“保守秘密”可是心理健康的重要能力！

长期以来，心理学家们就认为保守秘密的能力居于一个人心理健康发展的最中心位置，并且这种能力会随着人类的成长而不断增强。例如在人类的成长历程中，6–7 岁的时候，儿童就已经学会并能够保守秘密，比如配合爸爸给妈妈一个生日惊喜。心理学家根据研究认为，在青春期和成年后，一个人如果不能在与他人的交际和来往中保守秘密或者为了保守秘密而说一些善意的谎言，那么他的精神健康就有问题。

“最常见的事物，只有当你把它藏起来的时候才会叫人高兴”。此外，他们还认为保守秘密的本事能加强一个人的吸引力。但是对于很多人来讲，保守秘密相当困难，无论这个秘密是自己的还是别人的。他们往往因为严守一个秘密而精神崩溃，他们总是有泄露秘密的欲望，所以具有强烈的表达欲的他们经常需要不断地克制自己，才会不说出秘密，但是这样往往会导致一个更加不好的结果，那就是他们在为了保守秘密而精疲力竭的时候，无意识间就把秘密说了出去，导致了严重的后果。

例如，你的好朋友告诉你她离婚了，但是还不想告诉其他人。可是每次别人问起她的情况的时候，你总是忍不住想要说出她已经离婚的事实。终于有一天，你忍不住跟一个朋友讲了，不料正好被这位好朋友听到了。于是，她生气地跟你绝交了。

为什么人们总是保守不住秘密呢？一方面来说，说出秘密能够宣泄情绪，因为秘密一般都隐藏着惊喜或者难过的事情，而这些情绪积压在心里，会给心理带来很大的压力，所以多告诉一个人，就等于减轻了心理压力。另一方面，说出秘密是自我暴露的一种社交技巧，通过双方分享秘密来增进友谊，拉近人与人之间的距离。两颗一起“八卦”的心，会很容易互相接受和认可。

然而，有人却天生能保密。在过去10年中，心理学家通过实验发现了一个更大的能够保守秘密的群体，就是所谓的“压抑者”。在美国人口中有10%–15%的人属于“压抑者”这个群体。这些人更能无视或者压抑那些让他们感觉尴尬的“秘密”，所以他们更能严守秘密。“压抑者”的性格很平和，一般自我感觉都比较良好，所以他们很少会生气，也甚少为金钱或者噩梦所困扰，因此也不会在意这些秘密带来的麻烦和困扰，因为他们的生活习惯是极好的，他们喜欢用美好的记忆去淡忘那些痛苦的事情，所以他们很习惯地去屏蔽掉不良的信息，因此即使听了秘密，也像是没听过一样，不把秘密放在心上，自然就保守住了秘密。

没有秘密也容易出现心理问题。因为在我们每个人的心中，都有着一个与外在的自己完全不同的角色，我们不可能把内心的所有想法都告诉别人，那个心底的秘密世界，进来的只能是自己。因此在这个世界里，我们可以自由地驰骋和奔跑，可以全心全意地发泄自己。而没有这个秘密世界的人，只能在遇到问题的时候将压力和苦闷发泄到别人身上，或者压抑着自己，变得怀疑、暴躁和胆怯。所以说没有秘密的人生是不完整的。

哭吧哭吧，不是罪

俗话说“男儿有泪不轻弹”，然而实际上，我们会发现，88.8%的人哭后情绪能得到很好的改善，只有8.4%的人哭后感觉更糟。哭，事实上也是人们宣泄情感的一种合理方式。有时候，能哭出来就意味着已经把压力、委屈、不甘等情绪发泄了出来，能够让自己重新面对生活中的种种刁难。

虽然近年来，互联网和计算机大范围地普及和推广，人们能够在互联空间中构建自己的秘密世界，可以在这个秘密的空间中发泄自己的情绪，倾述苦恼，能够在网络世界中扮演任何角色，以另一种别人所不熟知的方式尽情地宣泄自己的心理压力，可是“哭”仍然不失为一种发泄情绪的好方法。

心理学家的研究表明，哭泣这件看似“很不男人”的事，恰恰能够为人们提供减压、宣泄的安全阀门，眼泪一出来，仿佛压力已经随着迫不及待的“洪水”倾泻而出。因此为了捍卫你的身心健康，即使你是男人也可以不必为了所谓的“男人形象”而强充硬汉，有时候可以唱着天王刘德华的“男人哭吧哭吧不是罪”，想哭就哭吧！

从生理学上看，“哭泣确实有益健康”。美国生物化学家佛瑞首先提出这个鲜明的理论。因为他通过实验发现，人们因为悲伤、难过、委屈等流出来的眼泪里面与平常受刺激如切洋葱时流出来的眼泪的化学成分不一样，情绪化的眼泪中含有很多人体在压力下释放出的物质，比如止痛剂、内啡素、各种荷尔蒙等。这些毒素可以在情绪低潮的时候，跟着眼泪排出去，从这个角度上看，哭能够排除有害物体，有益于我们时刻保持身心健康。

纽约心理学家弗雷契教授认为哭泣能消除紧张。他认为不管任何问题导致的情绪，积累下来后都会引起哭泣。比如压力过大导致心理失衡，这时候哭泣会使你恢复平衡，使神经系统的紧张消除。但是，受沮丧困扰的人通常都是哭不出来的。沮丧是过分压抑负面情绪导致的一种具有伤害性的心理反应，因此不容易哭得出来。

哭确实是一种很好的方式，比如当你感觉到悲伤、愤懑、委屈的时候，尝试着让眼泪流下来，痛痛快快地哭一场，远远比你向别人倾诉要方便得多。而且这种方式完全可以依靠自己一个人的力量来完成，既可以让自己减减负，也不会给他人造成负能量和困扰。

来吧，选择一个无人的地方，倾听自己内心的声音，慢慢地回忆那些悲伤的往事，不必压抑自己的难过，放开自己，大声哭出来，让压抑、压力、痛苦随着哭声和眼泪释放出来，静静感受那种哭泣之后的解脱和放松，然后以更昂扬的状态投入新的征程。

愤怒的拳头需要合理的存在，愤怒需要合理的发泄

生气，是人们无法逃避的情绪。没有人想要生气，但是我们总是忍不住会生气。每次生气时，心里总会有个声音在说，不要生气，要息怒。于是人们总是会忍着怒火，甚至在愤怒至极时，只能将愤怒的拳头打在墙上、枕头上、沙包上。

在我们的生活常识中，人们总是认为，不要发怒，即使有了怒气应该尽量抑制，不要爆发出来。但是，实际上将怒火发泄出来远远比抑制愤怒更加有益健康。当我们感觉到愤怒时，呼吸心跳会急速加快，同时伴随肾上腺素的分泌，肌肉也开始在紧张蓄力，这就是我们常说的“心口有气。”如果能够通过合理的方式将这口怒气发泄出去的话，将有利于我们愤怒情绪的消逝;反之对身体和精神都极为不利。

在人际交往中，总是少不了摩擦，我们总是有看不惯的东西，也总是会有事物引起我们的愤怒。这时我们需要以正确合理的方式将愤怒引导出来，以免伤人伤己。

比如通过书写和绘画的方式来表达自己的愤怒。当人们通过描述、图画或者日记的方式表达愤怒时，强烈的怒气往往会随着自己的笔触不断地蔓延。

而且画画和书写有着镇定人心的作用，这时候愤怒似乎在不断淡去，自己的内心也会产生新的看法，甚至能够站在对方的角度去想问题，也开始思考为什么自己会动怒动气，当明白了事情发生的起始经过时，怒气自然而然就消失了。因此，有时候往往你写完了日志，画完了一幅画，你的愤怒早就烟消云散了。

同时，与善解人意的朋友倾诉也是一个好方法。通过倾诉，人的紧张心理可以趋于平静，愤怒的情绪能够得到化解。而且“当局者迷，旁观者清”，朋友善意而又客观的观点，能够帮助你分析、舒解怒气，并影响你产生共识。他们不会因为你的怒气而鄙视你，或者指责、批评你，反而会理解你、宽容你，让你主动发现自己产生怒气的错误根源。

此外，感觉到愤怒时，我们还可以通过运动来宣泄怒气。比如到运动场上去打球，跑步，跳绳……通过大量的运动消耗内心愤怒的能量，你会发现在酣畅淋漓地踢一场球或者跑上十几二十圈时，心里的愤怒似乎消失得无影无踪了，整个人也变得轻松起来。

合理地宣泄愤怒是有益的，因为这样可以使自己的内心恢复平静，平息了怒气，避免了报复他人的想法，也有助于人们更好地进行人际交往。当然，宣泄愤怒不应该使用语言暴力，比如互相对骂，更不能诉诸武力。再者，酗酒、飙车、破坏东西等都是一些不正确的愤怒发泄方式，这样的表达方式常常会带来对他人或自身的伤害。

压力在敲打着记忆的心窗

人们往往会遇到这样的情况，在考试的时候，明明是一个非常简单的问题，却怎么也回答不出来，尤其是在考试时间快要结束时。这就是压力和紧张造成的记忆上的缺失。

瑞士苏黎士大学心理学家的一项研究结果表明，在考试、工作面试、法庭作证或者战争这些紧张的环境之下，很难回忆出那些牢牢记住的问题。

为此，瑞士苏黎士大学的多米尼克·德·奎温博士和他的同事们组织了36位成年人志愿者来做记忆测试。60个德语名词分别出现在电脑屏幕上显示4秒钟，要求参加测试的人把所能记住的名词尽可能多地写下来。为了测试压力对人记忆的影响，其中一部分人服用一次可的松，这种药品将会增加测试人的心理压力。另外一部分则使用安慰剂，可以减轻压力，保持情绪稳定不紧张。

测试结果显示，服用可的松药片的人所能记住的单词数量明显低于服用安慰剂的人。由此可见，压力环境中产生的压力将严重影响人的记忆。其实，不仅是考试等特殊环境的压力会对人们的记忆产生影响，在我们的生活中，如果由于长时间地承受各种沉重的压力，也有可能使脑内产生某些化学变化，从而损害记忆力，失去理性和清醒，人也会变得很麻木，并且反应迟钝、动作笨拙。

从心理生理学上来看，这与人在感受到压迫的时候脑内产生的一种紧张激素——皮质醇有着密切关系。在日常生活中，当我们遭遇许多不同紧张刺激的时候，大脑中就会产生大量的皮质醇，并不断地传往全身。这种皮质醇能够有效缓解和对抗所感受的压力和紧张；然而，皮质醇对大脑非常不利，过多的皮质醇不仅会干扰大脑内海马细胞的信号，影响我们有意识地进行记忆；还会损害神经细胞，有可能引起中风和脑溢血。这就是为什么有时候情绪过于紧张，有可能会导致人们出现脑溢血死亡。

虽然压力可以影响我们的记忆，但也不必对此放心不下。我们可以适当、适时的减轻压力，舒缓我们的大脑，提取我们的记忆。

暂时放下的“酝酿效应”

“把难题放在一边，放上一段时间，就有可能得到令人满意的答案”，很多时候，我们在处理问题或者思考事情的时候会出现瓶颈，无论怎么做、怎么想似乎都找不到合适的出路，走不出这条死胡同。然而，当你把这个事情暂时放下，去做其他事情时，有可能就会突然灵光一闪，想到了适当的方法和正确的答案，从而使问题迎刃而解。在心理学上，这种现象被称为“酝酿效应”。这里有一个“酝酿效应”的经典故事，这个故事的主角便是由此发现浮力定律的阿基米德。

在古希腊，国王让人做了一顶纯金的王冠，但是多疑的他又怀疑工匠在王冠中掺了银子，偷走了金子。可是，这顶王冠与当初交给金匠的金子一样重，谁也不知道金匠到底有没有在里面捣鬼，比如添加上更重的物体以使重量一样。于是，国王把这个难题交给了阿基米德，并且不许他破坏王冠的完整。阿基米德尝试了很多方法，但都以失败告终。有一天他去洗澡，发现水随着自己进入澡盆而逐渐溢出，同时感觉身体被轻轻地托起。他恍然大悟，运用浮力原理顺利解决了这个问题。

“山重水复疑无路，柳暗花明又一村。”心理学家认为，当我们放下解决不了的问题转而去做其他的事情时，看似中断了以前问题的研究，其实大脑在潜意识仍然创造性地重新组合储存在记忆里的相关信息，当正巧打破原来不恰当的思路时，就产生了解决问题的顿悟。

美国化学家普拉特和贝克也有过这样“柳暗花明”的经历。普拉特和贝克曾经写道：“摆脱了有关这个问题的一切思绪，快步走到街上，突然，在街上的一个地方——我至今还能指出这个地方—— 一个想法仿佛从天而降，来到脑中，其清晰明确犹如有一个声音在大声喊叫。”“我决心放下工作，放下有关工作的一切思想。第二天，我在做一件性质完全不同的事情时，好像电光一闪，突然在头脑中出现了一个思想，这就是解决的办法，……简单到使我奇怪怎么先前竟然没有想到。”

当反复探索一个问题的解决方案而毫无结果时，选择把问题暂时搁置几小时、几天或几个星期，往往有可能因为某种机遇和场景，百思不得其解的问题便会一下子找到了解决的办法和答案。从心理上来说，酝酿一下之所以能够解决难题，是因为有时候酝酿能够克服我们的思维定势。我们在解决问题的初期，往往凭借自身的经验和知识进行思考，所以当思维不对，不能解决现有难题时，人们的内心是焦虑、紧张的，如果一直尝试下去反而会陷入思维的死胡同走不出来。而暂时放下，改做其他事情，思维仿佛有了退路，慢慢地就会退出原来那个死胡同，打破原来不恰当的思路，消除不合适的知识结构，从而运用新的方法来解决问题。

所以，如果你的面前有一个无法解决的难题，不妨先把它放在一边，去做做其他的事情，比如散步、聊天。可能就在你和朋友喝茶时，在交谈中，得到“踏破铁鞋无觅处，得来全不费功夫”的答案。

秘密花园真的能够减压吗

现在最火的书，非《秘密花园》莫属。2015 年《秘密花园》的全球销量已经超过 140 万本，在庞大的中国市场销量更是惊人，比如在京东平台上卖的最火热时，一天就能卖出 2.5 万册。然而这仅仅是一本填色书，但传说这是一个“减压神器”，“当我关了手机、电脑和电视，放下小说创作，集中精力选择合适的颜色，涂完整张纸，我所有的烦恼就会一扫而空”，英国小说家麦克·凯恩如此评论。

苏格兰插画家乔汉娜·贝斯福德设计了这本《秘密花园》，简单地来说，这就是一本涂色绘画书，原本只是“小孩子的游戏”，但是贝斯福德通过巧妙的设计将这个游戏扩大到不仅小孩子可以玩，“大孩子”也可以玩。相对来说，现在这个游戏有着越来越多的成年粉丝群体。于是，这个标榜着专门为大人们设计的填色书冲进了人们的视野，并且迅速风靡全球。

填色画究竟能不能帮人减压呢？从心理学的角度来看，只要你能沉迷于某件事情当中，自然就能够放松自己，忘记现实生活中的压力和烦恼，确实能够减少焦虑。而填色画不仅仅能够让人们表现出自己的绘画能力和配色水平，更为重要的是，当人们开始填色时，就相当于进入一个冥想的意识阶段。

当人们专注于纤细复杂的线条涂抹色彩时，内心精神上的注意力逐渐地转移到涂色之中。这项相对容易完成的涂色任务，让人们逐渐进入一种“浑然忘我”的境界。这时候的人们往往忘记了凡间俗世，忘记了自己中午要吃什么的烦恼，忘记了明天要去向领导汇报工作的恐惧，忘记了自己的论文还没有达到发表次数的焦虑，在这种状态下人们往往会感觉不到时间和环境的变化，能以极高的效率完成手中的任务，并且产生充实的感觉。

在这个冥想的过程当中，人们会让思绪随意流动，降低焦虑水平。 这时头脑中不断计划的未来，不断思考的过去，都将逐渐镇定下来，不让我们为昨天、今天、明天而烦躁。《秘密花园》的神奇就在于此，它能够将人们被微博、微信、新闻分散的注意力集中到当下这一刻，集中到自己身上，不带任何思绪和偏见地放空自己，静静地接收和感知身体的运作，进而使自己平静、安定。

除此之外，填色绘画是我们童年时光中经常玩耍的一个物品，因此《秘密花园》的填涂可能也会让人想到童年的游戏，好像回到了童年那些无忧无虑的时光，也可以减轻我们对当下生活的焦虑和压力。

然而，哈佛医学院心理学专家苏珊·琳恩也表示，尽管填色能让人心情平和愉悦，但是目前这些填色书的市场定位为治愈性玩耍，大部分仅是有趣味而已，并不比自己从无到有地创造作品更能放松身心，填色虽然简单但是对人的创造力还是有很大的限制。

《秘密花园》事实上并不适合每个人玩耍，尤其对于有强迫症的人来说，这只能是一个“增压神器”。因为他们往往过于专注填色本身，比如如何配出协调漂亮的色彩，如何组合出令人惊艳的图案；有时涂错颜色或者线框会让他们变得更加焦虑。而且，《秘密花园》每一版画需要填涂的比较多，图案也比较繁琐，需要耗费很多时间，有些人往往想一次涂完，就会陷入恐慌。此外，朋友圈之内的晒图也会让人们产生比较的压力，所以《秘密花园》如果对你来说不适合，就不要随波逐流，而是要坚持自己的减压方式。

第十二章 心理学这样解读心病

感冒、发烧、头疼……我们都生过病，但是你的心理呢？有没有生病？我们似乎一直在回避心理出现的问题，忌惮于承认自己心理有“病”。有时候你会任由低沉情绪在内心疯狂，有时候也会莫名地开心起来，而有时候又会怀疑和担忧……大部分人总是习惯用“情绪起伏”来推脱心理犯病的起因，却从来没有好好了解过为什么自己的心理有“病”？这个“病”说大不大，说小不小，并没有我们想象中的那么复杂和恐怖，事实上每个人心理都会犯病。只是我们大多没有想要去正视它们，告诉自己和别人——我的心理生病了。

赢得起，输不起，你我都一样

有一期《最强大脑》国际挑战赛，中国队与意大利队对战，最终中国队以3:1大胜意大利队。这原本是很令人兴奋的消息，然而电视机前的中国观众似乎并不买账，反而觉得“虽胜犹败”。这是因为，中国的天才少年李云龙竟然在比赛中扛不住压力和失败，当众崩溃大哭起来，甚至瘫软在座位上，站都站不起来。这引起人们的深思，为什么中国少年如此“输不起”。我们是不是也是如此，赢得起，输不起呢？

从古到今，“输不起”的现象在各个方面都屡见不鲜。古有项羽乌江自刎，今有“刘翔有伤”。大到国际大型比赛，小到平时的小考试小比赛，我们似乎都是“只许成功不许失败”。比如每次奥运会结束之后，我们最看重的也只是获得金牌的运动员；而在股市中，赢得起，输不起的人大有人在，很多人陷入泥潭脱不开身就是这种“赢得起，输不起”的心理在作祟。

我们常常输不起。对我们很多人而言，对于胜负的观念和李云龙一样，只想赢而无法接受失败。我们太看重比赛的“赢”，长此以往，心理很容易出现问题，比如斤斤计较、承受不了失败。

之所以有“输不起”的心理，很多时候不仅是我们不能接受失败的结果，还因为我们不能够接受失败后人们异样的眼光。一方面，“输不起”表明缺乏受挫教育，一旦有了暂时的挫折就萎靡不振。另一方面，这种“输不起”也是一种狭隘的思想，输不起的人不容许自己和别人失败。“输不起”的人往往无法接受批评，也拒绝接受不同的意见，即使他们知道自己错了，也不肯认错道歉，“闻过则怒，闻功则喜”。

相对而言，“输得起”的人往往有着开阔的胸襟和气度，通常能够容忍和包涵别人的错误，同时能够发现别人的优点，并向他们学习。

六国时期的秦穆公就是一个输得起的君王。当初他派遣三主将征伐郑国，却没有想到在崤山被晋军伏击，导致秦国全军覆没。战败之后，主张出兵的由余向秦穆公请求治罪，没想到秦穆公竟然说：“这个罪过只在寡人一个人身上，与爱卿有何关系呢?”然后，他穿上素服去哀悼阵亡将士，并亲自迎接被遣回的三主将，痛哭道：“是寡人使众将军身受战败的奇耻大辱，实在是寡人的罪过啊。”秦穆公能够坦承自己的失败，并没有因为面子而将这个失败归罪在将士身上，也正是如此了不起的胸襟，让他最终跻身于五霸之中。

在现实生活中，赢的机会只是少数，很多事情如果重在感受，那么我们将会得到比赢更为重要的东西。“只能赢不能输”和“赢得起，输不起”都是病态的、不健康的心理，如果不能正视这个问题，当面对人生的起起伏伏时，很多人会接受不了残酷的现实而无法自拔。既要“赢得起”，也要“输得起”，坦然面对，胜固欣然败亦喜，闲观花开花落，坐看云起云落，才是人生的正确态度。

谁夺走了平凡人的快乐

当被问到“你快乐吗”、“你开心吗”、“你幸福吗”时，你的脑海里是不是首先出现的是自己“有多少钱”、“有几套房子”、“有没有车子”？我们绝大多数人都是普通的人，不是大英雄也不是政治人物，可能也没有改变世界的宏大目标和能力。我们能做的就是去完成日常的繁重工作任务和生活中的每一件琐事。即便如此，沉重的压力也没有放过我们这些小人物，于是平凡人失去了平凡人的快乐。

这是一个物资丰富的时代，交通方便、生活富足、吃穿不愁；但是，平凡人过得并不快乐，甚至远没有五六十年代——那个物资缺乏的贫穷时代的人们那么快乐。周围谈论的无外乎买房了吗、结婚了吗、孩子上学了吗……这一件件事情堆积起来，似乎世界变得很复杂。平凡人苦着脸，在这个凡间俗世里闷闷不乐地生活着。

谁夺走了快乐？是房子、车子这些身外之物，是对物质过于看重，是对那些永远不可能得到的事物孜孜不倦地追求。人们总是很贪心，所以不快乐。大部分人都会觉得自己拥有的不够多，比如男人会认为自己的钱还不够多、权力还不够大、地位不够高；而女人会嫌自己的衣柜还不满、化妆品总是买不全、包包还不够用……人们总是在自己的心中累积过多的事情，让自己纯净的内心惹上处处尘埃，甚至还企图在尘埃中开花。过于看重自己所没有的东西，而没有看到自己得到的已经够多了。一颗永远不会满足的心，夺走了平凡人最真挚的快乐。

不仅如此，“比较”也是夺走快乐的“杀手”。平凡人很喜欢和别人比较，比如上学的时候，和别人比较谁的考试分数高、谁的学习成绩好；工作之后比谁的工作轻松、谁赚的钱多；在社会上比较谁的地位高；在家族里比较谁家的孩子懂事、有出息；看到相貌比较谁长得好看，看到衣服比较谁穿的衣服档次高……虽然说有比较才有差别，有差别才有前进的动力；但是有时候过度的比较、处处比较，不仅会让自己不开心，也会让身边的人不开心，比如当你看到别人家房子既宽敞明亮又有漂亮的装潢，然后回到自己破旧的屋子，很容易将这个比较之后的沮丧和不开心发泄到父母、丈夫身上，嫌弃他们没有钱给自己换个大房子。

可是实际上，每个人付出和得到的大致都是一样的，你往往看到了别人闪亮的一面，却没有看到他们闪亮辉煌背后的辛酸和苦楚。每个人都有自己的烦恼，所以，人与人之间是没有可比性的。对于我们而言，最重要的是做好自己，让自己和自己比较，看到自己一步步的进步，这难道不是一件值得开心的事吗？

时间对每个人都是平等的，开心也是一天，不开心也是一天，为何不快乐地度过呢？当我们面临难题的时候，努力改变看问题的角度，要看好的一面，不要让沮丧情绪包围自己。俗话说，“笑一笑，十年少”。在平时生活中，多听听一些放松而又激励人心的音乐，或者常常看令人捧腹大笑的喜剧、娱乐节目，让自己放下压力，放松自己。

为什么看久的字就不认识了

你有没有发现当长久地盯着一个字的时候，就会觉得似乎这个字已经不是我们原先认识的那个字了？到底是我们的眼睛出现错觉，还是字本身出了问题呢？

美国加州大学圣地亚哥分校的大卫·E.休伯通过三个实验来研究这种看久了就不认识的现象：在第一个试验中，被试者会不断重复地看到许多具体的名字，例如香蕉、苹果、梨等等。停止之后，让他们进行同类别组对，如水果、汽车等。在这个实验中，每个被试者都能够正确完成任务。在第二个试验中，被试者要将一模一样的单词进行配对。比如说第一个出现的是“轮胎”，如果接下来出现“轮胎”，就可以配对。虽然，在这个过程中同样的词重复10次以上，但是每个被试者也能够准确配对。在第三个试验中，首先一直给被试者看到“水果”这个单词，然后再不断出现“苹果”、“香蕉”、

“轮胎”这些词，让他们把属于水果的跟“水果”进行配对。这时，当“水果”这个单词重复出现时，被试者的判断不仅变慢了，而且很容易出现失误。

这是因为，如果人们一直看“水果”这个单词，大脑还是会认得这个词；但是，当人们需要“水果”这个单词的意义时，大脑就会变得迟钝起来。所以说，当我们看久了一个字，不仅会出现字形与意义的分离，还会使聪明的大脑疲惫。因此，当困倦的大脑再次识别，需要时间来重启，一时难以恢复到原来的意识和水平。心理学上把这种现象称作“语义饱和”，也就是说，如果在短时间内，对神经系统进行多次重复地刺激，就会使神经活动受到相对地抑制，这时，神经开始变得疲倦。因此，当我们反复看一个字时，阅读和辨认的这条神经会麻痹和抑制，导致我们越看越觉得不对劲，越写越觉得不认识。

而且，我们乍一看，看到的是字的整体部分；然而，在逐渐的熟悉过程中，因为神经疲劳的原因，大脑将我们的注意力分散到每个笔画中。因此，当我们重新辨认字体时，大脑就会将这些笔画重新组合，形成短暂的新认识，比如可能会只认识局部如偏旁、部首等，从而对整个字丧失了整体感。此时，我们开始觉得这个字变得很奇怪，不像是我们所知道的那个字，越看这个汉字就越觉得它是支离破碎的，变成了仅仅是笔画的堆积，甚至会觉得这个字不代表任何意义。

这种情况不仅仅发生在汉字身上，英语、法语等语言也会出现这样的情况，甚至有时候我们看某一张照片、某一个景色、听到一首曲子时也是如此——越看越觉得陌生，越听越丧失熟悉感，甚至熟悉的人看久了也会觉得陌生。这就是因为我们的听觉、嗅觉等与视觉一样，产生类似的神经疲倦现象，引起了相关感官的麻痹和抑制。比如，当我们身处在一个嘈杂的环境中，慢慢地，我们也会觉得好像没那么吵了。

爱减肥的女人们和爱肌肉的男人们

随着物质文明的发展，人们对健康的要求也越来越高，不仅出现了众多的健身房，在公共场合和居民小区也有了各种体育器材，健身已经成为茶余饭后的一项全民运动。只不过，女人们是为了减肥，而男人们则是为了锻炼出肌肉。

那么，爱减肥的女人们和爱肌肉的男人们究竟是怎么回事呢？

所谓“女为悦己者容”，大部分的女人都认为只有瘦下来整个人才会变得漂亮。“小蛮腰”、“盈盈一握”，道出了男人眼中的女人所谓的美感和性感。实际上，男人根本不需要女人那么瘦。根据进化心理学，太瘦的女人并不是男人的最优选择。

一直以来，与男人相比，女人身上的脂肪量更多。在大饥荒的特殊年代，女人比男人更容易存活下来，就是因为肥胖的女人更容易保存体力，从而在这个世界得以生存。而在如今这个营养过剩的时代，不需要自身过多的脂肪来保持存活的希望，因此胖的优势已经被削弱了。但是，这并不意味着“瘦”就是男人们喜欢的标准。千百万年来人类进化形成的繁衍生息的原始生理，在潜意识里告诉男性，体态正常的女性才意味着健康，才适合生育。所以，在男性眼中，为了开枝散叶，体态微腴的女性更深得他们的喜爱。

尽管很多女人意识到男性的想法，但她们还是会选择一直瘦下去。这些女人常挂在嘴边的“减肥”，其实很大程度上并不是为了迎合男人们的审美需求，而是为了自己的虚荣心。她们减肥瘦身，最主要是为了在同性之间保持某种优越感。

自古以来，男人就梦想拥有尽可能多的肌肉。从人类进化史来看，在原始落后的野蛮社会中，因为文明进化程度还远远不够，获取自身利益和生存资源的方式，更多地是靠互相打斗。例如，为了赢得自己的配偶，就需要进行决斗。对于男人来说，肌肉强壮就代表着力量强大，就能够打败对手，就可以获得更多的资源和机会。

因此，在男人们的潜意识里，肌肉就是一种美和安全感。同时，男人也希望能够通过强健的体魄和结实的肌肉，来向心爱的女人显示自己的男子气概。近几年来，男人们对于肌肉的向往和追求，开始呈现出加速的态势。完美体型在网络的频频曝光，健壮体魄上的坚实肌肉成为男性追捧的对象，也因此引发了街头普通男性所谓的“肌肉美男子情结”。

而实际上，并不是所有的中国女性都喜欢男性的肌肉，甚至很多女性不能够接受男性有肌肉块。“谦谦君子，温文尔雅”，那种举止优雅的中国传统男性，有时候更容易受到女性的青睐。

爱减肥的女人们和爱肌肉的男人们，总以为是为了吸引对方而不断努力减肥和锻炼。而实际上，人类大多都是自恋的，爱减肥的女人们和爱肌肉的男人们，有时候仅仅是为了满足自己的虚荣心。

美女整容的心理秘密

随着社会的发展，人们的思想意识越来越开放，整形美容已经被大众所接受。爱美是女人的天性，现代社会公平的竞争环境，使女性在工作岗位上发挥出自己的能力，也相对地获得了较高的经济收入，可以支撑起自己的美容事业。因此，为了让自己成为美女，越来越多的女性加入到整形的队伍中。比如小到立竿见影的瘦脸针、美白针，大到隆胸、磨腮、削颧骨。

在娱乐圈中，明星整容已经不是什么新鲜事儿，大部分的明星即使不是大整也是微整,不整容似乎就不是娱乐圈里的人。然而，对于很多女明星来说，她们自身原本已经非常美了，是众人所称赞和公认的“美女”。

“整容癖”折射出的是一种偏执的心态，从心理上来说整容者不认同自我，讨厌原来的自己。她们不愿意看到原来的自己，甚至想要完完全全丢掉。因此，这种不接纳自我身份、出生和存在的感觉，让她们选择通过整容去改变自己。

“整容癖”还源于整容后变美的一种愉悦感和满足感。如果手术效果很好，她们将对整容不再恐惧，甚至加快了一整再整的步伐。同时，她们带有一定的完美强迫症。她们过度追求完美，对整形美容手术抱有不切实际的幻想。眼睛刚整大了，又觉得鼻子不够挺，所以只能不断修正，越整越上瘾。

事实上，越是试图通过整容来达到自己理想中的模样，越是不可能完美无缺的。因为整形手术是不可能做到百分之百完美的。因此，对于正在整容或者正想去整容的美女而言，心理上也要减少一些完美主义，要勇于接纳自己的那些不完美，这样就不会陷入整容的旋涡。

当然，一个具有强大内心的人，无论自己长什么样子，都不会去整容。因为她们自信，即使没有足够美丽的容貌，也依旧可以活得开心快乐。那些整容的美女，内心深处埋藏着极大的自卑和不自信。所以，一个人最重要的是从内心深处接纳原本自己的一切——美与丑、好与坏，而不是依赖外在调整来完全改变对自身的看法。否则，就算是外貌已经发生了改变，但还是会感到焦虑不安。

虽然对美的追求是人类的本能和天性，但美是多层次的，不仅仅体现在眉毛、眼睛、鼻子、嘴巴等五官的绝对美丽上，还在于个人本身的一种立体、协调的整体美感，更在于自身透露出的气质和内涵。因此，在整容之前，美女们应该先确定自己究竟想要的是什么，调整好自己的心态，先从心底接受原来的自己，这样才能接受改变后的自己。

我们的情绪都有“低潮期”

在日常生活中，我们经常会觉得自己的体力、情绪或智力一时很好，一时又很坏；好的时候做事的效率特别高，似乎轻轻松松地就把事情完成了；而坏的时候，做事拖拖拉拉，似乎怎么做都做不完。这是因为，我们的情绪也有“低潮期”。

一周有 7 天，一天有 24 个小时，任何事物都有周期，人们的情绪也不例外。科学家们研究发现，人类自诞生以来，自身就带有神奇的生物钟。就像有些动物会冬眠一样，人类身体的某些部分也存在周期性变化，并把这种现象称作生物节律，或生物节奏和生命节律；并且，这种周期性是由强到弱、再由弱到强的弧状变化。

21 世纪初，经过长期的临床观察，德国医生菲里斯和奥地利心理学家斯瓦波达发现人体生物节律比如感官敏锐度、温度、血液等都会呈现出周期性变化，其中“三节律”——体力、情绪和智力中，体力周期是 23 天、情绪周期是 28 天。此后，奥地利的泰尔其尔教授在研究了许多大、中学生的考试成绩后发现智力周期是 33 天。从生命节律理论来说，每个人都存在这种体力、情绪和智力的周期性变化。但是人类生命存在着个体差异和变化，因此每个人对这种生命节律的感受程度会有所不同，可能有些人很少或者甚至完全不受这种生命节律的影响。根据国外研究发现，我们大多数人属于“节律型”，少数人属于“非节律型”。

我们情绪的曲线变化，起点首先在中线，先进入高潮期，而后转入低潮期，如此周而复始。在情绪高潮期，人们的心情比较舒畅，情绪相对比较高昂；而在低潮期时，人们则容易心情烦燥，情绪也比较低落。情绪的周期变化对我们的日常生活有着很大的影响和作用，如果处于情绪的高潮期，做什么事情都很有信心、勇气和希望，很容易提高做事的效率，快速地完成工作，在考试中也能够取得比较好的成绩；反之，则容易因为情绪低落，做什么都提不起兴趣，很容易错失机会，人的才能也会受到抑制，难以正常地发挥出自己应有的水平。

因此，如果我们了解自己的生物节律，摸清楚情绪的周期性变化，就能适当调整自己的工作、学习和生活的节奏，尽量在情绪高潮期抓紧时间学习和工作，让自己发挥出最佳的水平，完成更多的任务。

当然，如果我们处于情绪的低潮期和临界期，也不必过分紧张或灰心丧气，否则只会加剧不良情绪的影响，使工作和学习效率进一步下降。在这段时间里，不要太纠结自己的坏情绪，而是保持一个平和的心态，好好休息。比如正好在情绪低潮期考试，尽量让自己坦然去面对，发挥出自己应有的水平，说不定还能够脱颖而出，考出一个意料之外的好成绩。

不自信的心理定势

首先来看看什么是心理定势，心理定势在心理学中实则是一种心理暗示。总体来说，心理定势是对于某一种特定活动的预备性顺应，也可以说是一种反应准备。虽然有时候，这种顺应可以使人以一种相当熟练的状态去行动和反应，省下了许多时间和精力，但是正是由于这种心理定势的预定性，很容易束缚人们的思维和状态，甚至会产生一些消极的影响。比如，我们总会觉得面目丑陋的人犯罪的几率比较大，而面目清秀的人不太像是犯罪者。

正确的心理定势能够帮助我们很快认清事物，让我们知道怎么去做，怎么去规避；比如我们觉得电是带有危险性的事物，所以漏电时，我们会选择去关闭电源，而不是拿手去触摸、继续使用电。

自信的心理定势能够给人带来自信，让人们能够带有强烈的自信心去面对眼前的一切风风雨雨，所以自信的心理定势对我们的学习和工作会起到较好的促进作用。相反，不自信的心理定势会让人们陷入不自信的泥潭，深陷其中不能自拔，这样就会带来一系列的负面影响和麻烦。比如，在学游泳时，有的人对自己充满信心，相信自己水性很好，并且认为水并不可怕，相信自己在水中肯定不会被淹着或呛到，这样的人肯定很快就能学会游泳。相反，有的人认为自己不可能学会游泳，缺乏自信，甚至都不敢下水，这样的人就有可能真的学不会游泳，即使学会了也要比前者耗费更多的时间和精力。

不自信的心理定势是非主动的消极暗示，这种心理定势在于越是害怕失败就越容易失败，浪费的时间、精力和金钱更多。不自信的心理定势，容易使人畏畏缩缩，放不开前进的脚步，什么事情都做不好。而在不自信定势的背后，就是消极的心理定势，这种定势让人们更加自卑，陷入恶性循环。

因此，在平时的学习和工作之中，我们要尽可能地调动起积极、自信的心理定势，避免这种不自信的心理定势，克服负面效应。其中，最主要的就是树立起自己的自信心，要相信自己的实力和能力，相信自己能够通过努力达到自己的目标。当然这种自信心的前提就是自己的准备和积累，比如我们想要在考试之前告诉自己“肯定能够考出一个好的成绩”，那么就必须在平时不断学习和复习，做好充分的准备。拥有真正的能力和水平，这才是克服心理定势负面效应的根本。

此外，我们应该正视社会现实和激烈的竞争。当出现心理焦虑时，放松自己的身心，相信自己能够跨过面前的这道坎，而不要让自己首先陷入“自己不如别人”的不自信心理定势，因为很多时候，真正打败自己的敌人不是眼前的困难和强悍的对手，而恰恰是那个不自信的自己。因此，我们要相信自己，相信自己能够战胜困难，相信自己就是那个独一无二的人，相信自己有不同于他人的特殊能力，一定能够脱颖而出。

越是不想，越是想

有个寓言叫《喜马拉雅山上的猴子》，且来听听是怎么回事：

很久很久以前，在喜马拉雅山的山脚下住着一群勤勤恳恳的淳朴山民，他们日出而作日落而息，周而复始地耕作着。虽然他们辛苦劳作，但收获却很少。所以，他们非常贫穷，做梦都想要发财。有一天，从山外的远方来了一个巫师，他对山民们说他会一种“点石成金”的法术，并像模像样地表演起来，竟然真的把山民们搬来的石头变成了金子，然后他告诉山民们：“点石成金有一个咒语，只要你们对着大山，在心里默念这个咒语，然后用手指着石头，这块石头就会变成金币了。我可以把咒语教给你们，但你们要把你们最值钱的东西给我做学费。”

于是，盼望着发财的山民就把家里最值钱的东西交给巫师，席地而坐洗耳恭听巫师传授的咒语。但是这时巫师又说：“你们在念这个咒语的时候，心里千万不能想到喜马拉雅山的猴子，否则这个咒语就会失效。”巫师走后，山民们就急不可耐地开始尝试起来，但是他们发现每次面对大山虔诚地念起咒语时，那该死的喜马拉雅山的猴子总是出现在脑中，他们愈是克制自己不要想起，就越是想起，所以他们并没有把石头变成金子。然而，山民们还是没有想到是巫师骗了他们，只是觉得巫师说的没错，因为他们总是想起喜马拉雅山的猴子，所以咒语果然失效了。

事实上，喜马拉雅山的猴子和点金术并没有什么关系。只不过是奸诈的巫师为了误导村民，强行给他们配对了紧密的关系而已。因此，在山民们的潜意识里，喜马拉雅山的猴子成为了他们是否能够“点石成金”成功的关键，所以他们越是想把喜马拉雅山的猴子放在内心深处不要想起，就越是克制不住地想起，真是“不思量，自难忘”！

在我们平时的生活和工作之中，那些“喜马拉雅山的猴子们”，我们越是刻意想要去忘记，反而越会加深印象和记忆。所以对于一些我们十分想要忘记的东西，不妨就让它顺其自然，随风而去。

如果不能忘记，那就让它们深深留在心中。或悲或喜，偶尔回忆一次就足以。相信，随着时间的流逝，所有的一切终究会消逝。比如有些人刚刚经历了恋爱分手的痛苦，“借酒消愁”，总是想要麻痹自己，让自己在沉醉中不再记得那些曾经，让自己忘记曾经的甜蜜喜悦和相互间的亲密。但是，事与愿违，“杜康”并不是解药，越是刻意地想要忘记，那些美好的经历和故事就越会历历在目，似乎近在眼前但又遥不可及，反而让人更加痛苦。

“时间是最好的解药”，让自己在时间中慢慢淡忘一切吧。

最关键的时候掉链子

你有没有发现，很多时候，自己总是在最关键时刻掉链子。比如，交作业的时候，电脑突然坏了；考试的时候，手表突然坏了；第二天要参加田径比赛，晚上就崴到脚了……

如果只是一两次，那么肯定属于意外。但是，如果总是在这种最重要的时刻掉链子，而且每次掉链子之后你还有一点点庆幸的话，从心理学上看，这就是因为心底的不自信引发出来的坏毛病。

因为每当这时候，不自信带来的隐隐不安，在不断暗示自己有可能失败，所以自己就故意引导事情逐渐走向失败的意外结果，好让别人知道不是你能力不行，而是一些意料之外的事故导致你发挥失常了。比如，你觉得这次作业写好，不太想交上去给老师看。于是这时候你反复折腾电脑，终于“正巧”它坏掉了。

最关键的时候掉链子，其实是很多人在不断地给自己的潜意识进行失败的心理暗示，从而自作自受地给自己设置困难的障碍。例如，公司安排你明天去洽谈一笔大业务，但是你担心以自己的水平不足以谈成，一夜辗转反侧，结果第二天早上起来发现感冒了，只有让公司安排其他人去。当你这样想的时候，事情很可能会朝著你希望的方向发展。不是这些绊脚石阻碍了你的脚步，而是你自己心甘情愿地设置“自我障碍”绊住了自己，是你让自己掉了链子。

而为什么有的人会喜欢让自己掉链子呢？一方面是因为这些人个性往往都很强，不愿意让别人看到自己失败，所以他们喜欢用“自我障碍”来限制自己，从而从失败中保护自己，减轻失败带来的自尊伤害。他们向来不喜欢在别人面前承认自己能力的不足，也不想坦诚自己的失败，虽然事实上大家都已经知道了。

另一方面，有时候过于渴求成功也会导致这种临时的意外情况发生。比如在一些重大的赛事上，我们常常失望地看到胜算比较大的运动员或团队发挥失常，失去冠军的宝座，甚至没有得到奖杯。运动员这种临场“掉链子”的现象，在心理学上被称为“阻塞现象”。表示人的运动能力在即将胜利的关键时刻，突然由于太激动而导致“哽噎”，使运动员没有正常发挥出最高水平。

心理学家发现，运动员身上出现这种问题，往往是因为他们在比赛时，想得太多，心理出现了障碍。当人们开始为自己的表现而紧张时，他们会变得更加在意自己的行为，变得小心翼翼。但是，越谨慎，越容易顾此失彼，甚至会忘记自己应该做的事情。比如在快节奏的篮球比赛中，如果篮球运动员太注重自己传球和接球的动作是否标准，很有可能流于形式，忘记了最重要的是接到球，从而导致失误。所以，当你害怕失败，开始为失败寻找理由的时候，你就有可能真的会掉链子；而当你害怕失败的结果，太注重细节的时候，你也会掉链子。如果不想要掉链子，就应该在平时的学习和工作中，多总结和复习，多积累成功的经验，做好充分的准备；此外，不要总是给自己找借口，保持一个平常的心态看待成功，要赢得起，也要输得起，提升自己的心理素质，“吃一堑长一智”，克服遇到困难和挫折时的沮丧和羁绊，让自己积极主动起来。

你的计划半途而废了吗

人们似乎总是很喜欢做计划。年计划、月计划，甚至每个星期、每一天都做了密密麻麻的详尽的计划。但是到了年底、月底以及每周、每天结束的时候，这些计划究竟完成得如何？又有多少人按照计划去实施了？你的计划已经完成了哪些？哪一些没有完成？离目标还有多远？能不能继续下去？

很多计划都半途而废了，就像挖了无数的水井，但没有一个挖到底，所以他也永远喝不到水；准备了锯子、斧头、磨石，最终还是没能把树枝砍下来。

你的计划为什么半途而废了？

有的人说，计划刚开始的时候很有劲头，但是过了一些时日，那种期望和激情早已不复存在，计划就不了了之了。然而，恶性循环的计划一直存在。因为做了计划不能顺利完成，也就没有完成计划的成就感，而越来越严重的挫败感会使自己更加沮丧，沮丧得没有勇气去坚持完成计划。

于是，这样的人做事往往虎头蛇尾、有始无终。虽然一直在做计划，但是他们没有合理的时间观念，一到期限就会拼凑完成，草草了事。不能坚持计划的人，往往都不会成功。他们身上缺乏一种坚持不懈的精神，所以无法获得成功。

“三天打鱼，两天晒网”是做不成大事的。做任何事情都不应该半途而废。就像一个优秀的运动员，即使被人落在后面，或者中途出了意外，只要他还能跑，他就一定会坚持跑到终点，反之，则会遭到人们的鄙视。

“行百里者，半于九十”。无论做的什么事情，学习、绘画或者工作，我们都应该保持一种善始善终的专注心态，做好我们应该做的事情。这不仅是我们的职业道德所要求的，也是我们人格魅力的体现。爱迪生经历了那么多次的失败，最终才成功发明了电灯。

做计划是一件好事，说明自己对未来一段时间的工作或学习，做了充分地考虑和计划。如果能够坚持下来，无疑对自身的成长有益无害。尤其在当今日益激烈的竞争时代，只有踏踏实实地一步步走好，才不会被淘汰，才会有立足之地。

但是，凡事讲究循序渐进，不能操之过急。因此，对于已经建立好的目标和计划，不仅要采取有效的行动，还要协调有序地进行，不应该在前面给自己过多的任务，导致后面精力不足、缺乏拼劲。总之，只有善始善终，持之以恒，我们才有可能获得成功的青睐。

丢三落四的坏毛病

你是否总会不记得钥匙和手机放在哪儿？你甚至是否有过为了找钥匙而上班迟到？根据英国一家公司的调查显示，人们平均每天都要花费 15 分钟的时间去寻找随身物品，其中手机、钥匙和文件是最经常寻找的东西。不仅如此，对于丢三落四的人来说，丢手机、丢钱包、丢雨伞、丢水杯已经是习以为常的事情。

每一次丢了东西，你可能都为此懊恼不已，责怪自己不小心，提醒自己以后要小心小心再小心。但是，丢三落四的习惯好像永远“长”到你身上了，根本就改不掉。那么，你为什么会有丢三落四的坏毛病呢?

从心理学上说，丢三落四是因为注意力缺乏引起的，这是人们在现代社会快节奏的忙碌生活中，因为压力太大而引发的一种后天性的毛病。例如，在菜市场买菜时，突然想起今天下午被上司责骂的委屈，或者在想吃完饭后还要加班改计划，正当想得入迷，卖菜的老板提醒一声“称好了”，这才猛地惊醒，给了钱就径直走了，菜却忘记了拿。学习、工作、生活的压力到处都是，而一个人的时间和精力有限，不可能什么事情都兼顾得到，所以很容易丢三落四。

此外，丢三落四的坏毛病的养成，实际上也与个人的性格及家庭教养方式有关。丢三落四，常常是我们童年时代就养成的不良习惯，因为那时候孩子的注意力很容易被其他外在事物吸引。从家庭教育方面来说，如果一个人一直不能够独立生活，从小到大都是由父母处理生活中的一切琐碎事务，包括收拾钥匙、电话、书本等出门前的必做之事，自然而然就养成了等待着别人帮忙收拾的坏习惯，而自己却没有独立自主的好习惯和方法。

当然，也有心理学家认为，丢三落四的行为更多的是与脑部发育不良和遗传因素有关。

如果想要告别“丢三落四”这种从小养成的不良习惯，首先应该转变长期以来形成的思维方式和处事态度，否则想要在高速发展的现代信息社会立身和生存，就会更加不容易。当然，要改变这种不良习惯并不是一朝一夕的事情。但是，我们可以刻意地告诉自己要养成独立生活的良好习惯，完成自我的改造，这样才能告别“丢三落四”。比如，可以运用口诀和口号的方式，让自己记住出门前要带的几样东西，如“伸手要钱”，“伸”就是身份证，“手”就是手机，“要”就是“钥匙”，“钱”就是“钱包”，如此实行下来，简单明了，就很容易记住出门前一定要带的四样东西了。

在信息大量充盈的现代社会里，如果你发现自己有了“丢三落四”现象的时候，应该适度地减轻自己的压力，放慢自己的生活节奏，比如下班了就应该好好享受生活，想想晚上该做什么菜，让自己忘记工作中不愉快的事情，这样说不定能够减少或者避免出现丢三落四的情况。

一发不可收拾的拖延症

在读书的时候，碰到导师要求写论文，经常不到最后的上交期限，就无法完成，甚至有时会跟自己的导师要求推迟上交论文的时间。虽然这种拖延让人无奈，但是还是会忍不住拖延下去。不仅在写论文，在很多方面，很多人都有着拖延症，而且越是习惯自由的人，这种症状越是严重。

“今天完成不了了，明天再做吧”，如此安慰自己，任何事情都在拖延，小到交电费、网费；大到整个工作的完成，甚至严重影响了工作进度也不自知，或者即使知道了也控制不住地拖延下去。

根据研究结果表明，大部分人都有着程度不同的拖延症状——不到最后的期限决不完成任务，即使到了最后期限，也敢不完成任务。“明日复明日，明日何其多。我生待明日，万事成蹉跎。”拖延症的人往往做任何事情都拖拖拉拉，更为严重的是他们一般都能够意识到自己犯了严重的拖延症，但总是无法自拔，所以即使他们经常会自我批判、自我惩罚、自我忏悔，但是拖延症的症状并没有减轻，反而更加严重了。“每次赶在期限到的那一刻完成任务，强大的压力一下子没有了，整个人都放松下来，这感觉真是太好了！”这种拖延之后短暂的强烈心理对比也使得拖延症患者乐在其中。

往往可以花10天时间就可以完成的工作，在离期限有一个月的时候，拖延症的人一点都不着急，到了还有10天的时候轻轻松松地开始着手，当发现还有5天的时候才开始着急，结果做出来的东西显得毛毛糙糙的。

这种拖延症有时候也能够带来一定的好处——比如超常发挥；但是，不断地拖延也会带来严重的焦虑感，严重伤害人们的身心，有些人甚至会因为赶进度而累坏了身体，所以拖延症并不是一件好事。

而且，如果一个人每件事情都拖着不做，那么他们不仅会让自己的能力缺失，而且会失去别人对他的信任，影响到社交关系的发展。因为他的拖拉，会严重影响自己和别人的工作进程和生活节奏，比如本来大家约好要一起去旅游的，可是他迟迟不请年假，也不购买旅游所需的用品，到要出发的时候不能出发，导致整个团队的旅游进度放慢，影响了大家的心情。

别让惯性左右着你

惯性思维是一种思维定势，在日常生活中我们很容易受到思维定势的影响，曾经有人找路人随机做过这样一个小测试："公安局长在路边同一位老人谈话，这时候跑来一个小孩,着急地对公安局长说：'你爸爸和我爸爸吵起来了！'老人问：'这孩子是你什么人？'公安局长说：'是我儿子。'请你回答：这两个吵架的人和公安局长是什么关系？"

然而，在100名的被测试者之中竟然只有两个人回答对了，更为神奇的是，在一个三口之家之中，连父母都没有回答出来，而6岁的小男孩却很快就答出来了——"公安局长是孩子的妈妈，吵架的是孩子的爸爸和外公，所以一个是局长的丈夫一个是局长的爸爸。”

是的，局长是女的。而我们大多数人却在潜意识里觉得公安局局长应该是男的，而陷入思维定势，对这个简单的问题给出了错误的答案。而相对于6岁的孩子而言，他们还没有形成这样的固定观念，所以他不受到思维定势的限制。

在日常生活中，我们很容易受到惯性的影响，比如在汽车上，如果汽车加速，那么人们的身体会向后仰；如果汽车减速，人们的身体就会随着惯性向前倾。社会心理学认为，人们在交际和交往的过程中，也很容易跟着惯性思维走，而懒得再去思考和重新认知。这样子能够帮助我们有意识地避免一些东西，比如悬崖危险，不会太靠近；不要长时间地盯着一样东西，否则会出现眩晕等。此外，当我们需要进行重复操作的工作或者任务时，这种惯性思维也是有益处的，“熟能生巧”，我们能够凭借熟悉的动作和思维来更好地完成相关的工作。

但是，惯性思维带来的思维定势也会严重阻碍我们的思考和创新，因为这种惯性思维带来了一种不费力的讨巧方式，很容易使我们产生思想上的惰性。而且，一旦不再思考，就会形成呆板、机械、千篇一律的思维习惯。当出现新的问题时，墨守成规的思维惯性无法及时进行变换，使人们陷入经验的怪圈，导致不能够适应新的环境、新的技术和新的方法，难以涌出新思维，作出新决策。

清朝时的“闭关锁国”就是让“天朝上国”的思维惯性麻痹了自己，以为国家一直是最强大的，无所不有，不肯接受外国的新事物、新技术，导致了被侵略者炮轰国门，被迫开始改革和革命。在日新月异的当今社会，固步自封显然是不可取的。事物一直在变化发展之中，我们不应该让惯性思维左右自己，不要以自己的老经验去处理新情况，而是应该转变思维观念，勇于面对新的问题和挑战，不断地学习和进步。

“活到老，学到老”。在这个信息时代，我们发现中老年人可以分为两种，一种勇于接受新鲜的事物，他们不仅会使用手机打电话、发信息，还会上网